AI时代高等学校通识教育系列教材

U0645348

AI助力WPS高效办公

白琳 刘雪梅 编著

清华大学出版社

北京

内 容 简 介

本书专为办公人员及 WPS 软件使用者量身打造，采用"理论＋案例实践＋AI 应用"的编写模式，旨在帮助读者在掌握 WPS 办公软件基础操作和常用的办公技能的同时，通过 AI 技术的辅助，提升办公效率与质量。

本书内容丰富，实用性强，适合作为高等学校相关专业的教材，也适合广大办公人员、WPS 软件学习者及希望提升办公效率的人群阅读。无论是 WPS 的初学者，还是有一定基础的办公人员，都能通过本书的学习，掌握 AI 与 WPS 办公软件的结合应用，提升个人办公技能，实现高效办公。

图书在版编目（CIP）数据

AI 助力 WPS 高效办公 / 白琳 , 刘雪梅编著 . -- 北京：
清华大学出版社 , 2025. 8. -- (AI 时代高等学校通识教育
系列教材). -- ISBN 978-7-302-69873-9

Ⅰ . TP317.1

中国国家版本馆 CIP 数据核字第 202502CS62 号

责任编辑：黄　芝　李　燕
封面设计：刘　键
版式设计：方加青
责任校对：韩天竹
责任印制：杨　艳

出版发行：清华大学出版社
　　　　　网　　　址：https://www.tup.com.cn，https://www.wqxuetang.com
　　　　　地　　　址：北京清华大学学研大厦 A 座　　　　　邮　　　编：100084
　　　　　社 总 机：010-83470000　　　　　　　　　　　邮　　　购：010-62786544
　　　　　投稿与读者服务：010-62776969，c-service@tup.tsinghua.edu.cn
　　　　　质 量 反 馈：010-62772015，zhiliang@tup.tsinghua.edu.cn
印 装 者：涿州汇美亿浓印刷有限公司
经　　　销：全国新华书店
开　　　本：185mm×260mm　　　　印　　　张：17.75　　　字　　　数：470 千字
版　　　次：2025 年 8 月第 1 版　　　印　　　次：2025 年 8 月第 1 次印刷
印　　　数：1 ～ 2500
定　　　价：79.80 元

产品编号：110443-01

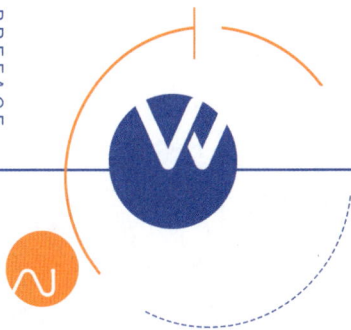

在数字化时代，人工智能（AI）正以前所未有的速度和影响力改变着我们的工作和生活方式。特别是在办公领域，AI 的应用不仅极大地提升了人们的工作效率，还为办公自动化和智能化带来了革命性的变革。WPS Office 作为全球领先的办公软件之一，其集成的 AI 功能，如智能写作、数据分析、自动化设计等，已经成为现代高效办公不可或缺的一部分。本书正是在这样的背景下应运而生的，旨在帮助广大用户掌握 AI 技术在 WPS 办公软件中的应用，以适应时代的发展需求。

本书采用"理论 + 案例实践 +AI 应用"的编写模式，全面、深入地介绍 AI 在 WPS 办公软件中的高效应用。从基础的文档编辑到复杂的数据处理，从精美的演示文稿设计到智能的办公自动化，书中涵盖 WPS 办公软件的各个方面，并创新性地融入 AI 技术的应用。每个项目都配有详细的操作步骤、实战案例和 AI 技巧点拨，确保读者能够快速上手并灵活运用。通过学习本书，读者能够深入了解 WPS AI 的功能与使用方法，掌握 WPS 办公文档的基本操作，提高电子表格的数据处理能力，以及学会制作专业水准的演示文稿。

本书共 10 个项目，项目 1 介绍 AIGC 在办公中的应用和 WPS AI 的功能与使用方法；项目 2 讲解 WPS 办公文档的基本操作；项目 3 讲解 WPS 图文混排文档；项目 4 讲解 WPS 文档的高级处理；项目 5 讲解 WPS 表格的编辑与数据计算；项目 6 讲解 WPS 表格的排序、筛选与汇总；项目 7 讲解 WPS 表格图表与透视表的应用；项目 8 讲解 WPS 演示文稿的编辑与设计；项目 9 讲解 WPS 演示文稿的动画设计与放映；项目 10 讲解 AI 职场高效办公实战应用技巧。同时，书中创新性地融入了 AI 技术，如 WPS AI 智能生成功能、AI 在日常中的应用等，帮助读者了解并掌握 AI 技术如何助力办公效率的提升。通过这些项目的学习，读者将能够熟练运用 WPS 办公软件完成各种办公任务，提高工作效率。

本书由两位资深教师共同编写，其中，成都市工贸职业技术学院 / 成都市技师学院教师白琳编写了项目 1、项目 3、项目 4 和项目 6 ～ 10，西华大学教师刘雪梅编写了项目 2 和项目 5。本书适合高校学生、广大办公人员、WPS 软件学习者及希望提升办公效率的人群阅读。无论是 WPS 的初学者，还是有一定基础的办公人员，都能通过本书的学习，掌握 AI 与 WPS 办公软件的结合应用，提升个人办公技能，实现高效办公。

由于编者水平有限，本书难免有疏漏和错误之处，恳请各位同仁和广大读者批评指正。

让我们一起开启 AI 助力下的高效办公之旅吧！

编者

2025 年 5 月

目录

CONTENTS

案例素材
和效果

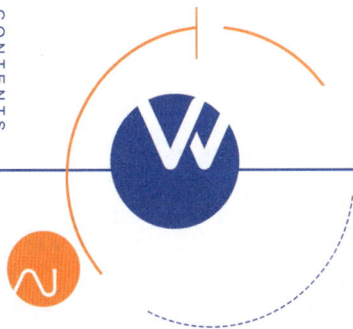

项目 1　认识 AI 与 WPS 办公软件

本章导读

AI 是一种模拟、延伸和扩展人的智能的技术，旨在使机器能够胜任一些通常需要人类智能才能完成的复杂工作。随着技术的不断发展，AI 已经渗透到我们工作和生活的各个领域，包括办公自动化、智能制造、医疗健康、金融服务等；WPS Office 则是一款集文字、表格、演示、PDF 等多种办公功能于一体的软件，拥有超过 10 亿的用户，广泛应用于各种办公场景。WPS 以其强大的功能和易用性，成为我国办公软件市场的佼佼者。

AI 与 WPS 办公软件的结合，为现代办公带来了前所未有的便捷与高效。本项目将详细讲解 AICG 和 WPS 办公软件的基础知识，为后期的学习打基础。

学习目标

通过本章多个知识点的学习，读者朋友可以熟练掌握 AICG 和 WPS 办公软件的发展历程、常用工具、常用功能和学习方法等基础知识。

知识要点

- AICG 的发展历程与现状
- AICG 在日常办公中的应用
- AICG 的常用工具简介
- AICG 的写作技巧
- 了解 WPS Office 的常用功能
- 掌握 WPS Office 的学习方法
- WPS AI 功能简介
- WPS AI 启动与使用
- WPS AI 智能生成功能

任务 1.1　认识 AIGC

　　AIGC（Artificial Intelligence Generated Content，人工智能生成内容）是一种利用人工智能技术来生成各类内容（如文本、图像、音频、视频等）的方式。

　　AIGC 的核心在于人工智能的算法和模型，这些算法和模型通过学习大量的数据，能够理解和模仿人类的创作方式和风格，从而生成高质量的内容。这种生成方式不仅可以极大地提高内容创作的效率，还能够探索出更多新的创作形式和风格，为内容创作者和消费者带来全新的体验。

　　本次任务详细讲解 AIGC 的相关基础知识，其内容包含 AIGC 的发展历程、发展现状、日常办公应用、写作技巧等。

子任务 1.1.1　AIGC 在日常办公中的应用

　　AIGC 在日常办公中的应用日益广泛，极大地提高了办公效率和准确性。AIGC 在日常办公中的应用如图 1-1 所示。

文档处理与创作

数据处理与分析

会议与沟通

创意设计

自动化流程与任务管理

辅助编程与代码编写

智能助手与虚拟客服

图 1-1　AIGC 在日常办公中的应用

1. 文档处理与创作

▶ 一键生成文案与报告：AIGC 能够根据输入的关键词、描述或大纲，自动生成符合要求的文案、新闻稿、行业报告等，大大节省了文案撰写的时间和精力。

▶ 文稿纠错与优化：通过自然语言处理技术，AIGC 能够自动检测文稿中的字词错误、语法错误、事实性错误等，并提供修改建议，提升文稿的质量。

2. 数据处理与分析

▶ 自动化数据处理：AIGC 能够处理 Excel 等表格数据，通过输入指令即可对整个表格进行操作，包括数据整理、分析、图表生成等，大大提高了数据处理效率。

▶ 智能数据分析与决策支持：结合大数据和机器学习技术，AIGC 能够对海量数据进行深度分析，挖掘数据背后的规律和趋势，为企业的决策提供有力支持。

3. 会议与沟通

▶ 实时会议记录：利用语音识别和自然语言处理技术，AIGC 能够实现会议的实时转写，准确记录会议内容，并支持多人对话区分和智能总结要点，方便会后回顾和整理。

▶ 智能翻译：支持多种语言的实时翻译，帮助跨国团队或国际会议中的参与者克服语言障碍，实现顺畅沟通。

4. 创意设计

▶ 智能生成 PPT：根据输入的内容和要求，AIGC 能够自动生成 PPT 演示文稿，包括选择合适的模板、设计排版、插入图片和图表等，使 PPT 制作更加高效和专业。

▶ 图片与视频处理：AIGC 能够生成插画、海报、宣传图等图片素材，以及快速解析视频、生成思维导图等，满足日常办公中的多样化需求。

5. 自动化流程与任务管理

▶ 自动化审批与报销：通过人工智能技术实现审批流程的自动化，减少人工审核的工作量，提高审批效率。同时，也支持报销流程的自动化处理，包括发票识别、费用分类等。

▶ 任务分配与跟踪：AIGC 可以与企业内部的任务管理系统集成，实现任务的智能分配和跟踪，确保任务按时完成，提高团队协作效率。

6. 辅助编程与代码编写

▶ 自然语言编程：通过自然语言的方式告知 AIGC 想要实现的功能或需求，AIGC 能够生成相应的代码片段或脚本，辅助程序员进行编程工作。

▶ 代码审查与优化：AIGC 能够对现有的代码进行审查和优化，发现潜在的错误和性能瓶颈，并提供改进建议。

7. 智能助手与虚拟客服

▶ 智能问答：基于自然语言处理技术，AIGC 能够回答员工在工作中遇到的问题和疑惑，提供相关的知识和信息支持。

▶ 虚拟客服：在企业内部或外部客户服务中，AIGC 可以扮演虚拟客服的角色，为用户提供 24 小时不间断的在线服务支持。

综上所述，AIGC 在日常办公中的应用涵盖文档处理、数据处理、会议与沟通、创意设计、自动化流程、编程辅助以及智能助手等多个方面，为企业和个人提供了更加高效、智能的办公体验。随着技术的不断进步和应用场景的不断拓展，AIGC 将在未来发挥更加重要的作用。

子任务 1.1.2 常用的 AIGC 工具简介

AIGC 的常用工具涵盖文本生成、图像生成、音乐生成、视频生成等多个领域，这些工具通过人工智能技术赋能创作，帮助用户在不同领域实现高效、高质量的创作。下面对 AIGC 的常用工具分别进行介绍。

1. 文本生成工具

▶ DeepSeek 是由杭州深度求索人工智能基础技术研究有限公司开发的一款强大的文本生成工具，基于先进的人工智能技术，能够生成高质量、多语言的文本内容。它通过深度学习算法分析大量数据，精准把握用户需求和市场趋势，生成符合特定主题和风格的文案。无论是营销文案、新闻报道还是创意写作，DeepSeek 都能快速提供定制化文本，助力企业和创作者高效完成内容创作。

▶ 文心一言：由百度精心研发，是一款知识增强型的大规模语言模型。文心一言具备与人对话互动、解答疑问、辅助创作的能力，同时能撰写文案、激发创意灵感；在中文语言处理方面达到了世界领先水平，且百度免费开放了最新的大语言模型能力。

▶ 豆包：出自字节跳动之手，是一款功能多样的人工智能助手。豆包提供写作助手、AI

图片生成、文章修改、小红书文案助手、AI 漫画生成、智能聊天、Music 音乐电台等丰富功能；支持抖音等平台授权登录，无须烦琐的注册流程；语言表达能力非常强，反应速度快，对问题的反馈相对准确。

▶ ChatGPT：由 OpenAI 开发，基于 GPT-4 架构的自然语言处理模型。ChatGPT 通过大量文本数据进行预训练，使模型学习语言的基本结构和语法，能够生成自然流畅的文本，适用于对话机器人、内容创作和翻译等多种场景。ChatGPT 具有强大的语言理解能力和生成能力，用户能够获得高质量的文本输出。

▶ 讯飞星火：是科大讯飞推出的一款人工智能平台，旨在为用户提供全面、高效、便捷的人工智能服务。通过结合自然语言处理、语音识别、图像识别等多项技术，讯飞星火致力于在各个领域内发挥人工智能的价值，提升人们的生活质量和工作效率。讯飞星火的应用场景包含智能语音助手、智能图像识别、自然语言处理、智能教育辅导、智能家居控制等。

▶ 腾讯混元助手：由腾讯研发的大语言模型平台产品。腾讯混元助手具备跨领域知识和自然语言理解能力，能实现基于人机自然语言对话的方式，理解用户指令并执行任务，帮助用户获取信息、知识和灵感。腾讯混元助手的应用场景有聊天互动、回答问题、编写文章、推荐建议、语言翻译、生成图片、代码编程等。

2. 图像生成工具

▶ DALL·E：由 OpenAI 开发，基于 GPT-4 架构的变体，专门用于图像生成。该工具利用扩展的 Transformer 架构和 VQ-VAE（Vector Quantized Variational Autoencoder，向量量化变分自编码器）进行图像编码与解码，能够根据文本描述生成逼真的图像。DALL·E 适用于广告创意、艺术创作和教育等领域，用户可以通过简单的文字输入生成符合预期的高质量图像。

▶ Pixso AI：集成了白板、原型、设计、交付、管理等功能的产品设计一体化协作平台。Pixso AI 通过简单的文本输入生成对应内容的图片，覆盖多种风格样式和通用尺寸，能够为设计师提供丰富的视觉素材。同时，Pixso AI 具备 AI 生成设计规范的功能，能够帮助用户快速搭建设计系统，满足商业级别的设计需求。

▶ 文心一格：文心一格引入了图像生成技术，用户只需输入简单的文字描述，AI 就能够自动生成创意画作。这种"一语成画"的特色使得平台不仅是一个创作工具，更是一个与用户共同创造的艺术空间。平台集成了对话增强技术，用户可以通过与 AI 进行对话，调整作品的风格和细节，实现个性化的创作。这种多样性使得平台适用于各种艺术创作需求，不论是写作、绘画还是其他形式的创作，文心一格都能够为用户提供有力的支持。

▶ Midjourney：Midjourney 是一款由美国独立研究实验室开发的 AI 绘画工具，专注于设计、人力基础设施和 AI 技术。其特点包括强大的图像生成能力，能够根据文本描述快速生成高质量、多种风格的图像。Midjourney 的优势在于操作简单、图像质量高、风格多样，且社区互动性强。它支持文生图、图生图等功能，还支持高分辨率图像生成。此外，Midjourney 持续更新，不断优化算法，为用户提供更好的创作体验。

3. 视频生成工具

▶ 可灵 AI：由快手开发的高效能 AI 视频生成工具。它支持文本、图片输入，可生成 1080p、30fps、最长 3 分钟的视频，细节处理出色，运动生成自然。其优势在于性价比高，生成 5 秒视频的成本仅需 1 元，适合电商营销、短剧创作等场景，已累计生成超

6500 万条视频，助力创作者高效产出。

▶ 智谱清影：由北京智谱华章科技有限公司开发的一款先进的人工智能视频生成工具。其优势在于生成速度快，仅需 30 秒就能生成 6 秒的 1440×960 像素高清视频；支持多种艺术风格，如写实、三维动画等，满足不同创作需求；此外，还提供免费试用和灵活的付费模式，适合个人创作者和专业团队使用。

▶ Runway：由 Runway 公司开发的云端视频编辑和生成工具。其特点在于支持多种功能，包括图像生成、视频编辑、动画制作等，还提供超过 30 个 AI 魔法工具和多种视频风格预设。优势在于强大的社区支持、丰富的教程资源，以及高效的视频生成能力，尤其适合团队协作和专业创作。

4. 编程与代码辅助工具

▶ GitHub Copilot：由 GitHub 和 OpenAI 合作开发的 AI 编程助手，基于 OpenAI 的 Codex 模型。GitHub Copilot 实时提供自动完成建议，甚至可以帮助生成整个函数或模块的代码。GitHub Copilot 支持多种编程语言，如 Python、JavaScript、TypeScript 等，并深度集成到 Visual Studio Code 等 IDE 中，提供无缝的使用体验。

▶ Tabnine：一款老牌的 AI 代码补全工具，通过学习用户的编程风格，提供个性化的代码建议。Tabnine 支持多种编程语言，包括 Java、Python、JavaScript 等，并提供本地模型训练，保证数据隐私的同时提高建议质量。

▶ Kite：专注于提高开发效率的 AI 编程工具，提供智能代码补全和自动文档功能。通过机器学习算法，Kite 能够帮助开发者快速编写和理解代码。Kite 支持多种编程语言，如 Python、JavaScript、Java 等，特别适合那些希望提高代码理解能力的开发者。

5. 数据处理与分析工具

▶ Pandas：用于数据分析和数据处理非常强大的库，提供高性能的多维数组对象和用于操作数组的工具。它支持数据的清洗、转换、合并等操作，是数据科学家和数据分析师常用的工具之一。

▶ SciPy：用于科学计算的库，提供了大量科学计算中常用的算法和函数。它支持线性代数、优化、积分、傅里叶变换等多种数学计算功能。

▶ TensorFlow：Google 开发的深度学习框架，支持静态图和动态图的深度学习模型训练。它提供了丰富的 API 和工具，能够帮助开发者构建和训练深度学习模型。

6. 设计与可视化工具

▶ Matplotlib：用于绘制图表的库，支持多种图表类型和定制化选项。它是 Python 中最常用的绘图库之一，广泛应用于数据可视化领域。

▶ Seaborn：基于 Matplotlib 的高级绘图库，提供了更多的统计图形和更美观的图表样式。它简化了绘图过程，使数据可视化更加简单和直观。

7. 其他工具

▶ Hugging Face Transformers：提供预训练模型的库，如 BERT、GPT-3 等。它支持多种自然语言处理任务的模型和算法，帮助开发者快速构建和部署 NLP（Natural Language Processing, 自然语言处理）应用。

▶ Optuna：高效的超参数优化工具，通过自动化搜索算法找到最优的超参数配置。它支持多种机器学习框架和算法，帮助开发者提升模型性能和训练效率。

这些 AIGC 工具通过人工智能技术赋能创作和开发过程，极大地提高了工作效率和质量。

随着技术的不断进步和应用场景的不断拓展，未来还将涌现出更多优秀的 AIGC 工具。

任务 1.2 认识 WPS Office

WPS Office（也称为 WPS）是一款由金山软件公司开发的办公软件套件，它包括文字处理、表格制作和演示文稿等功能，与微软的 Office 套件（如 Microsoft Word、Excel 和 PowerPoint）类似，它提供了更轻量级、更适合中文用户习惯的界面和功能。WPS Office 以其良好的兼容性、丰富的模板资源、高效的办公性能以及便捷的操作方式，在中国及全球范围内拥有大量用户。

子任务 1.2.1 了解 WPS Office 的常用功能

WPS Office 作为一款全面的办公软件套件，包含多个常用功能，这些功能能够帮助用户高效地处理文档、表格和演示文稿。下面对 WPS Office 各个组成部分的一些常用功能进行介绍。

1. WPS 文字

WPS 文字相当于 Microsoft Word，用于编辑和格式化文档，如报告、论文、简历等。它支持多种文档格式，如 .doc、.docx、.wps、.wpt 等，并提供了丰富的排版工具，如字体样式、段落设置、页眉页脚等。WPS 文字的常用功能包含文档编辑、段落排版、页面设置、样式和模板等，如图 1-2 所示。

图 1-2　WPS 文字的常用功能

- ▶ 文档编辑：支持文本的输入、编辑、格式化，包括字体、字号、颜色、加粗、斜体、下画线等基本文本编辑功能。
- ▶ 段落排版：可以设置段落的对齐方式（左对齐、右对齐、居中对齐、两端对齐）、缩进、行距、段间距等，以实现文档的整齐排版。
- ▶ 页面设置：包括纸张大小、页边距、页眉页脚、页码等的设置，以及页面背景（如颜色、水印）的添加。
- ▶ 样式和模板：提供多种预设的样式和模板，用户可以直接应用或修改，以快速创建专业的文档。
- ▶ 图片和对象插入：支持插入图片、形状、文本框、表格等元素，并可以对它们进行编辑和格式化。
- ▶ 查找和替换：快速查找文档中的特定内容，并进行替换，提高工作效率。
- ▶ 审阅和批注：支持文档的审阅功能，包括批注、修订等，方便多人协作和文档修改跟踪。

2. WPS 表格

WPS 表格类似于 Microsoft Excel，用于创建和处理电子表格。用户可以通过它进行数据的录入、计算、分析和可视化展示。WPS 表格支持公式计算、图表制作、数据筛选和排序等功能。WPS 表格的常用功能包含数据录入、公式和函数、数据排序和筛选、图表制作等，如图 1-3 所示。

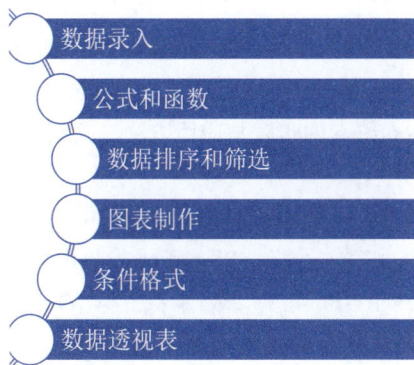

图 1-3　WPS 表格的常用功能

- ▶ 数据录入：支持数字、文本、日期等类型的数据录入，并提供自动填充、数据验证等功能，确保数据的准确性和完整性。
- ▶ 公式和函数：内置大量的公式和函数，支持复杂的数学计算、统计分析、财务分析等。
- ▶ 数据排序和筛选：可以对表格中的数据进行排序和筛选，快速找到需要的信息。
- ▶ 图表制作：支持将数据以图表的形式展示，包括柱状图、折线图、饼图等多种类型，使数据更加直观易懂。
- ▶ 条件格式：可以根据设定的条件自动改变单元格的格式，如颜色、字体等，以突出显示特定的数据。
- ▶ 数据透视表：可以快速汇总、分析、探索大量数据，并以表格、图表等形式展示分析结果。

3. WPS 演示

WPS 演示与 Microsoft PowerPoint 相对应，用于制作演示文稿。用户可以在其中插入文本、图片、音频、视频等元素，设计幻灯片动画和过渡效果，从而制作出专业的演示材料。WPS 演示的常用功能包含幻灯片制作、动画和过渡效果、幻灯片布局和母版、放映和演示、导出和分享等，如图 1-4 所示。

- ▶ 幻灯片制作：支持创建多个幻灯片，并在每个幻灯片上添加文本、图片、音频、视频等元素。
- ▶ 动画和过渡效果：可以为幻灯片中的元素添加动画效果，以及设置幻灯片之间的过渡效果，使演示更加生动有趣。
- ▶ 幻灯片布局和母版：可以设置幻灯片的布局和母版，以确保整个演示文稿的一致性和专业性。
- ▶ 放映和演示：支持全屏放映、幻灯片切换、激光笔等功能，方便用户进行演示和讲解。

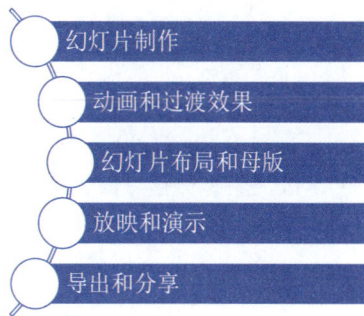

图 1-4　WPS 演示的常用功能

▶ 导出和分享：可以将演示文稿导出为多种格式，如 PDF、视频等，并支持通过云存储、社交媒体等方式分享给他人。

这些只是 WPS Office 常用功能的一部分，实际上它还包含许多其他高级功能和工具，以满足用户的不同需求。

子任务 1.2.2　掌握 WPS Office 的学习方法

掌握 WPS Office 的学习方法是一个系统而全面的过程，涉及对软件各个组件（如 WPS 文字、WPS 表格、WPS 演示）的熟悉与应用。在掌握 WPS Office 的学习方法时，需要熟悉 WPS Office 的界面元素，清楚 WPS Office 的实践与应用方法，并利用快捷键提高效率。

1. 熟悉 WPS Office 界面元素

WPS Office 是一款广泛使用的办公软件套件，它提供了文字处理、表格处理、演示文稿等功能，与 Microsoft Office 高度兼容。了解 WPS Office 的界面元素对于高效使用这款软件至关重要。下面介绍 WPS Office 中的 WPS 文字、WPS 表格和 WPS 演示工作界面。

1）WPS 文字的工作界面

WPS 文字的工作界面是用户进行文档编辑和格式化的主要区域，它集成了多种工具和功能，使得文字处理变得更加高效和直观。WPS 文字的工作界面主要由标题栏、菜单栏、功能区和编辑区等部分组成，如图 1-5 所示。

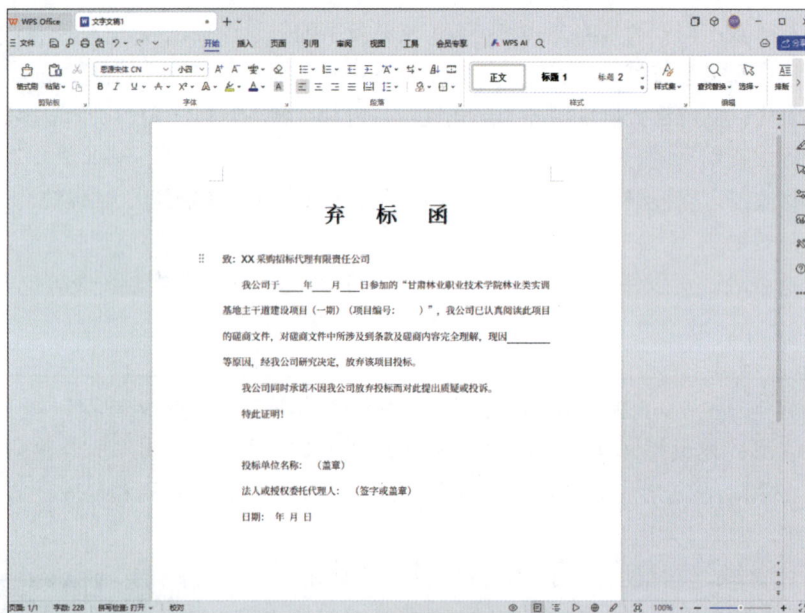

图 1-5　WPS 文字的工作界面

下面对 WPS 文字工作界面的各个组成部分进行介绍。

▶ 标题栏：标题栏位于界面的最顶部，用于显示当前编辑的文档名称、WPS Office 的图标，以及最小化、最大化和关闭窗口的按钮。

▶ 菜单栏：菜单栏紧随标题栏下方，包含多个菜单项，如"文件""编辑""视图""插入""页面布局""引用""邮件""审阅"和"帮助"等。每个菜单项下都有一系列相关的子命令，用于执行各种操作（注意：在某些版本的 WPS Office 中，菜单栏可能被功能区取代或与其共存）。

- 功能区：功能区位于菜单栏下方（如果菜单栏存在）或直接位于标题栏下方。功能区可以将传统菜单中的命令按功能分组，以选项卡和面板的形式展示。例如，"开始"选项卡包含字体、段落、样式等编辑工具，"插入"选项卡包含表格、图片、图表等插入元素的工具。

- 编辑区（文档编辑区）：编辑区占据工作界面的大部分区域，主要用于输入、编辑和显示文档内容。用户可以在这里输入文本、插入图片、绘制图形等。

- 状态栏：状态栏位于界面的底部，用于显示当前文档的页数、字数统计、视图模式（如页面视图、大纲视图、Web 版式视图等）、缩放比例等信息。

- 滚动条：滚动条位于编辑区右侧和底部。水平和垂直滚动条允许用户滚动文档，以查看文档的不同部分。

- 工具栏按钮和快捷菜单：工具栏按钮和快捷菜单分布在编辑区的上方、下方、左侧或右侧，以及功能区中，包括常用的编辑工具按钮（如加粗、倾斜、下画线）、格式设置按钮（如字体、字号、颜色选择）、视图切换按钮（如页面视图、大纲视图）等。此外，许多对象（如图片、表格）在被选中时还会显示特定的快捷菜单。

- 导航窗格（可选）：导航窗格位于编辑区的左侧或右侧（可通过视图选项开启），用于显示文档的标题结构、缩略图或搜索结果，方便用户快速导航到文档的不同部分。

- 侧边栏（任务窗格，可选）：侧边栏通常位于编辑区的右侧（可通过单击相关按钮或菜单项打开）。侧边栏包含一系列与当前任务相关的选项和工具，如样式、目录、页眉和页脚、批注和修订等。

- 工具栏自定义区域：工具栏自定义区域位于功能区下方或编辑区上方（具体位置可能因版本而异）。工具栏自定义区域允许用户根据自己的需求添加、删除或重新排列工具栏按钮和面板，以便更快地访问常用命令。

2）WPS 表格的工作界面

WPS 表格的工作界面是一个集数据输入、编辑、格式化、分析等功能于一体的综合性工作区域。WPS 表格的工作界面如图 1-6 所示。

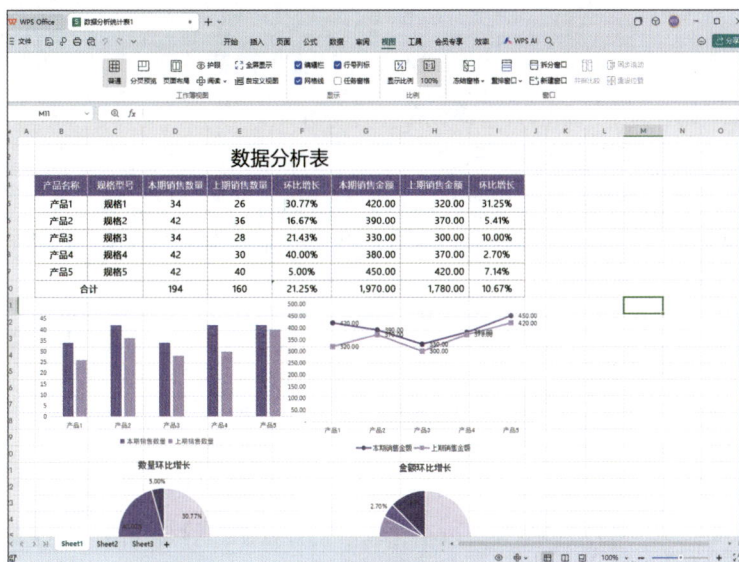

图 1-6　WPS 表格的工作界面

下面对 WPS 表格工作界面的各个组成部分进行介绍。

- ▶ 标题栏、菜单栏、工具栏、状态栏和滚动条与 WPS 文字的工作界面相似，但工具栏中的功能针对电子表格处理进行了优化。
- ▶ 工作表标签：位于底部，显示当前工作簿中所有工作表的名称，允许用户在不同工作表之间切换。
- ▶ 单元格：电子表格中的最小单位，用于输入数据和公式。
- ▶ 列标和行号：分别位于工作表左侧和上方，用于标识单元格的位置。
- ▶ 公式栏：位于工具栏下方，用于显示当前选中单元格的内容或编辑中的公式。

3）WPS 演示的工作界面

WPS 演示的工作界面是用户制作演示文稿和编辑的主要区域，它集成了多种工具和功能，使得演示文稿的制作更加高效和便捷。WPS 演示的工作界面如图 1-7 所示。

图 1-7　WPS 演示的工作界面

下面对 WPS 演示工作界面的各个组成部分进行介绍。

- ▶ 幻灯片窗格：显示当前正在编辑的幻灯片，是编辑演示文稿的主要区域。
- ▶ 大纲窗格：可选显示，用于查看和编辑演示文稿的结构，包括幻灯片标题和子标题。
- ▶ 幻灯片浏览窗格：显示演示文稿中所有幻灯片的缩略图，允许用户快速导航和重新排序幻灯片。
- ▶ 备注窗格：可选显示，用于为每张幻灯片添加备注信息，这些信息在演示时通常不会显示给观众。
- ▶ 工具栏：类似于 WPS 文字和 WPS 表格的工具栏，但针对演示文稿制作进行了调整。
- ▶ 幻灯片放映按钮：允许用户直接从当前幻灯片开始放映演示文稿。

2. 清楚 WPS Office 的实践与应用方法

WPS Office 的功能涵盖文字处理、表格计算、幻灯片制作等多个方面。下面对各个方面的实践与应用方法进行介绍。

1）文字处理的实践与应用方法

WPS Office 的文字处理功能非常强大，常用于文档的创建、编辑、格式化和保存。

▶ 新建文档：打开 WPS Office，单击"文字"图标，即可开始新建文档。

▶ 编辑文档：在文档中输入文字，可以使用常见的文本编辑功能，如复制、粘贴、剪切、选中、加粗、斜体、下画线等。

▶ 格式化：WPS Office 提供了丰富的格式化选项，包括字体、字号、颜色、背景色、对齐方式、缩进、行距、段落格式等，可以根据需要对文档进行美化。

▶ 插入元素：可以在文档中插入图片、表格、图表、超链接等元素，丰富文档内容。例如，使用"插入"选项卡下的"图片"或"表格"功能，可以轻松添加这些元素。

▶ 保存文档：编辑完成后，记得及时保存文档，以免数据丢失。可以使用"文件"菜单下的"保存"或"另存为"命令进行保存。

2）表格计算的实践与应用方法

WPS Office 的表格计算功能也十分强大，适用于数据处理和分析。

▶ 新建表格：单击"表格"图标，即可开始新建表格。

▶ 编辑表格：在表格中输入数据，可以使用常见的表格编辑功能，如复制、粘贴、剪切、选中、排序、筛选等。

▶ 函数计算：WPS Office 提供了丰富的函数库，如 SUM、AVERAGE、MAX、MIN 等，可以帮助用户完成各种复杂的计算。通过单击单元格并输入函数公式，即可快速得到计算结果。

▶ 图表绘制：可以方便地创建各种图表，如折线图、柱状图、饼图等，使数据更加直观。通过选中表格中的数据区域，然后单击"插入"选项卡下的"图表"功能，即可选择并插入图表。

▶ 保存表格：应及时保存表格，以免数据丢失。

3）幻灯片制作的实践与应用方法

WPS Office 的幻灯片用于展示报告、演示项目等。

▶ 新建幻灯片：在"开始"选项卡的"幻灯片"面板中单击"新建幻灯片"按钮，即可开始新建幻灯片。

▶ 编辑幻灯片：在幻灯片中输入文字、插入图片、添加动画效果等，可以制作出精美的演示效果。通过"插入"选项卡下的"文本框""图片"等功能，可以轻松添加元素；通过"动画"选项卡下的"动画效果"功能，可以为元素添加动画效果。

▶ 主题设置：可以根据需要选择不同的主题风格，如清新、商务、科技等，使演示更加生动。通过"设计"选项卡下的"主题"功能，可以浏览并应用不同的主题样式。

▶ 演示设置：可以设置幻灯片自动播放、循环播放、间隔时间等参数，满足不同的演示需求。通过"幻灯片放映"选项卡下的"设置幻灯片放映"功能，可以进行相关设置。

▶ 保存幻灯片：应及时保存幻灯片，以免数据丢失。

4）其他功能的实践与应用方法

除上述功能外，WPS Office 还提供了其他功能，如多人在线编辑、文档云同步、设备协同等。

▶ 多人在线编辑：WPS Office 支持多人在线编辑多种文档格式，用户可以在不同设备上实时协同编辑文档。

▶ 文档云同步：将文档同步至云端后，用户可以在多设备上随时查看和编辑文档，实现无缝切换和流转。

▶ 设备协同：WPS Office 支持不同设备之间的协同工作，如计算机上的 PDF 文件需要签字时，可以使用手机快速签名；在手机上没写完的文档，打开计算机也能接着写。

综上所述，WPS Office 的功能涵盖文字处理、表格计算、幻灯片制作等多个方面，通过合理使用这些功能，可以大大提高办公效率和质量。

3. 利用快捷键提高效率

熟练掌握 WPS Office 的快捷键可以大大提高工作效率，建议在学习过程中逐步熟悉并应用快捷键，如 Ctrl+N 用于新建文档、Ctrl+S 用于保存文档、Ctrl+C 用于复制等。

任务 1.3　认识 WPS AI

WPS AI 是金山办公旗下具备大语言模型能力的一款生成式人工智能应用，也是中国协同办公赛道首个类 ChatGPT 应用。本节内容包括 WPS AI 功能简介、WPS AI 的启动与使用以及 WPS AI 的智能生成功能。

子任务 1.3.1　WPS AI 功能简介

WPS AI 于 2023 年 7 月 6 日由金山办公正式推出，并在同年 11 月 16 日开启公测，AI 功能面向全体用户陆续开放体验。WPS AI 在推出后不断迭代升级，2024 年 7 月 5 日，金山办公在 2024 世界人工智能大会上升级 AI 战略，正式发布 WPS AI 2.0，包含 WPS AI 办公助手、WPS AI 政务版等应用。

WPS AI 的主要功能如图 1-8 所示。

▶ 自动生成内容：WPS AI 可根据用户的需求，自动生成文档、表格、幻灯片等各类办公文件。无论是撰写文章、制作 PPT 还是处理表格数据，WPS AI 都能提供丰富的模板和素材，帮助用户快速完成工作。

▶ 智能排版：WPS AI 具备智能排版功能，可根据用户的需求自动调整文档的格式、字体、段落等，使文档更加美观和专业。

▶ 智能纠错：WPS AI 可自动检测文档中的拼写、语法等错误，并提供纠正建议，帮助用户提高文档质量。

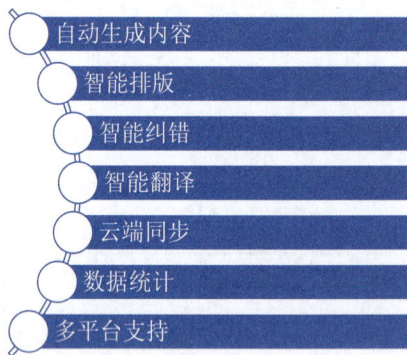

图 1-8　WPS AI 的主要功能

▶ 智能翻译：支持多语言翻译功能，可将文档中的内容快速翻译成多种语言，方便用户与国际合作伙伴沟通交流。

▶ 云端同步：用户可将文件保存在云端，随时随地访问和编辑。同时，用户还可与同事共享文件，方便团队协作。

▶ 数据统计：具备强大的数据统计功能，可对表格数据进行快速分析和处理，帮助用户更好地掌握数据情况。

▶ 多平台支持：支持 Windows、macOS、iOS 和 Android 等多个平台，用户可根据自己的需求选择合适的使用平台。

子任务 1.3.2　WPS AI 的启动与使用

WPS AI 作为金山办公旗下的智能办公助手，凭借其强大的功能和便捷的使用方式，正在逐步改变人们的办公方式。无论是个人用户还是企业用户，都可以通过 WPS AI 提高办公效率和质量，实现更加智能化的办公体验。

1. 启动 WPS AI 的方式

在计算机上启动 WPS AI 的方式有两种，下面以 WPS 文字的工作界面为例，介绍其具体的启动方式。

▶ 启动 WPS Office 软件，新建文档后，在功能区中单击 WPS AI 按钮，如图 1-9 所示，即可打开 WPS AI 窗格，如图 1-10 所示。

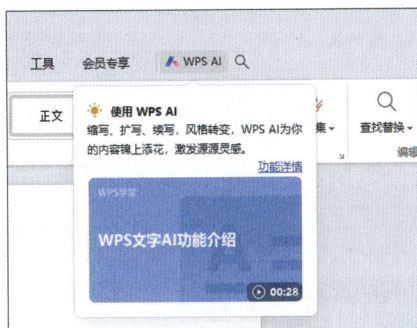

图 1-9　单击 WPS AI 按钮　　　　图 1-10　WPS AI 窗格

▶ 在新创建的空白文档中，按两次 Ctrl 键，即可启动 AI 输入框进行内容生成，如图 1-11 所示。

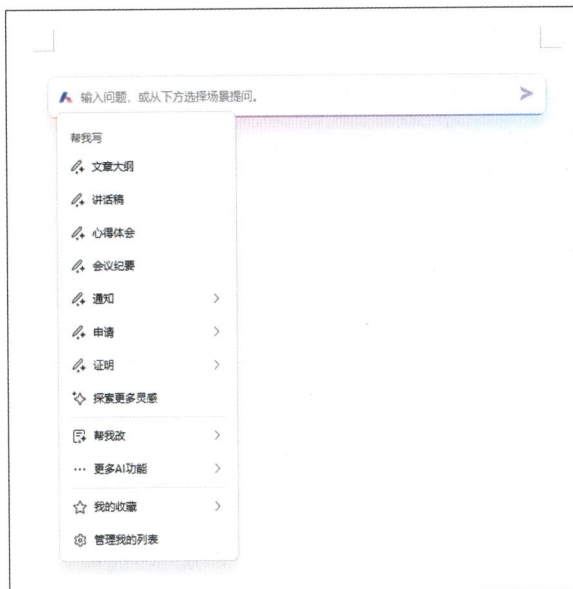

图 1-11　启动 AI 输入框

▶ 在空白文档中，直接输入"@ai"，然后按 Enter 键，即可唤醒 WPS AI。

2. 使用 WPS AI

在启动 WPS AI 后，可以在 AI 输入框中输入文本内容或者在列表框中选择合适的文档选项。例如，在 AI 输入框下的列表框中选择"通知"→"会议通知"命令，如图 1-12 所示，即可自动输入要生成的内容，单击"发送"按钮，如图 1-13 所示，即可开始使用 WPS AI 生成文档内容。

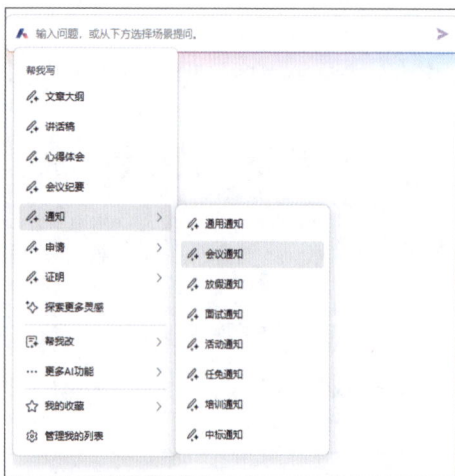

图 1-12　选择"会议通知"命令

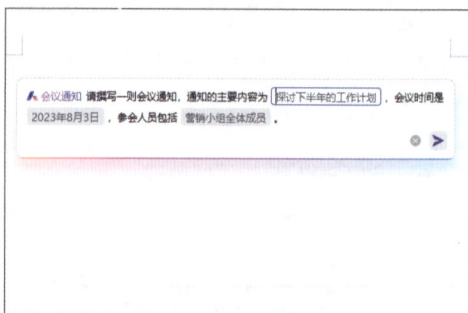

图 1-13　自动输入要生成的内容

使用 WPS AI 不仅可以生成文档内容，还可以自动生成公式、条件格式和幻灯片内容。其应用场景非常广泛，覆盖用户大部分使用场景。例如，针对用户输入的文字需求，WPS AI 可以帮助用户生成工作总结、广告文案、社媒推文、文章大纲、招聘文案、待办事项、创意故事、旅行游记等。同时，WPS AI 还支持多轮对话，通过多次、连续自然语言的输入控制内容的生成，进一步提高创作效率。

子任务 1.3.3　WPS AI 的智能生成功能

观看视频

WPS AI 的智能生成功能是其核心亮点之一，该功能基于人工智能技术，旨在提高用户的工作效率和质量。WPS AI 的智能生成功能包含智能写作、智能生成文档、智能生成表单、智能 PPT 制作等，下面分别进行介绍。

1. 智能写作

▶ 自动生成框架与段落：WPS AI 能够根据用户输入的关键词和内容，自动生成文章的基本框架和段落，帮助用户快速构建文章结构。

▶ 个性化写作建议：WPS AI 能根据用户的写作风格和习惯，提供个性化的写作建议，如用词、句式等，从而提升文章的整体质量。

▶ 多轮对话生成：支持通过多轮对话控制内容生成，用户可以根据需要不断优化内容，直至满意。

2. 智能生成文档

WPS AI 提供了多种文档模板，如报告、提案、简历、新闻稿等，用户可以根据需要选择合适的模板，快速生成专业且格式规范的文档。因此，在新建空白文档时，使用"智能文档"功能可以通过选择文档模板，一键套用，极大地简化了创建文档的流程。

下面介绍智能生成文档的具体操作步骤。

第 1 步 启动 WPS Office 软件，在软件程序主界面中，单击"新建"按钮，打开"新建"对话框，在"在线智能文档"选项区中，单击"智能文档"图标，如图 1-14 所示。

第 2 步 进入"新建智能文档"界面，单击"项目管理"图标，如图 1-15 所示。

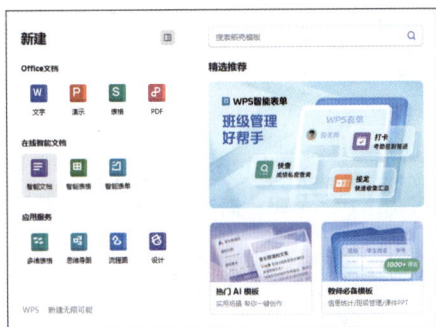

图 1-14　单击"智能文档"图标

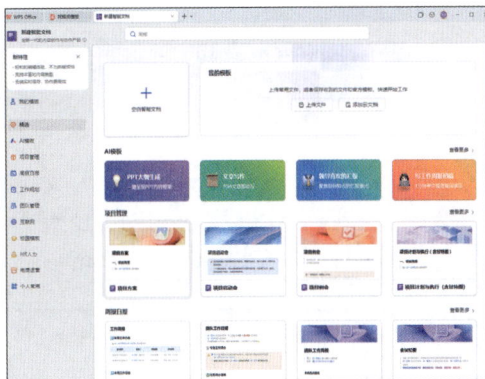

图 1-15　单击"项目管理"图标

第 3 步 打开"项目方案"对话框，单击对话框右下角的"使用模板"按钮，如图 1-16 所示，即可复制 AI 内容。

第 4 步 创建出"项目方案"的智能文档，其效果如图 1-17 所示。

第 5 步 在智能文档中如果要续写文档内容，则可以单击 WPS AI 按钮，展开列表框，选择"AI 帮我写"命令，如图 1-18 所示。

第 6 步 使用 WPS AI 续写文档内容，续写完成后，单击"插入"按钮，如图 1-19 所示。

第 7 步 将 AI 生成的文档内容插入智能文档中，然后对文档中的内容进行位置变换、修改与编辑，如图 1-20 所示。

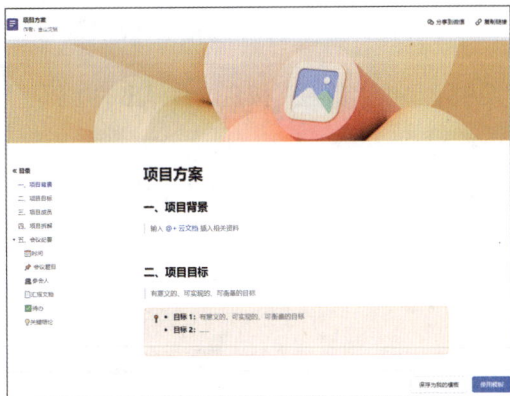

图 1-16　单击"使用模板"按钮

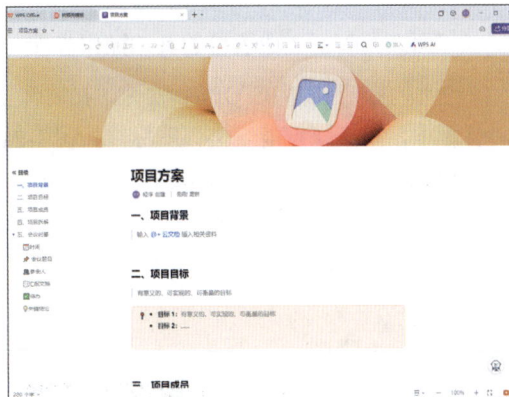

图 1-17　创建智能文档

3. 智能生成表格

WPS 智能表格基于人工智能技术，集成了数据智能分析、智能搜索、智能公式、数据可视化、智能排版、智能模板、多语言支持和云端协作等多项功能。用户可以通过这些功能轻松创建、编辑和管理表格，提高办公效率。

图 1-18　选择"AI 帮我写"命令

图 1-19　单击"插入"按钮

图 1-20　插入与编辑文档内容

下面介绍智能生成表格的具体操作步骤。

第 1 步　启动 WPS Office 软件，在软件主界面中，单击"新建"按钮，在弹出的"新建"对话框中，单击"智能表格"图标，如图 1-21 所示。

第 2 步　进入"新建智能表格"界面，在"信息统计"选项区中，单击"考勤表（全自动统计）"图标，如图 1-22 所示。

图 1-21　单击"智能表格"图标

图 1-22　单击"考勤表（全自动统计）"图标

第❸步 打开"考勤表（全自动统计）"对话框，在对话框右下角单击"使用模板"按钮，如图 1-23 所示。

第❹步 创建一个智能表格，然后修改智能表格中的数据，如图 1-24 所示，将智能表格导出到对应的文件夹中即可。

图 1-23　单击"使用模板"按钮

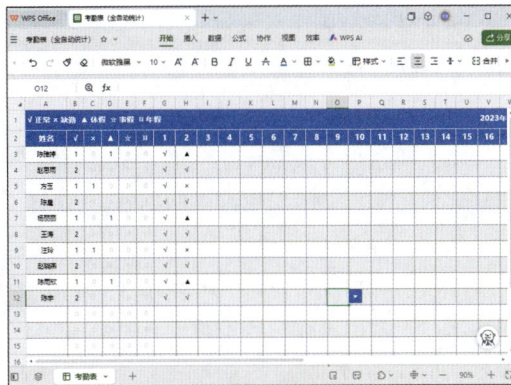

图 1-24　修改数据

4. 智能 PPT 制作

WPS 智能 PPT 制作功能通过智能技术自动完成基础排版、格式调整以及内容生成，让用户将更多精力投入内容创作和演示效果优化上。该功能支持自动生成 PPT 文件，提供主题一键生成幻灯片，并且支持丰富的素材库。

智能 PPT 制作的方法很简单，用户只要在"新建演示文稿"界面中，单击"智能创作"图标，如图 1-25 所示，再根据提示进行操作即可，在后面的项目 8 中会进行详细解说，这里不再讲述。

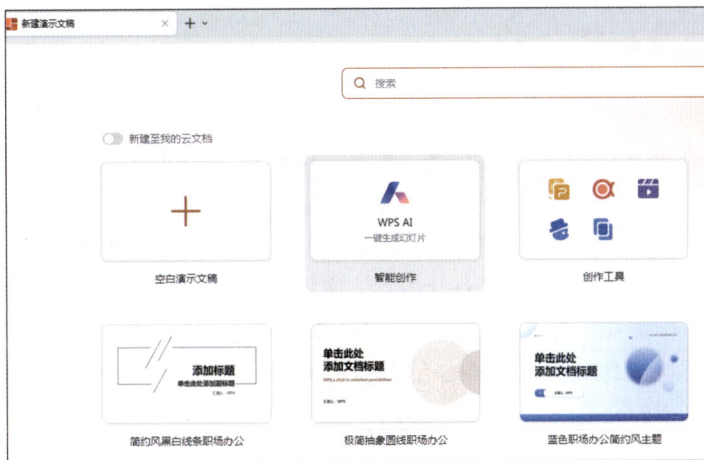

图 1-25　单击"智能创作"图标

⟶ AI 答疑与技巧点拨 ⟵

1. 如何对 WPS AI 精准提问

对 WPS AI 进行精准提问，关键在于明确需求、细化问题，并使用清晰、准确的语言来表达。用户可以通过以下方法对 WPS AI 进行精准提问。

1）明确具体需求

在提问之前，先明确自己想要 WPS AI 完成的具体任务是什么，是需要生成文本、分析数据、还是设计 PPT 等，确保自己的需求是具体且可实现的。

2）使用简洁明了的语言

避免使用模糊或复杂的语言，尽量用简洁明了的词汇和句子来表达自己的需求。WPS AI 更容易理解直接、清晰的指令。

3）细化问题

将大问题拆分成几个小问题，或者将复杂的问题逐步细化。这样可以帮助 WPS AI 更好地理解你的需求，并给出更准确的回答。

4）提供具体背景或上下文

如果问题涉及特定的背景或上下文，务必在提问时提供。这有助于 WPS AI 更好地理解你的需求，并给出更符合你期望的答案。

5）示例或模板

如果可能的话，提供一个与你的需求相似的示例或模板。这有助于 WPS AI 更好地理解你的期望，并生成更符合你的需求的内容。

6）使用明确的指令

在提问时，尽量使用明确的指令或关键词。例如，如果想让 WPS AI 帮你写一篇文章，可以明确指定文章的主题、字数、风格等。

7）多轮对话与反馈

不要期望一次对话就能得到完美的答案。与 WPS AI 进行多轮对话，并根据它的回应逐步调整和优化你的问题。同时，及时给出反馈，指出其中存在的问题或不足之处，以便 WPS AI 不断改进回答。

8）了解 WPS AI 的功能和限制

在提问之前，先了解 WPS AI 的功能和限制。这有助于你更准确地表达自己的需求，并避免提出超出 WPS AI 能力范围的问题。

例如，假设你想让 WPS AI 帮你生成一篇关于"人工智能在医疗领域的应用"的文章，可以这样提问：

"请帮我生成一篇关于'人工智能在医疗领域的应用'的文章，文章应包含以下几个方面：人工智能在疾病诊断中的应用、在个性化治疗方案制定中的作用、在药物研发中的贡献以及未来发展趋势。文章字数控制在 1000 字左右，风格要求客观、专业。"

通过这样的提问方式，可以为 WPS AI 提供清晰、具体且富有背景信息的需求，有助于它生成更符合你的期望的文章。

2. 让 AI 快速提取关键信息

WPS AI 可以对文章中的核心要点或关键信息进行分析与提取。下面详细讲解具体的操作步骤。

（1）打开本书提供的"素材 / 项目一 / 春天的赞歌 .docx"文档，如图 1-26 所示。

（2）选择所有文档内容，单击 WPS AI 按钮，打开 WPS AI 任务窗格，单击"文档阅读"选项，如图 1-27 所示。

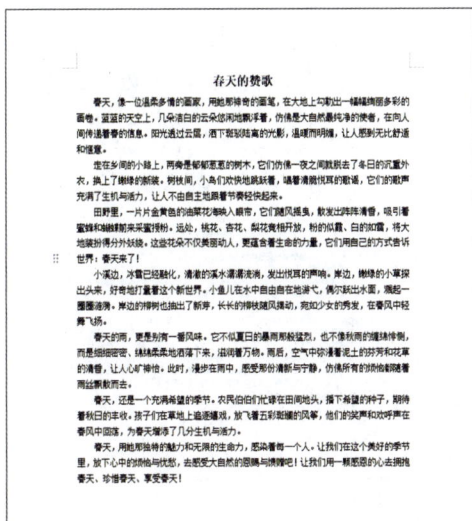

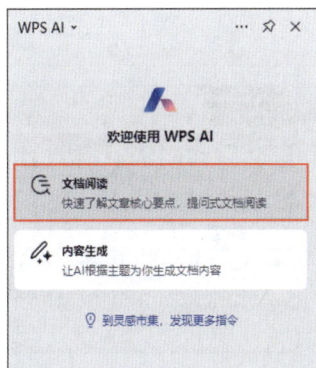

图 1-26　打开文档　　　　　　　　图 1-27　单击"文档阅读"选项

（3）进入"文档阅读"界面，单击"总结文档内容"选项，如图 1-28 所示。

（4）开始分析文章的重点，并显示分析结果，如图 1-29 所示。

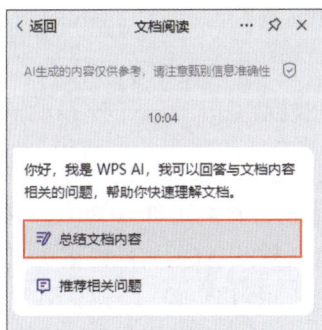

图 1-28　单击"总结文档内容"选项　　　图 1-29　分析结果

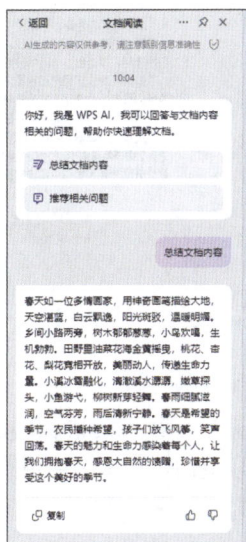

3. 用 AI 转换文本风格

使用 WPS AI 工具可以将文本从一种语言风格（如正式、非正式、古典、现代等）转换为另一种语言风格。下面详细介绍使用 AI 转换文本风格的具体操作步骤。

（1）打开本书提供的"素材 / 项目一 / 化妆品 .docx"文档，选择所有的文本，右击，在弹出的快捷菜单中，单击 WPS AI 右侧的下拉按钮，展开列表框，选择"转换风格"→"更活泼"命令，如图 1-30 所示。

（2）转换文本的风格，并自动生成转换风格后的文本，生成完成后，单击"替换"按钮，如图 1-31 所示。

（3）替换转换风格后的文本，完成文本风格的转换操作，其效果如图 1-32 所示。

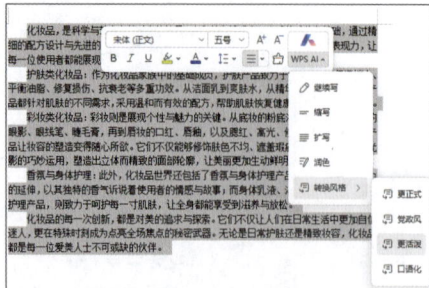

图1-30　选择"更活泼"命令

图1-31　开始生成转换风格后的文本

图1-32　转换文本风格

上机实训：使用 WPS AI 智能创作请假条

观看视频

请假条作为一种应用文体，主要用于向有关单位或个人说明因某种原因需要暂时离开工作岗位或学习场所，并请求批准的情况。它是人们在日常生活和工作中经常使用的一种书面凭证，具有正式性和规范性。在本案例中，需要通过 WPS AI 的智能创作功能创作请假条的内容框架，并对写好的请假条进行排版。下面讲解大致的操作步骤。

（1）启动 WPS Office 软件，新建一个空白文档，连续按两次 Ctrl 键，唤起 WPS AI。

（2）在 AI 输入框下的列表框中，选择"申请"→"请假条"命令，如图1-33所示。

（3）显示出要生成的 AI 内容，单击"发送"按钮。

（4）用 AI 工具生成一份请假条内容，并自动进行排版，其最终文档效果如图1-34所示。

习题测试

1. 填空题

（1）AIGC，即＿＿＿＿＿＿，是一种利用人工智能技术来生成各类内容（如文本、图像、音频、视频等）的方式。

（2）AIGC 能够根据输入的＿＿＿＿、＿＿＿＿或大纲，自动生成符合要求的文案、新闻稿、行业报告等，大大节省了文案撰写的时间和精力。

图 1-33　选择"请假条"命令

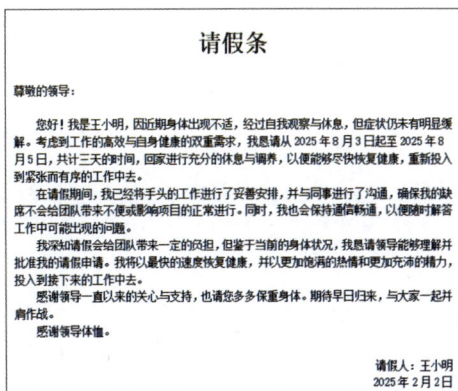

图 1-34　生成的请假条

（3）_____是一款由金山软件公司开发的办公软件套件，它包括文字处理、表格制作和演示文稿等功能，与微软的 Office 套件（如 Microsoft Word、Excel 和 PowerPoint）类似，但提供了更轻量级、更适合中文用户习惯的界面和功能。

（4）WPS 文字相当于 Microsoft Word，用于编辑和格式化文档，如报告、论文、简历等。它支持多种文档格式，如_____、_____、_____、.wpt 等。

（5）_____可根据用户的需求，自动生成文档、表格、幻灯片等各类办公文件。无论是撰写文章、制作 PPT 还是处理表格数据，_____都能提供丰富的模板和素材，帮助用户快速完成工作。

2. 选择题

（1）下列选项中，（　　）软件是文字处理软件。

A. WPS 文字　　　　　　　　　B. WPS 表格

C. Windows　　　　　　　　　　D. Flash

（2）WPS 文字默认的文件扩展名是（　　）。

A. txt　　　　　　　　　　　　B. bmp

C. docx　　　　　　　　　　　D. wps

（3）在 WPS AI 中，（　　）功能可以帮助用户快速生成文档大纲。

A. 智能选题　　　　　　　　　　B. 文档助手

C. AI 写作助手　　　　　　　　　D. 思维导图

（4）默认情况下，在 WPS 文字中召唤 AI 的快捷键是（　　）。

A. Ctrl+Alt　　　　　　　　　　B. Ctrl+Shift

C. Alt+Enter　　　　　　　　　　D. 根据版本不同，快捷键可能有所差异

（5）WPS AI 的"AI 伴写"功能不包括以下哪种角色？（　　）

A. 教师　　　　　　　　　　　　B. 学生

C. 通用　　　　　　　　　　　　D. 运营

3. 简答题

（1）WPS AI 具有哪些功能？

（2）WPS AI 具有哪些优势？

项目 2 WPS 办公文档的基本操作

本章导读

WPS 办公文档的基本操作涵盖文档的创建、编辑、保存、打开以及一些高级功能的使用。掌握这些基本操作可以帮助用户更加高效地使用 WPS 进行办公文档的编辑和管理。本项目将详细讲解 WPS 办公文档中的封面格式、正文格式、图片格式、文档结构、目录和页码的设置方法，为后期的学习打基础。

学习目标

通过本章多个知识点的学习，读者朋友可以熟练掌握 WPS 办公文档中格式、封面、图片大小、页面等格式的基本操作方法。

知识要点

- 使用 AI 了解劳动合同
- 使用 AI 写作劳动合同
- 设置页面大小
- 设置封面格式
- 设置正文格式
- 预览劳动合同
- 使用 AI 了解企业简介
- 使用 AI 扩写企业简介
- 制作企业简介封面
- 插入图片并智能修图
- 设置文档结构和目录
- 添加页码
- 打印文档

任务 2.1　制作"劳动合同"

劳动合同又称劳动契约或劳动协议，是调整劳动关系的基本法律形式，也是确立劳动者与用人单位劳动关系的基本前提。

本次任务详细讲解制作"劳动合同"文档的相关操作，其内容包含熟悉劳动合同基础知识、编写劳动合同内容、设置页面大小、设置封面格式和正文格式等操作。

子任务 2.1.1　使用 AI 了解劳动合同

劳动合同是双方为了明确事务、规范行为而签订的合同。下面将通过 AI 工具 DeepSeek 查询劳动合同的内容结构和格式要求。

向 DeepSeek 提问：劳动合同的内容结构和格式要求是什么？

🌀 **DeepSeek 回复：**

1. 劳动合同的内容结构

劳动合同的内容结构通常按照一定的逻辑和法定要求来组织，以明确和保护双方的权益。劳动合同的内容结构包含合同首部、合同正文和合同尾部三部分，如图 2-1 所示。

合同首部

合同正文

合同尾部

图 2-1　劳动合同的内容结构

下面详细讲解劳动合同的内容结构。

1）合同首部

▶ 合同标题：明确标注为"劳动合同"或"劳动协议书"。

▶ 双方基本信息：包含甲方（用人单位）信息和乙方（劳动者）信息。其中，甲方（用人单位）信息包括单位名称、法定代表人或负责人姓名、单位地址、联系电话等；乙方（劳动者）信息包括姓名、性别、身份证号码、住址、联系电话等。

2）合同正文

▶ 合同期限：明确劳动合同的起始日期和终止日期，或者说明是固定期限、无固定期限还是以完成一定工作任务为期限的合同。

▶ 工作内容和工作地点：详细描述劳动者的工作岗位、职责范围以及具体的工作地点。

▶ 工作时间和休息休假：规定劳动者的每日工作时间、每周工作时间、加班制度、休息日、法定节假日休假安排等。

▶ 劳动报酬：明确劳动者的工资数额、支付周期（如月薪、年薪）、支付方式（如银行转账）、支付时间等。同时，可以规定奖金、津贴、补贴等福利待遇的发放条件和标准。

▶ 社会保险和福利待遇：列出双方应缴纳的社会保险种类（如养老保险、医疗保险、工伤保险、失业保险、生育保险）及缴纳比例。同时，可以规定其他福利待遇，如住房公积金、带薪年假、健康体检等。

▶ 劳动保护、劳动条件和职业危害防护：说明用人单位为劳动者提供的劳动保护用品、劳动安全卫生条件以及职业危害防护措施等。

▶ 合同的变更、解除、终止和续订：规定双方变更、解除、终止和续订劳动合同的条件、程序和法律责任。

▶ 违约责任：明确双方违反劳动合同约定时应承担的法律责任，包括违约金、赔偿损失等。

▶ 争议解决：约定劳动争议的解决方式，如协商、调解、仲裁或诉讼等。

▶ 其他约定事项：根据实际情况，双方可以约定其他与劳动合同相关的事项，如试用期、培训、保密协议、竞业限制等。

3）合同尾部

▶ 双方签字盖章：劳动合同应由用人单位的法定代表人或授权代表签字并加盖单位公章，同时由劳动者本人签字确认。

▶ 签订日期：注明劳动合同的签订日期。

▶ 附件清单：如有附件（如员工手册、岗位说明书等），应列出清单并作为劳动合同的组成部分。

以上内容结构仅供参考，具体条款可能因地区、行业及用人单位的不同而有所差异。在签订劳动合同时，双方应仔细阅读合同条款，确保自己的权益得到充分保障。

2. 劳动合同的格式要求

制作劳动合同文档的标题和正文格式要求通常遵循正式、清晰、易于阅读的原则。下面详细介绍制作劳动合同文档的标题和正文格式要求。

1）标题格式要求

▶ 居中：劳动合同书（或简称"劳动合同"）应居中排列在文档的顶部，确保其在视觉上占据显著位置。

▶ 字体与字号：标题一般采用比正文稍大的字号，如小二号或三号，字体选择宋体、黑体或仿宋等正式字体，以体现其重要性。

▶ 加粗或下画线：为增强标题的视觉效果，可以选择加粗或添加下画线，但通常二者不会同时使用。

▶ 间距：标题与文档顶部之间应留有一定的空白，避免过于拥挤。

2）正文格式要求

▶ 字体与字号：正文一般采用宋体、仿宋等易读字体，字号为四号或五号。

▶ 段落格式。

（1）首行缩进：每段首行应缩进两个字符，以示段落区分。

（2）行距：一般采用 1.5 倍或 2 倍行距，以便于阅读。

（3）段前段后间距：根据需要可设置适当的段前段后间距，但通常不宜过大。

▶ 标题级别。

劳动合同中可能包含多个章节或条款，需要使用不同级别的标题来区分。这些标题可以使用不同的字体、字号或加粗来区分，同时保持一定的层级关系。

例如，一级标题（如"一、合同期限"）可以使用四号黑体加粗，二级标题（如"（一）试用期"）则可以使用五号宋体加粗，以此类推。

▶ 列表与编号：对于需要列举的项目，可以使用列表（如无序列表或有序列表）来组织内容。列表的符号或编号应与正文内容有明显的区别，以确保清晰易读。

▶ 对齐方式：正文内容一般采用左对齐方式，以保持整洁和一致性。

▶ 页眉页脚：根据需要，可以在页眉处添加公司名称、合同编号等信息，在页脚处添加页码。这些信息有助于文档的归档和管理。

▶ 签名与日期：在劳动合同的最后部分，应留出足够的空间供甲乙双方签字并注明日期。签字部分一般使用手写签名，并加盖单位公章（如适用）。日期应明确到年月日。

子任务 2.1.2　使用 AI 写作劳动合同

在清楚了劳动合同的相关基础知识后，可以使用 WPS AI 工具自动写作劳动合同的文档内容。下面详细讲解使用 WPS AI 工具写作劳动合同的具体操作方法。

观看视频

第 ❶ 步 启动 WPS Office 软件，在软件主界面中，单击"新建"按钮，如图 2-2 所示。

第 ❷ 步 打开"新建"对话框，单击"文字"图标，如图 2-3 所示。

图 2-2　单击"新建"按钮　　　　　图 2-3　单击"文字"图标

第 ❸ 步 进入"新建文档"界面，单击"空白文档"图标，如图 2-4 所示。

第 ❹ 步 新建一个空白文档，如图 2-5 所示。

图 2-4　单击"空白文档"按钮　　　　　图 2-5　新建的空白文档

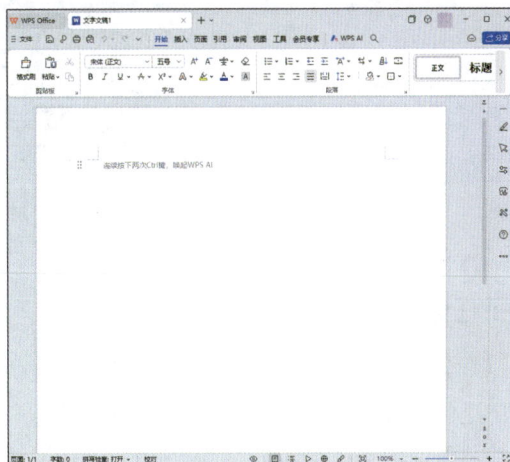

第 ❺ 步 在文档中连续按两次 Ctrl 键，即可启动 WPS AI 工具，并显示 AI 输入框，输入

"制作劳动合同"，单击"发送"按钮，如图 2-6 所示。

第 6 步 开始使用 WPS AI 工具自动生成劳动合同，并显示出自动生成的内容，如果对生成的内容满意，则可以单击"保留"按钮，如图 2-7 所示。

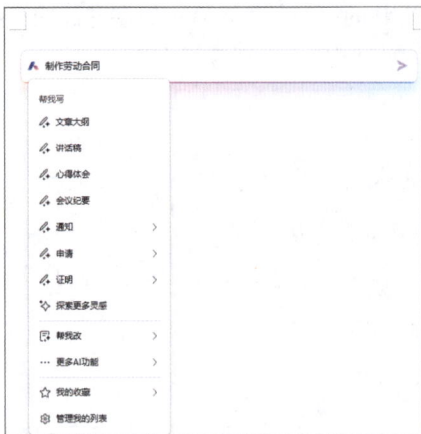

图 2-6　输入内容

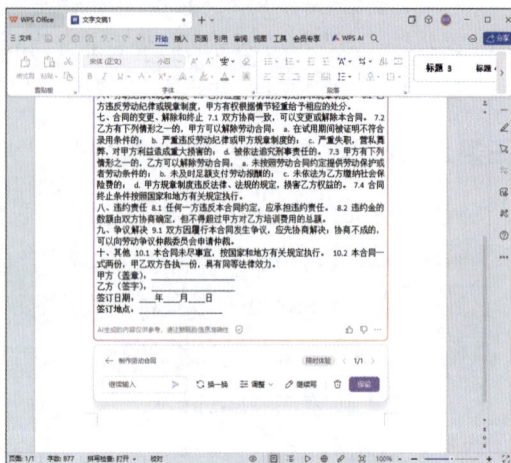

图 2-7　单击"保留"按钮

第 7 步 保留生成好的文档内容，完成"劳动合同"内容写作，如图 2-8 所示。

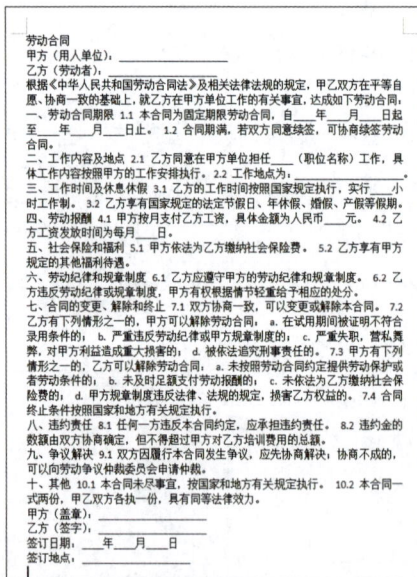

图 2-8　保留文档内容

子任务 2.1.3　设置页面大小

劳动合同文档的页面大小通常遵循标准的 A4 纸张尺寸，即 210mm×297mm。这是国际上广泛使用的标准纸张尺寸，便于打印、复印和归档。此外，为了确保劳动合同的正式性和规范性，建议在设置页面大小时，保持页面边距适中，避免内容过于拥挤或过于稀疏。

第 1 步 在"页面"选项卡的"页面设置"面板中，单击"纸张大小"右侧的下拉按钮，展开列表框，选择 A4 命令，如图 2-9 所示，即可设置文档页面的纸张大小。

观看视频

第 2 步 在"页面"选项卡的"页面设置"面板中，单击"页边距"右侧的下拉按钮，展开列表框，选择"自定义页边距"命令，如图2-10所示。

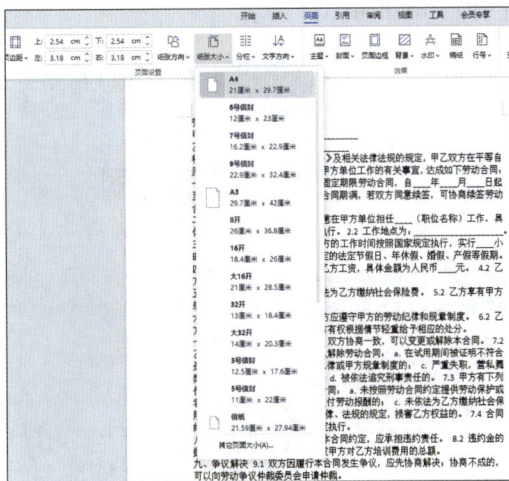

图 2-9　选择 A4 命令　　　　　图 2-10　选择"自定义页边距"命令

第 3 步 打开"页面设置"对话框，在"页边距"选项区中，修改"上"和"下"均为2.2，"左"和"右"均为2.6，如图2-11所示。

第 4 步 单击"确定"按钮，即可完成文档页面的页边距修改，修改后的文档效果如图2-12所示。

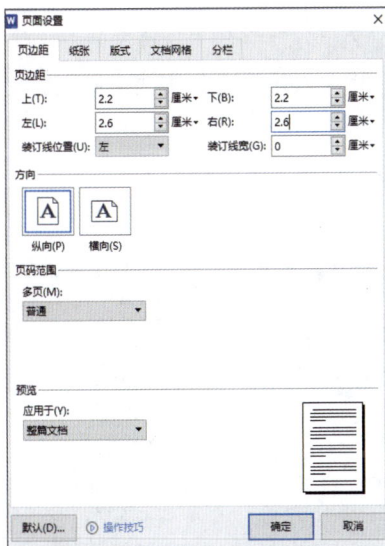

图 2-11　修改参数值　　　　　图 2-12　修改页边距

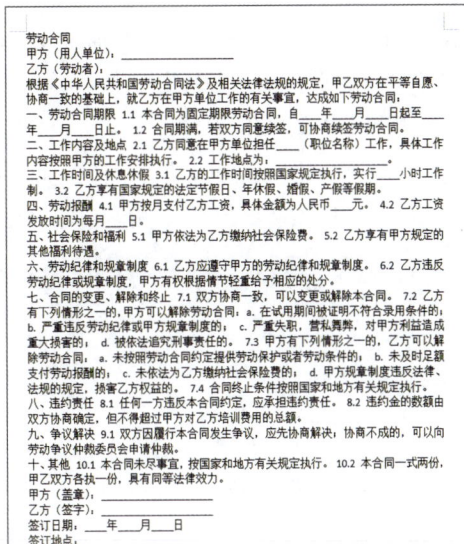

子任务 2.1.4　设置封面格式

劳动合同的封面格式是展示合同正式性和专业性的重要部分。因此，在劳动合同文档中还要设置好封面效果。下面详细讲解设置封面格式的具体操作步骤。

观看视频

第 1 步 在"页面"选项卡的"效果"面板中，单击"封面"右侧的下拉按钮，展开列表框，在"合同"选项区中，选择合适的合同封面选项，如图 2-13 所示。

第 2 步 在合同封面选项上，单击"立即使用"按钮，即可创建出封面效果，删除并修改封面中的文本，然后调整图形的大小，其封面效果如图 2-14 所示。

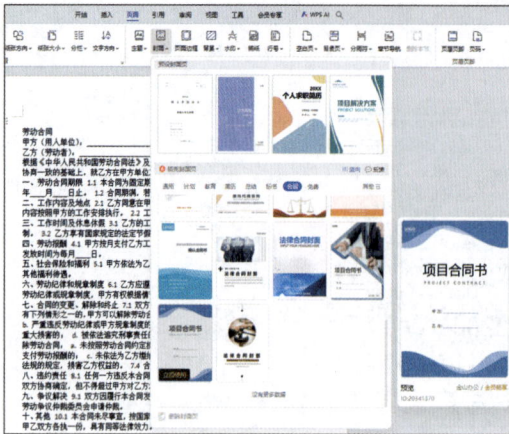

图 2-13　选择合同封面　　　　　　　图 2-14　创建封面效果

子任务 2.1.5　设置正文格式

观看视频

在设置劳动合同的正文格式时，要使用清晰的字体和合适的字号，以确保合同内容的可读性。下面详细讲解设置正文格式的具体操作步骤。

1. 设置标题格式

第 1 步 选择第二页文档中的"劳动合同"标题文本，在"开始"选项卡的"字体"面板中，单击"字体"右侧的下拉按钮，展开列表框，选择"黑体"字体格式，如图 2-15 所示，更改标题文本的字体格式。

第 2 步 在"开始"选项卡的"字体"面板中，单击"字号"右侧的下拉按钮，展开列表框，选择"小二"选项，如图 2-16 所示，即可更改标题文本的字号大小。

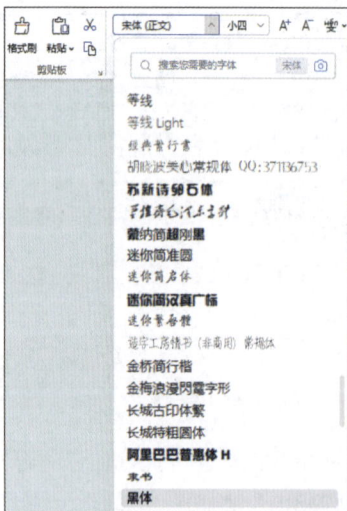

图 2-15　选择"黑体"字体格式　　　　图 2-16　选择"小二"选项

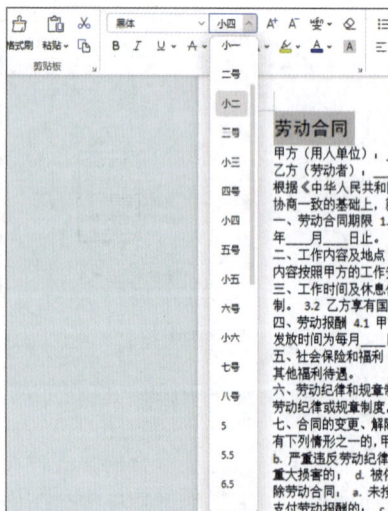

第 **3** 步 在"开始"选项卡的"字体"面板中，单击"加粗"按钮，即可加粗字体，如图 2-17 所示。

第 **4** 步 在"开始"选项卡的"段落"面板中，单击"居中"按钮，居中对齐标题文本，如图 2-18 所示。

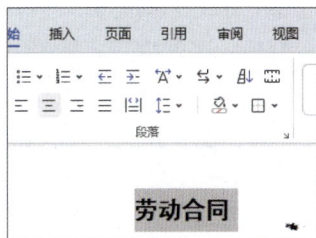

图 2-17　加粗文本　　　　　　　　　图 2-18　居中对齐标题文本

第 **5** 步 在"开始"选项卡的"段落"面板中，单击"行距"右侧的下拉按钮，展开列表框，选择"3.0"选项，如图 2-19 所示。

第 **6** 步 即可修改标题文本的段落行距，其效果如图 2-20 所示。

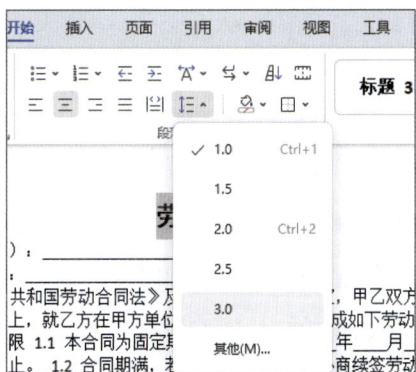

图 2-19　选择"3.0"选项　　　　　　　图 2-20　修改文本段落行距

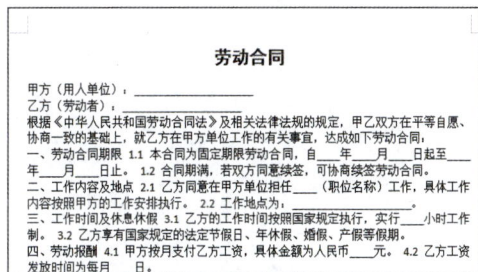

2. 设置正文格式

第 **1** 步 将鼠标定位在"1.1 本合同……"文本前，按 Enter 键，即可将其切换至下一行，如图 2-21 所示。

第 **2** 步 使用同样的方法，将相应的文本切换至下一行，完成段落文本的调整，如图 2-22 所示。

第 **3** 步 选择所有的正文文本，在"开始"选项卡的"字体"面板中，单击"字号"右侧的下拉按钮，展开列表框，选择"四号"选项，如图 2-23 所示。

第 **4** 步 即可更改正文文本的字号大小，其效果如图 2-24 所示。

第 **5** 步 选择"一、劳动合同期限"文本，然后在"开始"选项卡的"字体"面板中，单击"加粗"按钮，即可加粗文本，如图 2-25 所示。

第 **6** 步 使用同样的方法，依次加粗其他的文本对象，如图 2-26 所示。

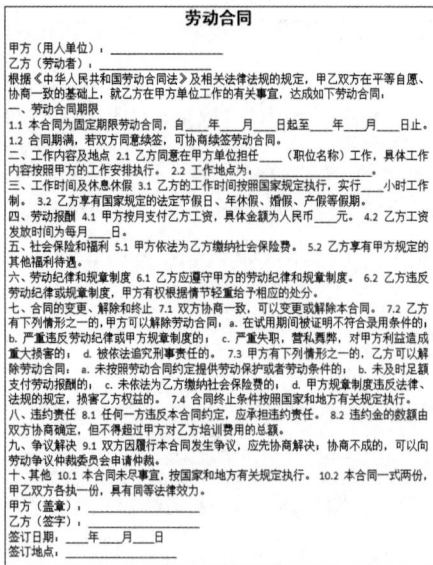

图 2-21　切换至下一行

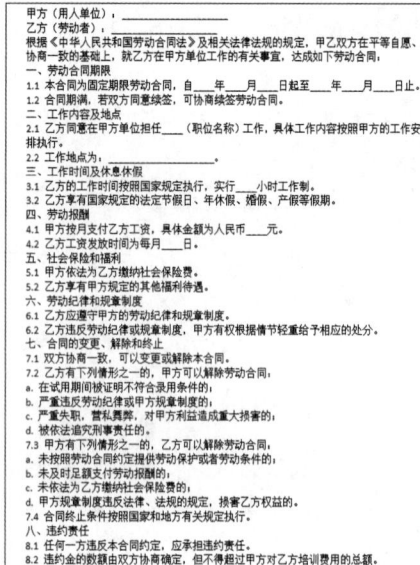

图 2-22　调整段落文本

图 2-23　选择"四号"选项

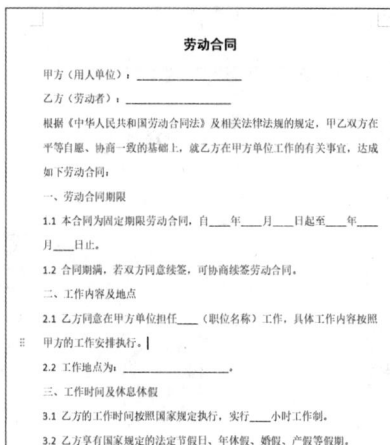

图 2-24　更改文本字号

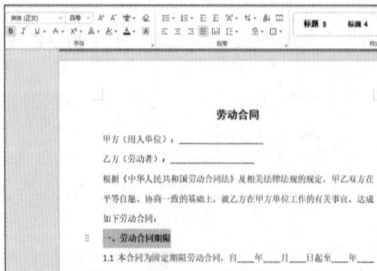

图 2-25　加粗文本

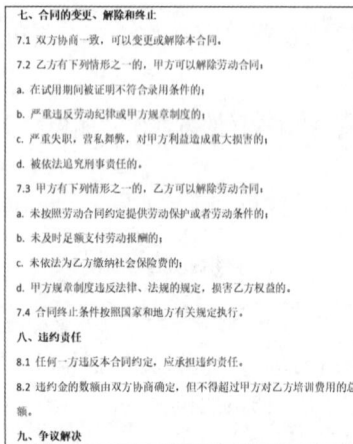

图 2-26　加粗其他文本

第 **7** 步 选择合适的段落文本，在"开始"选项卡的"段落"面板中，单击"段落"按钮，如图 2-27 所示。

第 **8** 步 打开"段落"对话框，在"特殊格式"列表框中，选择"首行缩进"选项，修改"度量值"为"2"字符，如图 2-28 所示。

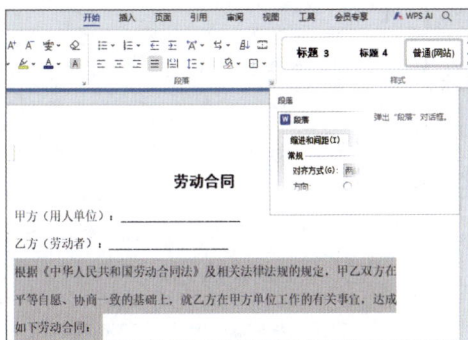

图 2-27　单击"段落"按钮

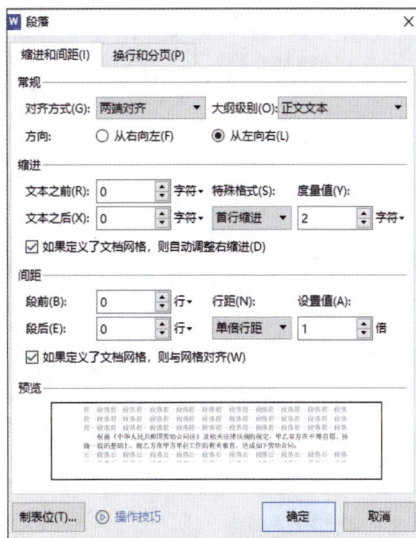

图 2-28　修改参数值

第 **9** 步 单击"确定"按钮，即可修改文本的段落缩进，其效果如图 2-29 所示。

第 **10** 步 继续选择段落文本，在"开始"选项卡的"剪贴板"面板中，双击"格式刷"按钮，如图 2-30 所示。

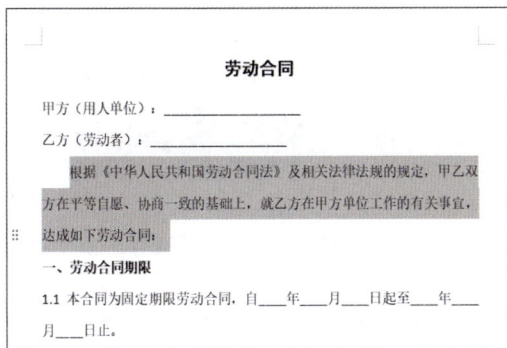

图 2-29　修改文本的段落缩进

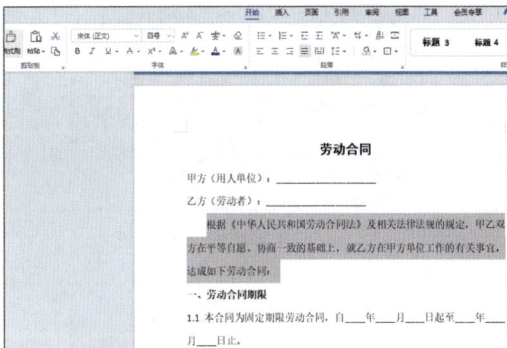

图 2-30　双击"格式刷"按钮

第 **11** 步 当鼠标指针呈格式刷形状时，在相应的段落文本上单击，即可复制文本的段落格式，如图 2-31 所示。

第 **12** 步 选择所有的正文文本，在"开始"选项卡的"段落"面板中，单击"行距"右侧的下拉按钮，展开列表框，选择"1.5"选项，如图 2-32 所示，即可更改文本段落行距。

第 **13** 步 选择落款文本，在"开始"选项卡的"段落"面板中，单击"右对齐"按钮，右对齐文本，其效果如图 2-33 所示。

甲方（用人单位）：_____

乙方（劳动者）：_____

根据《中华人民共和国劳动合同法》及相关法律法规的规定，甲乙双方在平等自愿、协商一致的基础上，就乙方在甲方单位工作的有关事宜，达成如下劳动合同：

一、劳动合同期限

1.1 本合同为固定期限劳动合同，自___年___月___日起至___年___月___日止。

1.2 合同期满，若双方同意续签，可协商续签劳动合同。

二、工作内容及地点

2.1 乙方同意在甲方单位担任____（职位名称）工作，具体工作内容按照甲方的工作安排执行。

2.2 工作地点为：_____。

三、工作时间及休息休假

3.1 乙方的工作时间按照国家规定执行，实行____小时工作制。

3.2 乙方享有国家规定的法定节假日、年休假、婚假、产假等假期。

四、劳动报酬

4.1 甲方按月支付乙方工资，具体金额为人民币____元。

4.2 乙方工资发放时间为每月____日。

五、社会保险和福利

六、劳动纪律和规章制度

6.1 乙方应遵守甲方的劳动纪律和规章制度。

6.2 乙方违反劳动纪律或规章制度，甲方有权根据情节轻重给予相应的处分。

七、合同的变更、解除和终止

7.1 双方协商一致，可以变更或解除本合同。

7.2 乙方有下列情形之一的，甲方可以解除劳动合同：

a. 在试用期间被证明不符合录用条件的；

b. 严重违反劳动纪律或甲方规章制度的；

c. 严重失职，营私舞弊，对甲方利益造成重大损害的；

d. 被依法追究刑事责任的。

7.3 甲方有下列情形之一的，乙方可以解除劳动合同：

a. 未按照劳动合同约定提供劳动保护或者劳动条件的；

b. 未及时足额支付劳动报酬的；

c. 未依法为乙方缴纳社会保险费的；

d. 甲方规章制度违反法律、法规的规定，损害乙方权益的。

7.4 合同终止条件按照国家和地方有关规定执行。

八、违约责任

8.1 任何一方违反本合同约定，应承担违约的责任。

8.2 违约金的数额由双方协商确定，但不得超过甲方对乙方培训费用

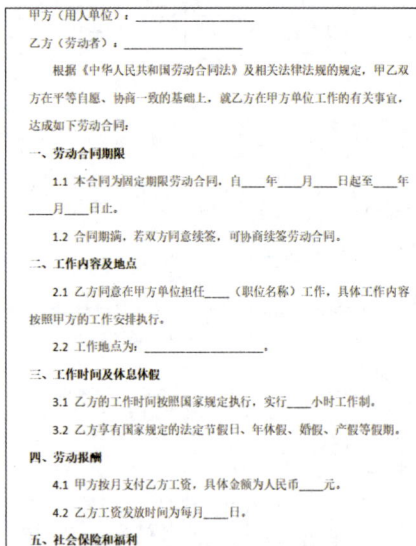

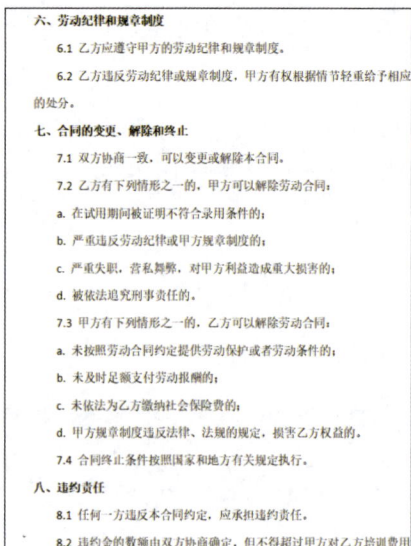

图 2-31　复制文本的段落格式

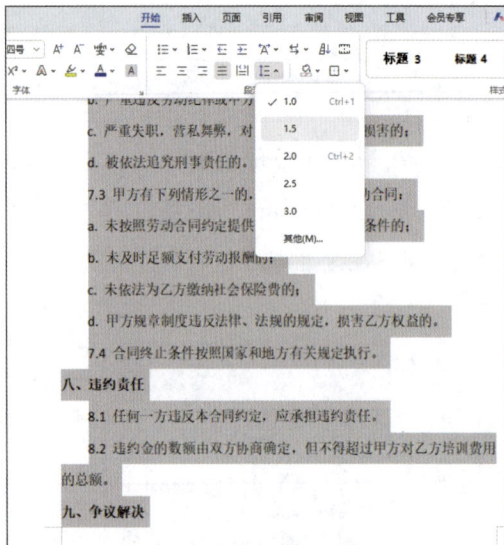

图 2-32　选择"1.5"选项

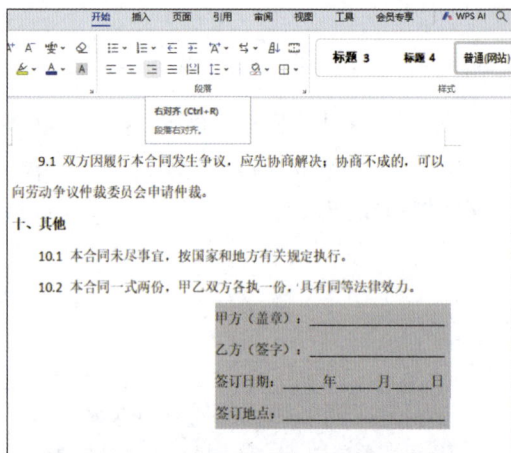

图 2-33　右对齐文本

子任务 2.1.6　预览劳动合同

观看视频

完成劳动合同文档的制作与编辑后，可以将劳动合同文档打印出来，并在打印前，使用"打印预览"命令，预览劳动合同。下面详细讲解预览劳动合同的具体操作步骤。

第1步 单击"文件"按钮，展开"文件"菜单，选择"打印"→"打印预览"命令，如图 2-34 所示。

第2步 进入"打印预览"界面，在该界面中预览劳动合同效果，在"打印设置"窗格中，修改打印机、份数、打印方式和打印范围等参数，单击"打印"按钮，即可打印劳动合同文档，如图 2-35 所示。

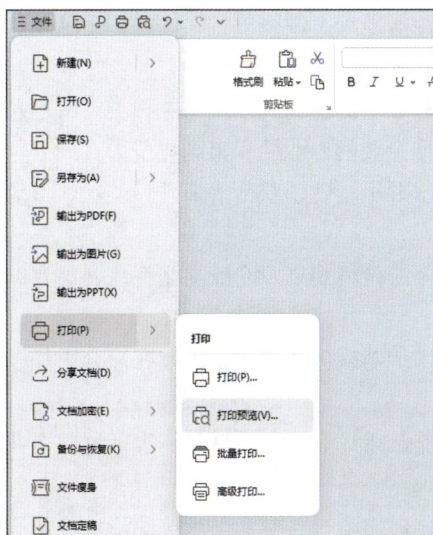

图 2-34 选择"打印预览"命令   图 2-35 预览劳动合同效果

任务 2.2 制作"企业简介"

企业简介，顾名思义，是对一个企业或组织的基本情况、业务范围、发展历史、企业文化、核心优势、未来愿景等方面进行简明扼要介绍的一种文本或口头阐述。在撰写企业简介时，应当力求简洁明了地传达出企业的核心信息，包括企业性质、成立时间、主营业务、市场定位、企业文化、发展成就以及未来愿景等关键要素。

子任务 2.2.1 使用 AI 了解企业简介

企业简介是企业对外展示自身形象、传递品牌价值、吸引潜在客户和合作伙伴的重要手段之一。

下面通过 AI 工具 Kimi 查询企业简介的内容结构。

向 Kimi 提问：企业简介的内容结构是什么？

Kimi 回复：

企业简介通常包含以下几方面的核心内容，如图 2-36 所示。

企业基本信息

业务领域与产品服务

发展历程与成就

企业文化与价值观

技术实力与创新能力

未来规划与展望

图 2-36 企业简介核心内容

▶ 企业基本信息：包括企业的名称、成立时间、注册地址、联系方式（如电话、邮箱、官网等）等基本信息，以便外界能够快速找到并了解企业。

▶ 业务领域与产品服务：介绍企业所从事的主要行业、提供的产品或服务种类、特色及优势。这是企业简介中的核心部分，能够直接体现企业的专业性和市场竞争力。

▶ 发展历程与成就：简述企业的发展历史，包括重要里程碑、获得的荣誉和奖项、市场地位等，以展现企业的成长轨迹和实力。

▶ 企业文化与价值观：阐述企业的使命、愿景、核心价值观以及企业文化特色，这有助于外界了解企业的精神内涵和长期发展目标。

▶ 技术实力与创新能力：如果企业具有显著的技术优势或创新能力，可以在简介中加以强调，如研发团队、专利技术、创新成果等。

▶ 未来规划与展望：简要介绍企业未来的发展战略、市场布局、发展目标等，展现企业的前瞻性和发展潜力。

通过精心撰写和设计企业简介，企业能够向外界传递出积极、专业、可信的形象，从而吸引更多的目标客户、合作伙伴和投资者。同时，企业简介也是企业内部员工了解公司文化和业务的重要资料之一，有助于增强员工的归属感和凝聚力。

子任务 2.2.2　使用 AI 扩写企业简介

观看视频

在清楚企业简介的相关基础知识后，可以使用 WPS AI 工具扩写企业简介中的内容。下面详细讲解使用 WPS AI 工具扩写企业简介的具体操作方法。

第 1 步　启动 WPS Office 软件，在软件主界面中，单击"打开"按钮，如图 2-37 所示。

第 2 步　打开"打开文件"对话框，在对应的文件夹中选择"企业简介"文档，单击"打开"按钮，如图 2-38 所示。

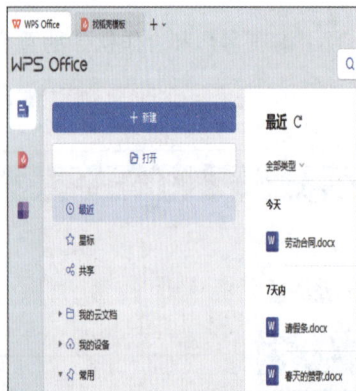

图 2-37　单击"打开"按钮　　　　图 2-38　选择文档

第 3 步　打开选择的文档对象，其效果如图 2-39 所示。

第 4 步　选择"智慧未来科技有限公司"文本，右击，在弹出的快捷菜单中，单击 WPS AI 右侧的下拉按钮，展开列表框，选择"扩写"命令，如图 2-40 所示。

第 5 步　开始扩写文档，稍后将显示扩写结果，单击"替换"按钮，即可完成文档的扩写操作，如图 2-41 所示。

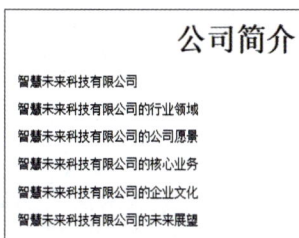

图 2-39　打开文档

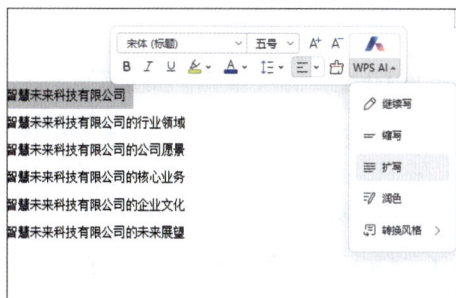

图 2-40　选择"扩写"命令

第 6 步　选择"智慧未来科技有限公司的行业领域"文本，右击，在弹出的快捷菜单中单击 WPS AI 右侧的下拉按钮，展开列表框，选择"继续写"命令，如图 2-42 所示。

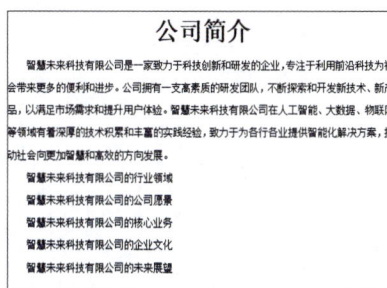

图 2-41　显示扩写结果

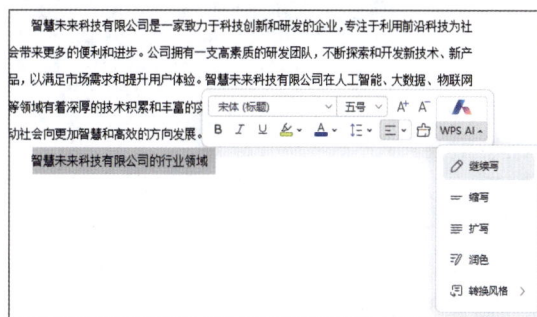

图 2-42　选择"继续写"命令

第 7 步　开始续写文档，稍后将显示续写结果，单击"保留"按钮，即可完成文档的续写操作，如图 2-43 所示。

第 8 步　使用同样的方法，对其他的标题进行续写或扩写操作，然后删除并添加多余的文本，其效果如图 2-44 所示。

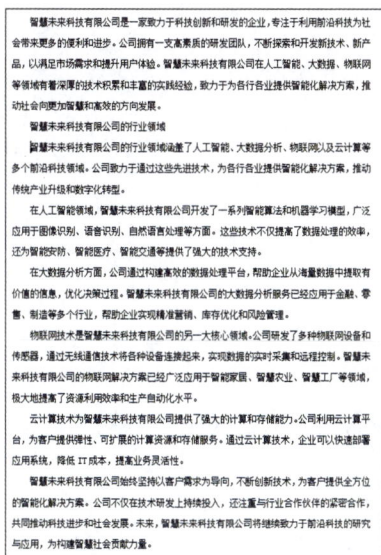

图 2-43　显示续写结果

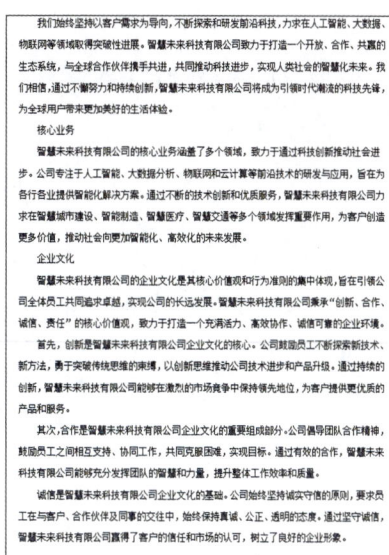

图 2-44　扩写和续写文档

子任务 2.2.3　制作企业简介封面

在完成企业简介文档的内容扩写和续写操作后，可以通过插入艺术字、设置封面背景图案等操作，完成企业简介封面的制作。下面详细讲解制作企业简介封面的具体操作方法。

第 **1** 步　在"页面"选项卡的"效果"面板中，单击"封面"右侧的下拉按钮，展开列表框，选择合适的封面效果，如图 2-45 所示。

第 **2** 步　创建文档的封面效果，如图 2-46 所示。

图 2-45　选择封面效果

图 2-46　创建封面

第 **3** 步　选择封面中多余的图形和文本框，在"插入"选项卡的"常用对象"面板中，单击"形状"右侧的下拉按钮，展开列表框，选择"矩形"形状，如图 2-47 所示。

第 **4** 步　当鼠标指针呈黑色十字形状时，按住鼠标左键并拖曳，即可绘制一个矩形形状，如图 2-48 所示。

图 2-47　选择"矩形"形状

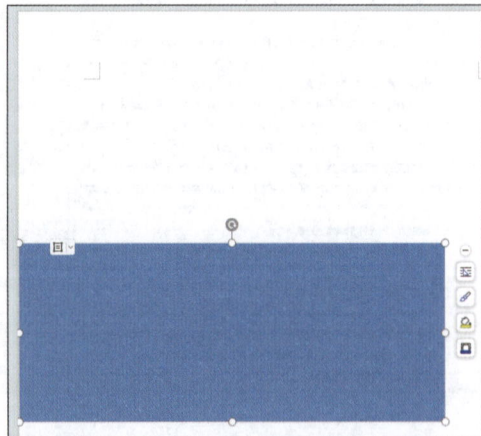

图 2-48　绘制矩形形状

第**5**步 选择矩形形状，在"绘图工具"选项卡的"大小"面板中，修改"形状高度"为 8，"形状宽度"为 18，如图 2-49 所示。

第**6**步 更改矩形形状的大小，其效果如图 2-50 所示。

图 2-49　修改参数值

图 2-50　更改矩形大小

第**7**步 选择矩形形状，在"绘图工具"选项卡的"形状样式"面板中，单击"填充"右侧的下拉按钮，展开列表框，选择"浅蓝"颜色，如图 2-51 所示。

第**8**步 在"绘图工具"选项卡的"形状样式"面板中，单击"轮廓"右侧的下拉按钮，展开列表框，选择"浅蓝"颜色，如图 2-52 所示。

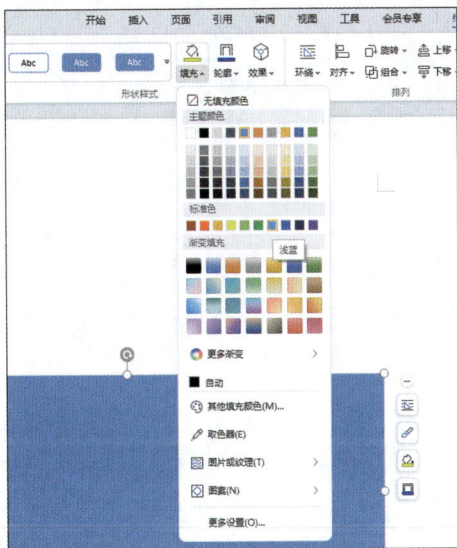

图 2-51　选择填充颜色

图 2-52　选择轮廓颜色

第**9**步 更改矩形形状的填充和轮廓颜色，其效果如图 2-53 所示。

第**10**步 使用同样的方法，依次在封面中绘制其他的矩形形状，如图 2-54 所示。

第**11**步 在"插入"选项卡的"常用对象"面板中，单击"艺术字"右侧的下拉按钮，展开列表框，选择"填充 - 白色，轮廓 - 着色 5，阴影"艺术字样式，如图 2-55 所示。

图 2-53　更改形状颜色

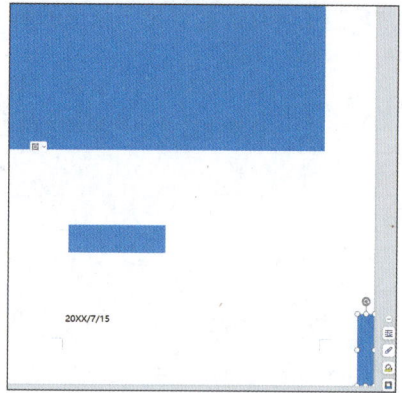

图 2-54　绘制其他矩形形状

第12步　在文档中显示艺术字文本框，然后将艺术字文本框移动至合适的位置，如图 2-56 所示。

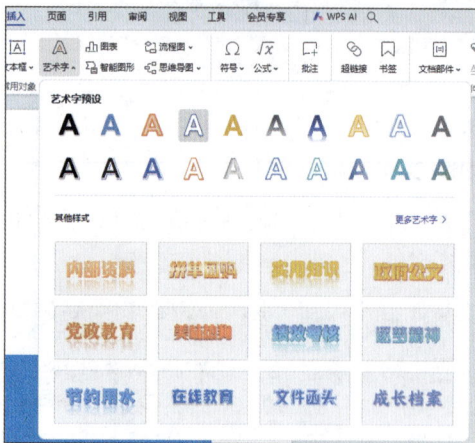

图 2-55　选择艺术字样式

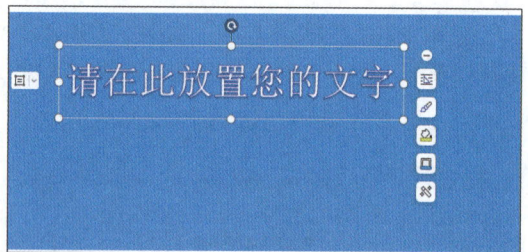

图 2-56　显示艺术字文本框

第13步　选择艺术字文本框，删除文本框中的艺术字，输入新的文本内容，如图 2-57 所示。

第14步　选择艺术字，修改其字体格式为"微软雅黑""小初"，并加粗文本，如图 2-58 所示。

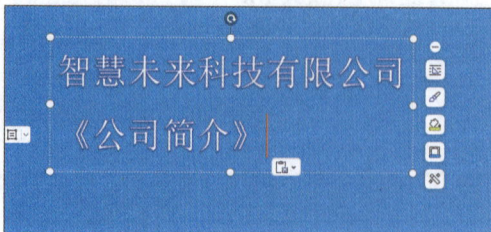

图 2-57　输入文本内容

图 2-58　修改艺术字字体格式

第15步　选择艺术字，在"绘图工具"选项卡的"艺术字样式"面板中，单击"轮廓"右侧的下拉按钮，展开列表框，选择"白色，背景 1"轮廓颜色，如图 2-59 所示。

第16步 修改艺术字的文本格式，其效果如图 2-60 所示。

图 2-59　选择轮廓颜色

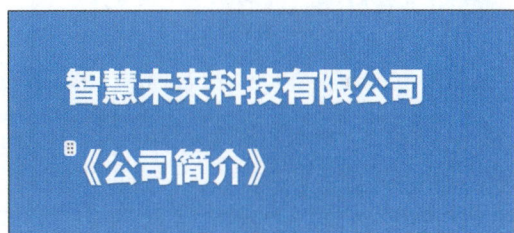

图 2-60　修改艺术字的文本格式

第17步 选择合适的矩形形状，右击，在弹出的快捷菜单中，选择"编辑文字"命令，如图 2-61 所示。

第18步 在矩形形状上显示文本框，输入文本内容，并设置文本的字体格式为"微软雅黑""三号"，并加粗文本，其效果如图 2-62 所示。

图 2-61　选择"编辑文字"命令

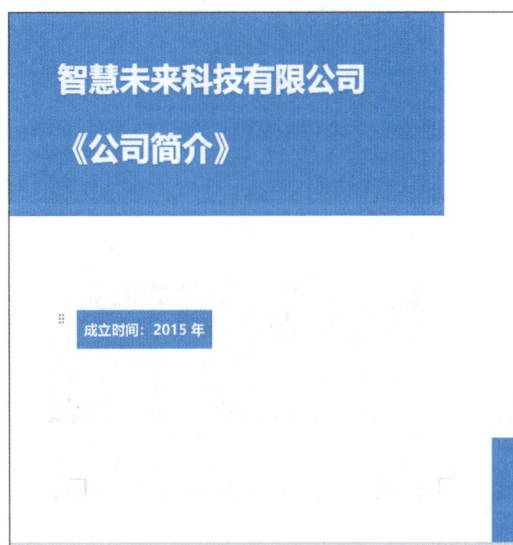

图 2-62　添加形状文本

第19步 在"页面"选项卡的"效果"面板中，单击"背景"右侧的下拉按钮，展开列表框，选择"白色，背景 1，深色 5%"颜色，如图 2-63 所示。

第20步 为封面添加背景颜色，如图 2-64 所示。

子任务 2.2.4　插入图片并智能修图

使用"图片"命令，可以插入本地计算机、手机或互联网上的图片，然后使用 WPS Office 软件内置的图片处理功能，可以帮助用户轻松完成各种图片处理任务，包括智能修图美化图

观看视频

图 2-63　选择背景颜色

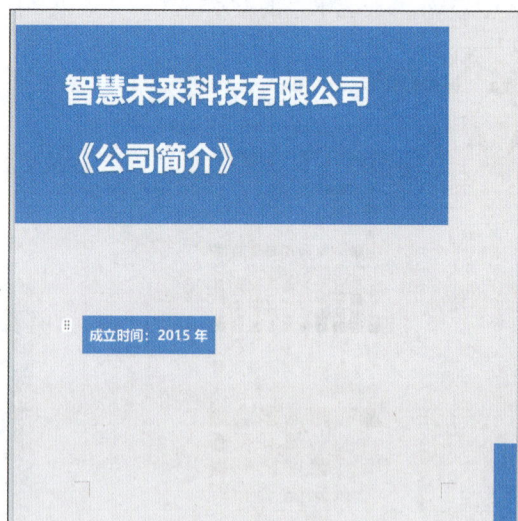

图 2-64　添加背景颜色

片。下面详细讲解插入图片并智能修图的具体操作方法。

第1步 将光标定位在封面页中，在"插入"选项卡的"常用对象"面板中，单击"图片"右侧的下拉按钮，展开列表框，选择"本地图片"命令，如图 2-65 所示。

第2步 打开"插入图片"对话框，在对应的文件夹中，选择"图片 1"图片，单击"打开"按钮，如图 2-66 所示。

图 2-65　选择"本地图片"命令

图 2-66　选择"图片 1"

第3步 在文档中插入图片，选择图片，右击，在弹出的快捷菜单中选择"文字环绕"→"衬于文字上方"命令，如图 2-67 所示。

第4步 将图片衬于文字的上方显示，其效果如图 2-68 所示。

第5步 选择图片对象，在"图片工具"选项卡的"大小"面板中，修改"形状高度"为 16，"形状宽度"为 24，如图 2-69 所示。

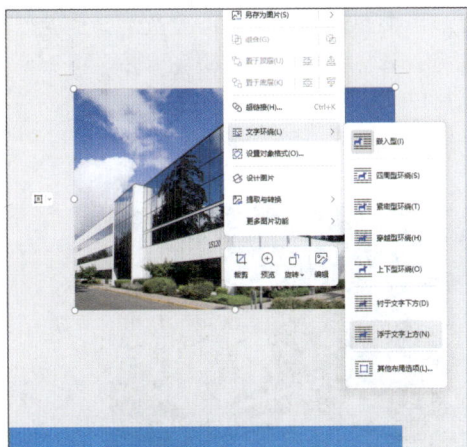

图 2-67　选择"衬于文字上方"命令

图 2-68　设置图片环绕方式

第 6 步 调整图片的大小，然后将图片移动至合适的位置，如图 2-70 所示。

图 2-69　修改参数值

图 2-70　调整图片大小和位置

第 7 步 选择图片对象，右击，在弹出的快捷菜单中，选择"置于底层"命令，如图 2-71 所示。

第 8 步 将图片置于底层放置，然后调整形状和艺术字的位置，如图 2-72 所示。

图 2-71　选择"置于底层"命令

图 2-72　调整图片放置顺序

第**9**步 选择矩形形状，在"绘图工具"选项卡的"形状样式"面板中，单击"填充"右侧的下拉按钮，展开列表框，选择"更多设置"命令，打开"属性"任务窗格，在"填充"选项区中，修改"透明度"为25%，如图2-73所示。

第**10**步 修改形状的透明度，其效果如图2-74所示。

图2-73　修改参数值

图2-74　修改形状的透明度

第**11**步 选择图片对象，在"图片工具"选项卡的"图片样式"面板中，单击"智能抠图"右侧的下拉按钮，展开列表框，选择"智能消除"命令，如图2-75所示。

第**12**步 打开"智能消除"对话框，单击"消除笔"按钮，在图片上的数字上，按住鼠标左键并拖曳，涂抹图像，如图2-76所示。

图2-75　选择"智能消除"命令

图2-76　涂抹图像

第**13**步 消除图像，单击"完成"按钮，关闭对话框，预览消除数字后的图像效果，如图2-77所示。

第**14**步 在"图片工具"选项卡的"图片样式"面板中，单击"增加对比度"和"增加亮度"按钮，调整图像的亮度和对比度，如图2-78所示。

第**15**步 在"图片工具"选项卡的"图片样式"面板中，单击"滤镜"按钮，打开"对象美化"任务窗格，在"滤镜"选项区中，选择"自然"滤镜，如图2-79所示。

第**16**步 为图片添加"自然"滤镜，其效果如图2-80所示。

图 2-77　消除图像效果

图 2-78　调整图像的亮度和对比度

图 2-79　选择"自然"滤镜

图 2-80　添加滤镜效果

子任务 2.2.5　设置项目符号和编号

在文档中添加项目符号和编号是组织信息和内容的一种常见方式，这有助于读者更容易地跟随和理解你的思路。下面详细讲解设置项目符号和编号的具体操作方法。

第❶步　在正文页面中，在按住 Ctrl 键的同时，选择合适的文本内容，在"开始"选项卡的"段落"面板中，单击"编号"右侧的下拉按钮，展开列表框，选择合适的编号样式，如图 2-81 所示。

第❷步　为文本添加编号，并加粗带编号的文本，其效果如图 2-82 所示。

观看视频

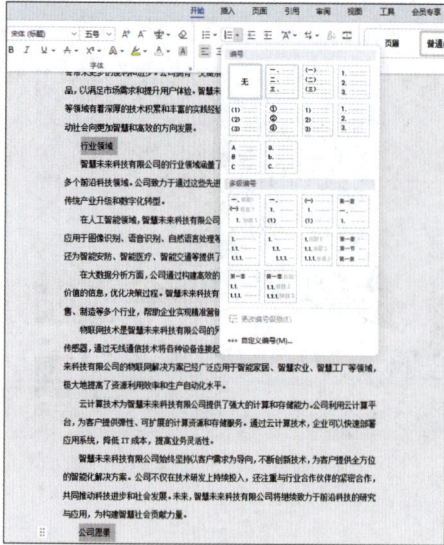

图 2-81　选择编号样式

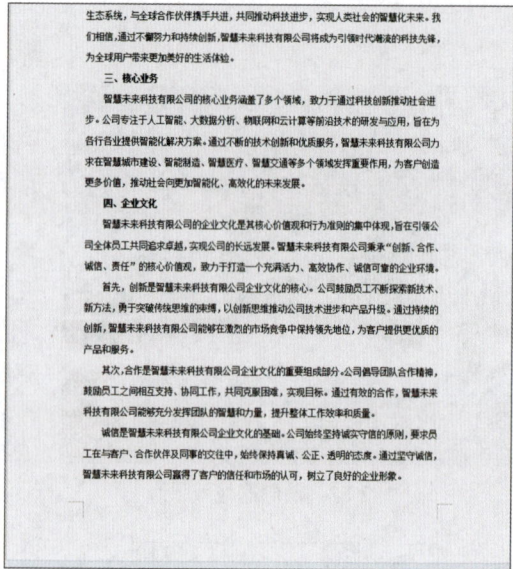

图 2-82　添加编号

第 3 步 在正文页面中，选择合适的段落文本，在"开始"选项卡的"段落"面板中，单击"项目符号"右侧的下拉按钮，展开列表框，选择合适的项目符号样式，如图 2-83 所示。

第 4 步 为文本添加项目符号，并修改其段落缩进方式为"首行缩进"，其效果如图 2-84 所示。

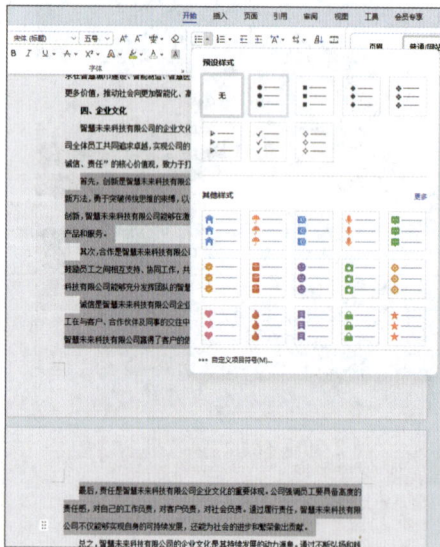

图 2-83　选择项目符号样式

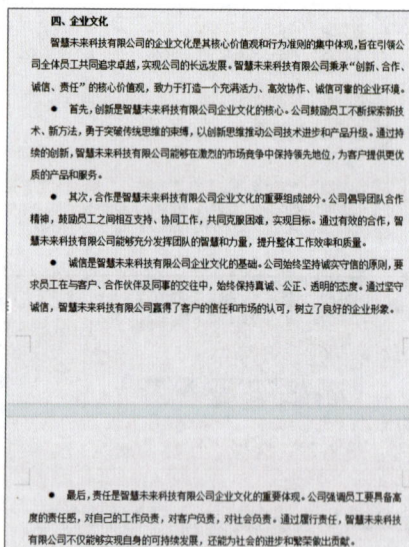

图 2-84　添加项目符号

子任务 2.2.6　添加页眉、页脚和页码

观看视频

在文档中添加页眉、页脚和页码是文档排版中常见的需求，这些元素通常用于显示文档的标题、作者信息、日期、页码等。下面详细讲解在企业简介中添加页眉、页脚和页码的具体操作方法。

第 1 步 在"插入"选项卡的"页"面板中，单击"页眉页脚"按钮，如图 2-85 所示。

第 2 步 进入"页眉页脚"编辑模式，并显示"页眉页脚"选项卡，在"页眉页脚"选项卡的"页眉页脚"面板中，单击"页眉"右侧的下拉按钮，展开列表框，选择"三角形随机组合"页眉样式，如图 2-86 所示。

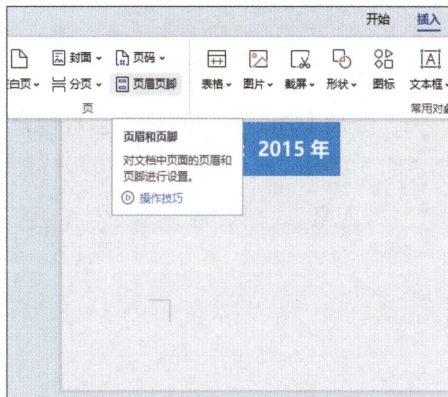

图 2-85　单击"页眉页脚"按钮

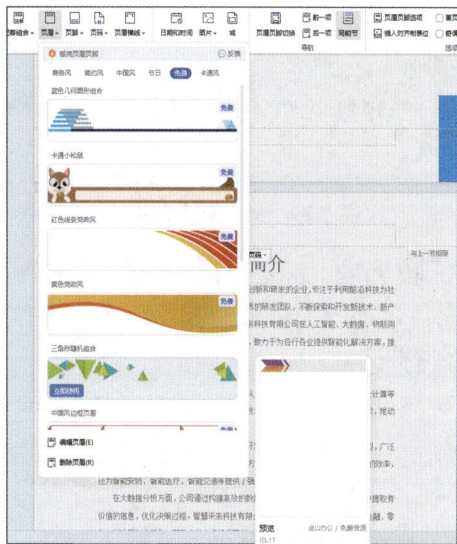

图 2-86　选择页眉样式

第 3 步 在文档中插入页眉，并输入页眉文本，修改页眉文本的字体格式为"宋体""小三"，然后加粗页眉文本，如图 2-87 所示。

第 4 步 将光标定位在页脚位置，在"页眉页脚"选项卡的"页眉页脚"面板中，单击"页脚"右侧的下拉按钮，展开列表框，选择"图文页脚"页脚样式，如图 2-88 所示。

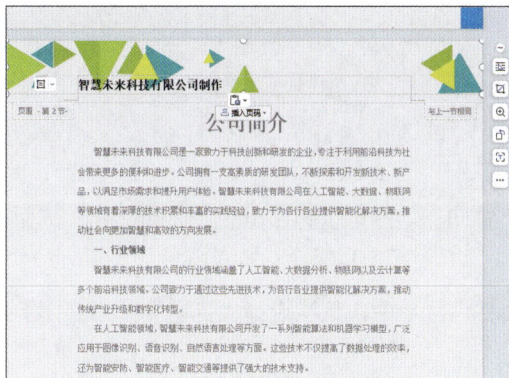

图 2-87　插入页眉效果

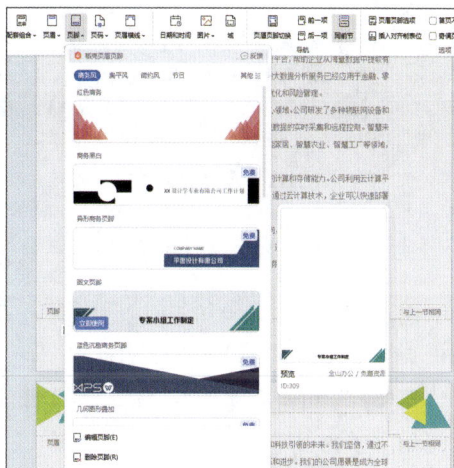

图 2-88　选择页脚样式

第 5 步 在文档中插入页脚，并在页脚中删除多余的文本框，其页脚效果如图 2-89 所示。

第 6 步 选择文档中的页眉和页脚效果，依次调整各个图形的位置，其调整后如图 2-90所示。

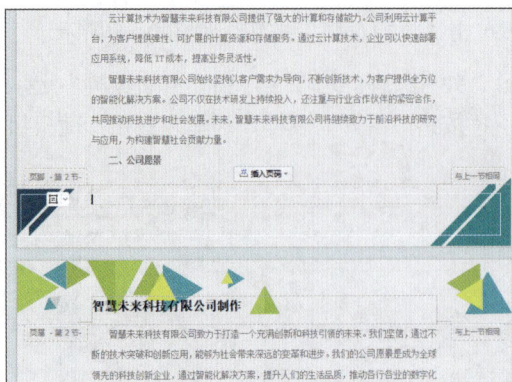

图 2-89　插入页脚效果

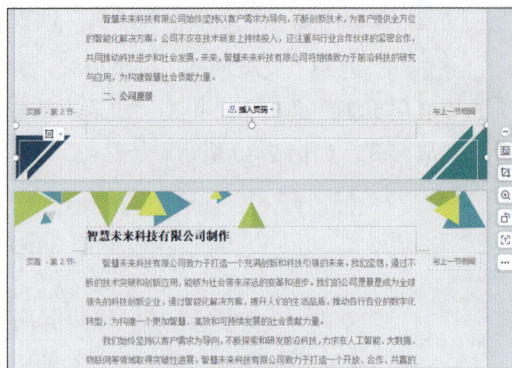

图 2-90　调整页眉和页脚图形

第7步　将光标定位在页脚位置，在"页眉页脚"选项卡的"页眉页脚"面板中，单击"页码"右侧的下拉按钮，展开列表框，选择"页脚中间"页码样式，如图 2-91 所示。

第8步　可添加页码，调整页码文本的"字号"为"四号"，然后将页码文本移动至合适的位置，如图 2-92 所示，并退出页眉页脚编辑模式。

图 2-91　选择页码样式

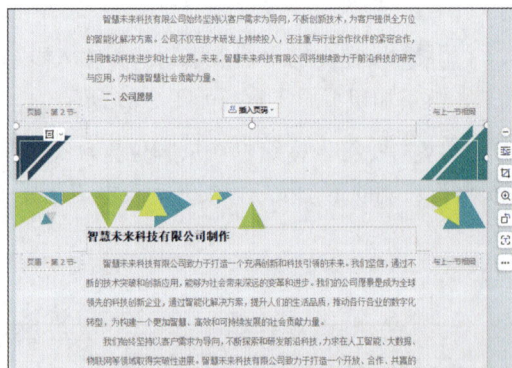

图 2-92　添加页码

子任务 2.2.7　打印文档

在完成整个企业简介文档的制作后，使用"打印"功能可以打印出企业简介文档。下面详细讲解打印文档的具体操作方法。

第1步　单击"文件"按钮，在展开的"文件"菜单中，依次选择"打印"→"打印"命令，如图 2-93 所示。

第2步　打开"打印"对话框，在"名称"列表框中选择合适的打印机选项，修改"份数"参数，在"页码范围"选项区中，选中"全部"单选按钮，完成打印范围的设置，单击"确定"按钮，如图 2-94 所示，即可开始打印文档。

观看视频

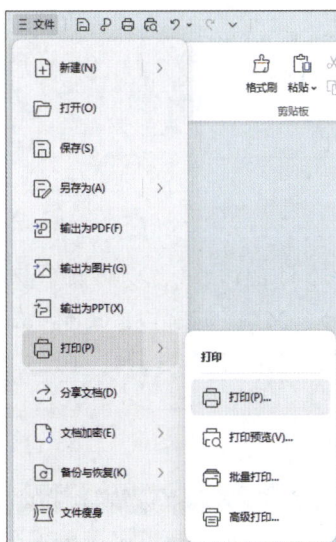

图 2-93　选择"打印"命令

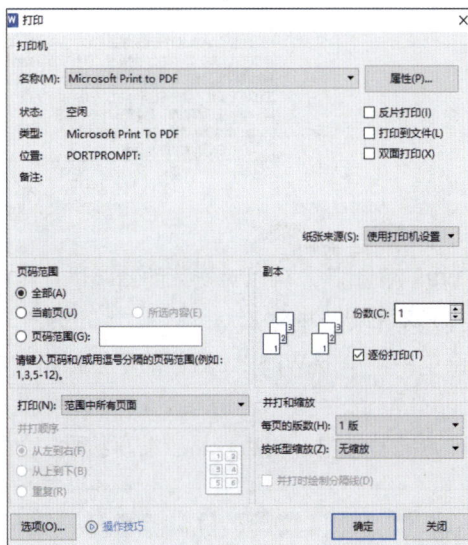

图 2-94　修改参数值

──◦ AI 答疑与技巧点拨 ◦──

1. 使用 AI 对内容润色

除直接在 AI 的内容输入框中提问外，用户还可以直接通过 WPS AI 工具对已有的文档内容进行润色，从而提升文档内容的质量，保证语言的流畅性、表达的准确性和逻辑的连贯性。下面详细介绍具体操作步骤。

（1）打开本书提供的"素材 / 项目二 / 工作总结 .docx"文档，选择段落文本，右击，在弹出的快捷菜单中，单击 WPS AI 右侧的下拉按钮，展开列表框，选择"润色"命令，如图 2-95 所示。

（2）开始润色文本，稍后将显示润色结果，如图 2-96 所示。

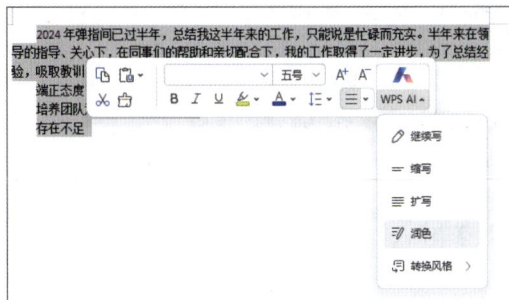

图 2-95　选择"润色"命令

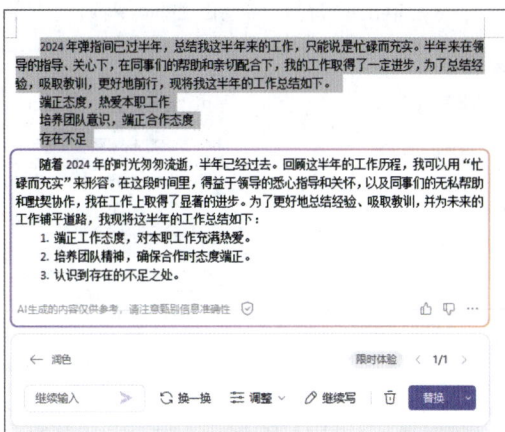

图 2-96　显示润色结果

（3）单击"替换"按钮，即可完成文档内容的润色，如图 2-97 所示。

图 2-97　润色文档

2. 使用 AI 缩短文章篇幅

使用 WPS AI 工具，可以对文章的篇幅进行精简操作。下面详细介绍具体操作步骤。

（1）打开本书提供的"素材 / 项目二 / 奇妙之旅 .docx"文档，选择段落文本，右击，在弹出的快捷菜单中，单击 WPS AI 右侧的下拉按钮，展开列表框，选择"缩写"命令，如图 2-98 所示。

（2）开始缩写文本，稍后将显示缩写结果，如图 2-99 所示。

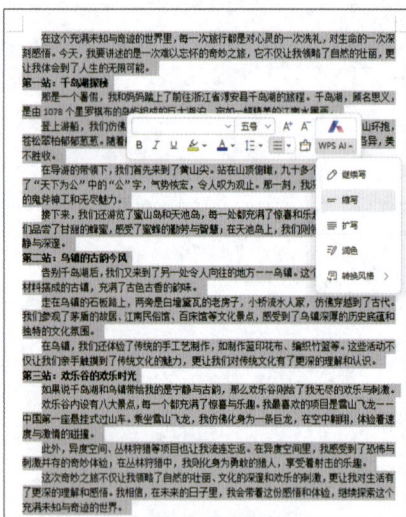

图 2-98　选择"缩写"命令

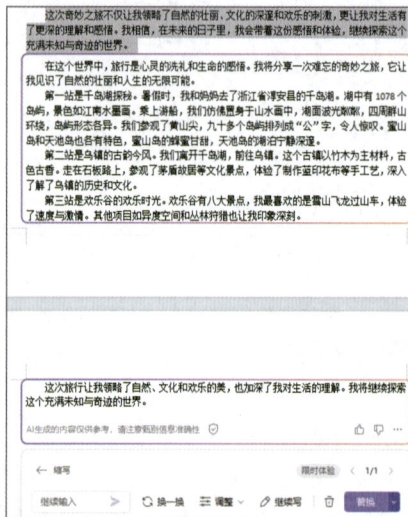

图 2-99　显示缩写结果

（3）单击"替换"按钮，即可缩短文章的篇幅，其效果如图 2-100 所示。

图 2-100　缩短文章篇幅

3. 用智能排版优化格式

WPS 智能排版功能能够自动完成文档的格式整理工作，包括首行缩进、删除段首空格、删除空段、删除网页中不可见的格式和符号等。这一功能使得用户可以轻松地将格式错乱的文档整理得美观整洁。下面介绍其具体操作步骤。

（1）打开本书提供的"素材 / 项目二 / 租房合同 .docx"文档，如图 2-101 所示。

（2）在"开始"选项卡的"排版"面板中，单击"排版"右侧的下拉按钮，展开列表框，选择"全文排版"→"合同排版"命令，如图 2-102 所示。

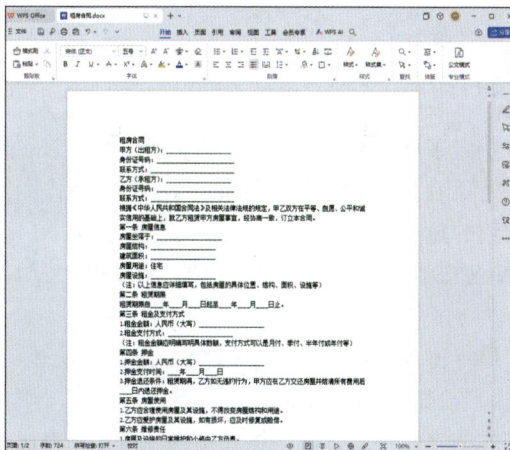

图 2-101　打开文档　　　　　　　　　图 2-102　选择"合同排版"命令

（3）打开"智能排版"对话框，单击"合同"图标上的"开始排版"按钮，如图 2-103 所示。

（4）开始智能排版合同文档，稍后将显示"排版成功"信息，单击"预览结果"按钮，如图 2-104 所示。

图 2-103　单击"开始排版"按钮　　　　　图 2-104　单击"预览结果"按钮

（5）打开"排版结果预览"对话框，预览排版结果，如图 2-105 所示。如果对排版的格式

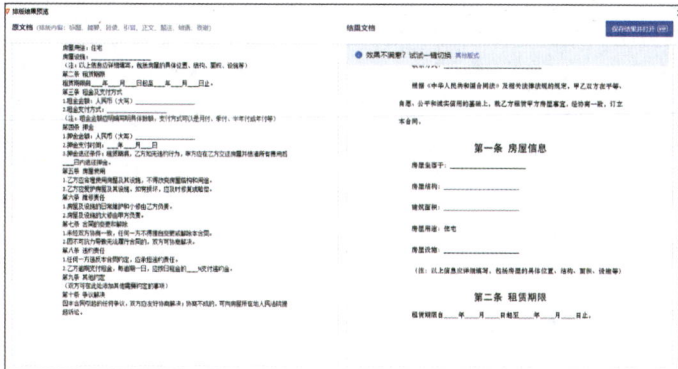

图 2-105　预览排版结果

不满意，则可以单击"其他版式"链接，将打开"模板预览"对话框，重新选择模板版式，单击"使用模板"按钮，重新将版式调整满意即可，版式调整满意后，单击"保存结果并打开"按钮，可以保存智能排版后的文档效果。

上机实训：使用 AI 写作会议记录并排版

会议记录是记录会议过程、讨论内容、决定事项及参会人员意见的重要文件，它有助于确保会议信息的准确传达和后续工作的顺利进行。在本案例中，需要通过 WPS AI 写作会议记录并对写好的会议记录进行排版。下面讲解大致的操作步骤。

（1）启动 WPS Office 软件，新建一个空白文档，单击 WPS AI 按钮，启动 WPS AI，打开 WPS AI 任务窗格。

（2）在任务中单击"内容生成"选项，显示出 AI 输入框，输入文本，单击"发送"按钮。

（3）用 AI 工具生成一份会议记录文档内容，如图 2-106 所示。

（4）选择文档中的各个段落文本，对文本的字体格式、段落格式等进行设置，完成文档的排版操作，最终效果如图 2-107 所示。

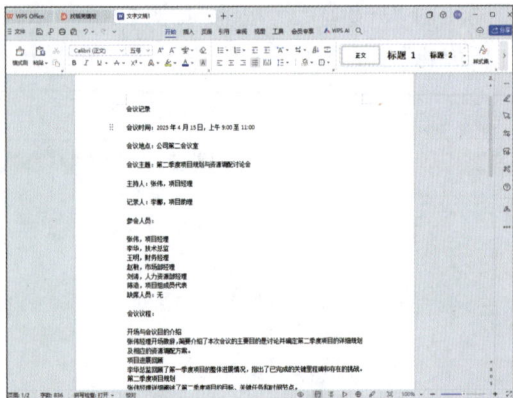

图 2-106　生成会议记录　　　　　　图 2-107　排版文档

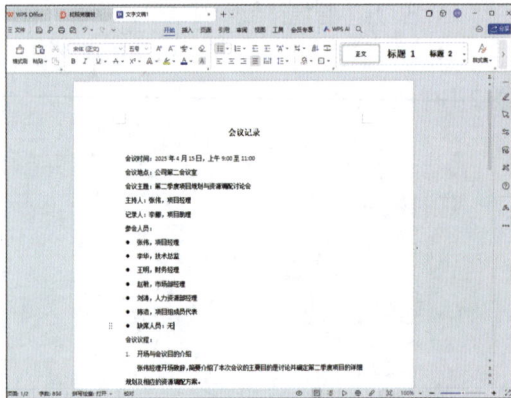

习题测试

1. 填空题

（1）_____，又称劳动契约或劳动协议，是调整劳动关系的基本法律形式，也是确立劳动者与用人单位劳动关系的基本前提。

（2）_____，顾名思义，是对一个企业或组织的基本情况、业务范围、发展历史、企业文化、核心优势、未来愿景等方面进行简明扼要介绍的一种文本或口头阐述。

（3）启动 WPS Office 软件后，首先看到的是_____界面，它包含新建、打开、保存等常用功能。

（4）要创建一个新的文档，可以单击工具栏上的_____按钮，或者使用快捷键_____。

（5）要打开一个已存在的文档，可以单击工具栏上的_____按钮，或者使用快捷键_____。

（6）在 WPS 文字中，文字的_____、_____和_____可以通过工具栏上的字体、字号和颜色选项进行调整。

（7）使用______功能可以快速地对文档中的文字进行排版，如段落缩进、行距调整等。

2. 选择题

（1）关于 WPS AI 的“AI 帮我改”功能，以下哪个说法是错误的？（　　）

A. 可以对 AI 生成的内容进行修改　　B. 无法对非 AI 生成的内容进行修改

C. 提供润色、扩写等多种修改选项　　D. 支持多种语言文本的修改

（2）WPS AI 的“AI 生成图片”功能，主要是基于什么技术实现的？（　　）

A. 深度学习　　B. 模糊逻辑

C. 文本挖掘　　D. 语音识别

（3）要保存当前正在编辑的文档，应单击哪个按钮？（　　）

A. 新建　　B. 打开　　C. 保存　　D. 撤销

（4）WPS 文字中的“页面布局”选项卡主要用于调整什么？（　　）

A. 文字的字体和颜色

B. 文字的段落格式

C. 文字的页面设置（如纸张大小、边距等）

D. 文字的查找和替换

（5）WPS 文字中的“段落”对话框可以通过哪个按钮或命令打开？（　　）

A. 右击文本，选择“段落”命令　　B. 单击工具栏上的“字体”按钮

C. 按 F1 键　　D. 单击“插入”菜单下的“表格”

3. 上机操作题

制作一个“员工处罚通知”文档，并对文档进行排版，其排版要求如图 2-108 所示。

（1）标题文本：字体为微软雅黑，字号为二号，字形为加粗，字体颜色为黑色，段前为 0 行、段后为 2 行，对齐方式为居中对齐。

（2）正文：字体为宋体，字号为五号；行距为 1.5 倍行距，首行缩进 2 字符。

（3）落款文本：字体为宋体，字号为小五号；行距为 1.5 倍行距，首行缩进 2 字符；对齐方式为向右对齐。

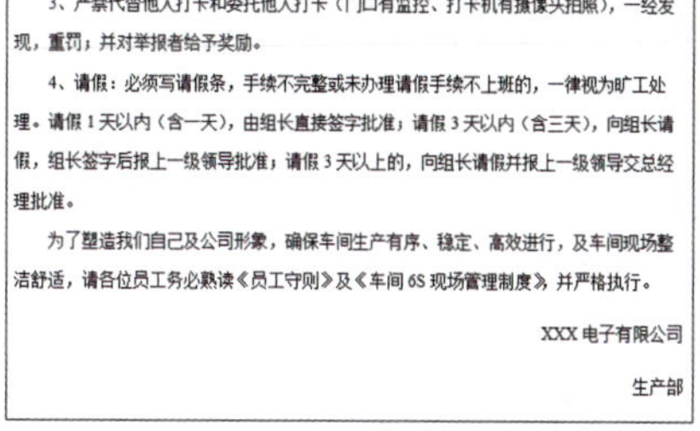

员工处罚通知

XX 月 XX 日，XX 车间员工 XXX 未到公司上班，也未请假，依照公司规章制度视旷工一天，将按公司考勤制度进行处罚，望各位员工引以为戒。

相关纪律及奖惩条例

1、迟到 5 分钟内罚款____元/次，5～10 分钟罚款____元/次，10～30 分钟罚款____元/次，超过 30 分钟扣半天工资。

2、旷工半天扣 1 天工资，旷工 1 天扣 2 天工资，以此类推。旷工 5 日以上作自动离职处理。

3、严禁代替他人打卡和委托他人打卡（门口有监控、打卡机有摄像头拍照），一经发现，重罚；并对举报者给予奖励。

4、请假：必须写请假条，手续不完整或未办理请假手续不上班的，一律视为旷工处理。请假 1 天以内（含一天），由组长直接签字批准；请假 3 天以内（含三天），向组长请假，组长签字后报上一级领导批准；请假 3 天以上的，向组长请假并报上一级领导交总经理批准。

为了塑造我们自己及公司形象，确保车间生产有序、稳定、高效进行，及车间现场整洁舒适，请各位员工务必熟读《员工守则》及《车间 6S 现场管理制度》，并严格执行。

XXX 电子有限公司

生产部

图 2-108　上机习题效果

项目 3　制作 WPS 图文混排文档

本章导读

在制作办公文档时，不仅可以创建基础的文字文档，还可以添加、绘制与编辑图形或智能图形，从而增加文档的表现力，并且绘制智能图形，还可以使文档的内容表达更加清晰。本项目将详细讲解 WPS 办公文档中的封面格式、正文格式、图片格式、文档结构、目录和页码的设置方法，为后期的学习打基础。

学习目标

通过学习本章的多个知识点，读者朋友可以熟练掌握 WPS 办公文档中智能图形和流程图的插入与编辑操作方法。

知识要点

- 使用 AI 了解公司组织结构图
- 插入智能图形模板
- 输入公司组织结构文本内容
- 调整智能图形的结构
- 智能图形的美化
- 使用 AI 了解工作流程图
- 编辑流程图标题
- 插入流程图
- 给流程图添加文字
- 美化处理流程图

任务 3.1　制作"公司组织结构图"

公司组织结构图（Organization Chart）是组织架构的直观反映，是最常见的表现雇员、职称和群体关系的一种图表。

本次任务详细讲解制作"公司组织结构图"文档的相关操作，其内容包含熟悉公司组织结构图的基础知识、插入智能图形模板、输入公司组织结构文本内容、调整智能图形的结构等操作。

子任务 3.1.1　使用 AI 了解公司组织结构图

公司组织结构图能够形象地反映组织内各机构、岗位上下左右相互之间的关系，通过图形形式直观地表现组织单元之间的相互关联，并可通过组织架构图直接查看组织单元的详细信息，包括与组织架构关联的职位、人员信息等。下面通过 AI 工具 DeepSeek 查询公司组织结构图的设计要点。

向 DeepSeek 提问：公司组织结构图的设计要点是什么？

⊚ DeepSeek 回复：

公司组织结构图的设计要点主要包括以下 7 方面，如图 3-1 所示。

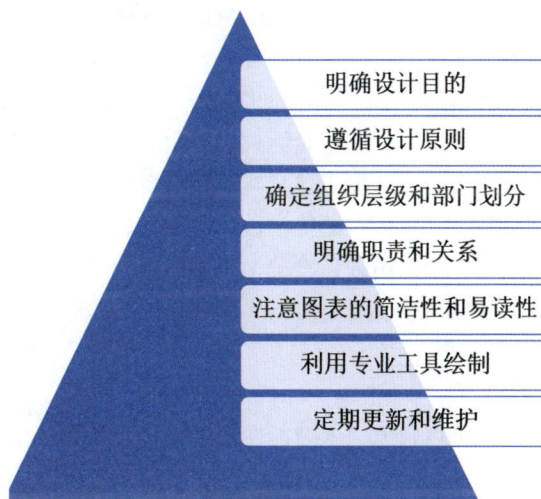

图 3-1　公司组织结构图的设计要点

（1）明确设计目的

首先，需要明确设计组织结构图的目的。组织结构图是为了直观地展示公司内部的层级关系、职责分工以及管理体系，帮助管理者和员工更好地了解公司的运作方式和内部结构。

（2）遵循设计原则

在设计组织结构图时，应遵循以下原则。

▶ 战略导向原则：确保组织结构图能够反映公司的战略目标和业务发展方向。

▶ 高效精简原则：在保证功能完整的前提下，尽量简化结构，提高管理效率。

- 权责对等原则：确保每个部门和岗位的职责和权力相对等，避免出现责任不清或权力过大的情况。
- 灵活适应原则：组织结构图应具有一定的灵活性，能够根据公司业务发展和市场变化进行调整。

（3）确定组织层级和部门划分

- 组织层级：根据公司规模和业务复杂度，合理确定组织层级。一般来说，组织层级不宜过多，以避免信息传递不畅和决策效率低下。
- 部门划分：根据公司的业务特点和战略目标，将相似的职能或业务归类到同一个部门，以便更好地进行管理和协调。

（4）明确职责和关系

- 职责明确：在组织结构图中，应明确每个部门和岗位的职责范围，避免出现职责重叠或遗漏的情况。
- 关系清晰：通过线条和箭头等符号，清晰地表示出各部门和岗位之间的上下级关系和协作关系。

（5）注意图表的简洁性和易读性

- 简洁性：避免在组织结构图中添加过多的细节和冗余信息，保持图表的简洁明了。
- 易读性：使用清晰的字体、颜色和图形元素，确保组织结构图易于阅读和理解。

（6）利用专业工具绘制

为了提高绘制效率和质量，可以使用专业的绘图工具或在线平台来绘制组织结构图。这些工具通常提供丰富的模板和图形元素，可以帮助用户快速创建出符合要求的组织结构图。

（7）定期更新和维护

随着公司业务的发展和变化，组织结构图也需要定期更新和维护。这包括调整部门划分、更新职位信息和关系等，以确保组织结构图始终与公司实际情况保持一致。

综上所述，公司组织结构图的设计要点包括明确设计目的、遵循设计原则、确定组织层级和部门划分、明确职责和关系、注意图表的简洁性和易读性、利用专业工具绘制以及定期更新和维护等。这些要点将有助于创建出清晰、准确、实用的组织结构图，为公司的管理和运营提供有力支持。

子任务 3.1.2　插入智能图形模板

使用"智能图形"按钮，可以快速插入智能图形的模板，如循环图、流程图、组织架构图和 SmartArt 图形等。下面详细讲解插入智能图形模板的具体操作方法。

第 1 步 启动 WPS Office 软件，打开本书提供的"素材/项目三/公司组织结构图.docx"文档，将光标定位在合适的位置，然后在"插入"选项卡的"常用对象"面板中，单击"智能图形"按钮，如图 3-2 所示。

第 2 步 打开"智能图形"对话框，切换至 SmartArt 选项卡，单击"层次结构"图标，如图 3-3 所示。

第 3 步 在文档中插入智能图形，其效果如图 3-4 所示。

第 4 步 选择智能图形，在"开始"选项卡的"段落"面板中，单击"居中"按钮，即可将智能图形居中放置，如图 3-5 所示。

图 3-2　单击"智能图形"按钮

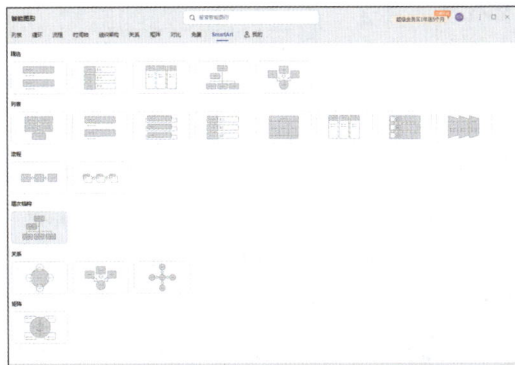

图 3-3　单击"层次结构"图标

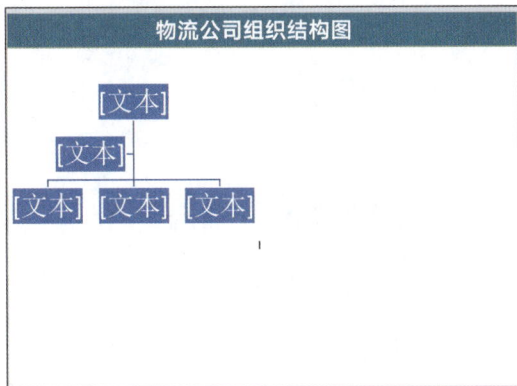

图 3-4　插入智能图形

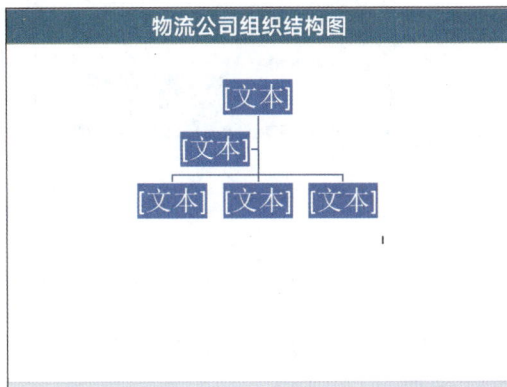

图 3-5　居中放置图形

子任务 3.1.3　输入公司组织结构文本内容

在创建好智能图形后，直接单击智能图形中的矩形形状，可以在智能图形中输入文本内容。下面详细讲解输入公司组织结构文本内容的具体操作步骤。

观看视频

第❶步　在智能图形上单击最上方的矩形形状，输入文本"总经理"，如图 3-6 所示。

第❷步　使用同样的方法，依次在其他的矩形形状中输入文本内容，如图 3-7 所示。

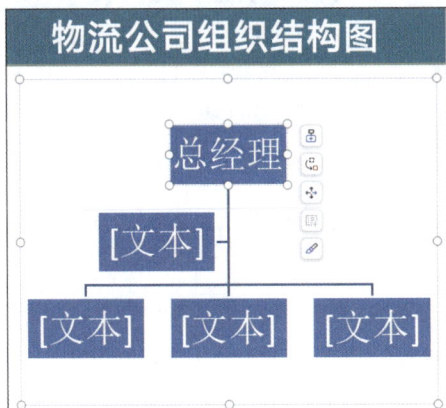

图 3-6　输入文本

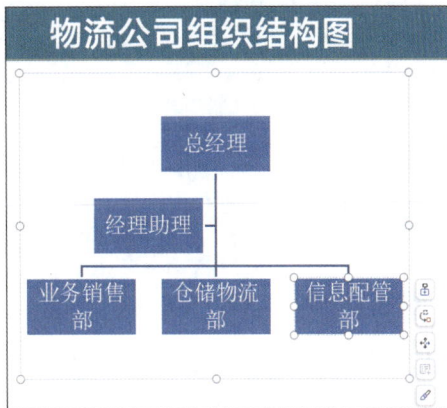

图 3-7　输入其他文本

子任务 3.1.4　调整智能图形的结构

观看视频

有时，智能图形模板并不能完全符合文档的实际需求，那么就需要对图形进行调整。在调整智能图形的结构时，可能需要在特定位置添加或删减图形等。下面详细讲解调整智能图形结构的具体操作步骤。

第 1 步 选择智能图形最上方的矩形形状，在"设计"选项卡的"创建图形"面板中，单击"添加项目"右侧的下拉按钮，展开列表框，选择"在下方添加项目"命令，如图 3-8 所示。

第 2 步 在指定形状的下方添加矩形形状，其效果如图 3-9 所示。

图 3-8　选择"在下方添加项目"命令

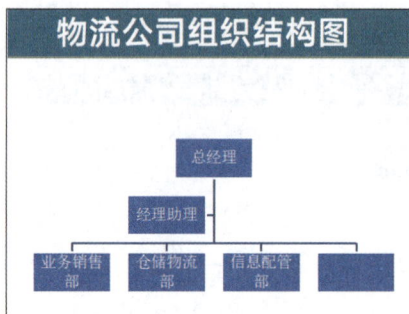

图 3-9　添加矩形形状

第 3 步 使用同样的方法，在最上方矩形形状的下方添加矩形形状，如图 3-10 所示。

第 4 步 选择智能图形左下方的矩形形状，在"设计"选项卡的"创建图形"面板中，单击"添加项目"右侧的下拉按钮，展开列表框，选择"添加助理"命令，如图 3-11 所示。

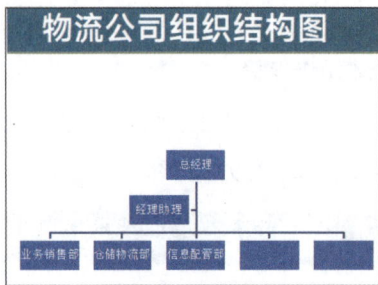

图 3-10　添加其他矩形

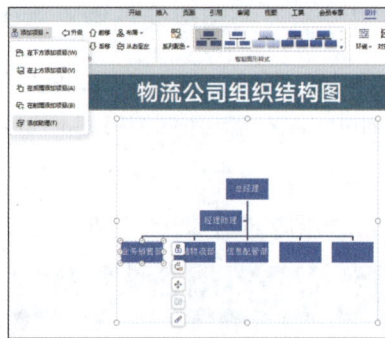

图 3-11　选择"添加助理"命令

第 5 步 在指定位置添加助理形状，其效果如图 3-12 所示。

第 6 步 使用同样的方法，依次为其他的矩形形状添加助理形状，其图形效果如图 3-13 所示。

第 7 步 选择智能图形，按住鼠标左键并拖曳，调整其大小和位置，如图 3-14 所示。

第 8 步 在"插入"选项卡的"常用对象"面板中，单击"文本框"右侧的下拉按钮，展开列表框，选择"横向"命令，如图 3-15 所示。

第 9 步 当鼠标指针呈黑色十字形状时，在相应的形状上按住鼠标左键并拖曳，绘制一个文本框，并输入文本，如图 3-16 所示。

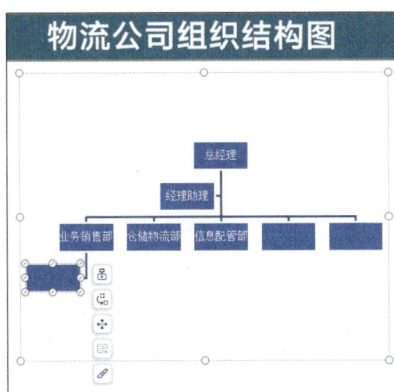

图 3-12　添加其他矩形

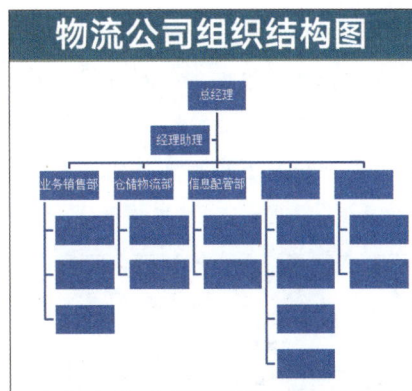

图 3-13　添加其他助理形状

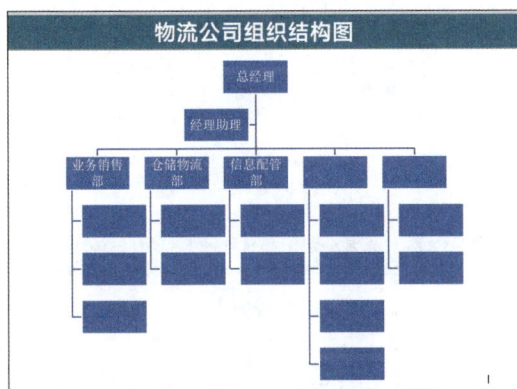

图 3-14　调整形状大小和位置

图 3-15　选择"横向"命令

第 10 步　选择新绘制的文本框，修改其"填充"和"轮廓"颜色均为"无"，修改字体格式为"宋体""小四"，并加粗文本，如图 3-17 所示。

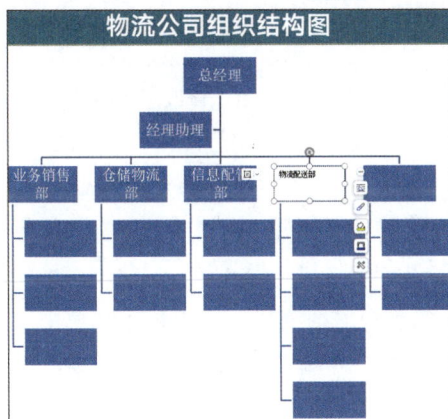

图 3-16　绘制文本框

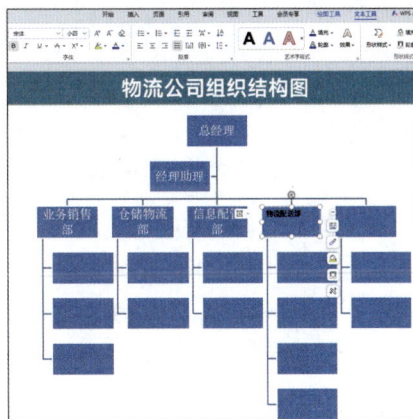

图 3-17　修改文本框格式

第 11 步　选择文本框文本，在"开始"选项卡的"字体"面板中，单击"字体颜色"右侧的下拉按钮，展开列表框，选择"白色，背景 1"颜色，如图 3-18 所示。

第**12**步 更改文本框文本的字体颜色，然后调整文本框的大小和位置，如图 3-19 所示。

第**13**步 选择文本框文本，对其进行复制操作，然后修改复制后的文本框文本内容，如图 3-20 所示。

第**14**步 选择智能图形中的文本对象，修改字体格式为"宋体""小四"，并加粗文本，如图 3-21 所示。

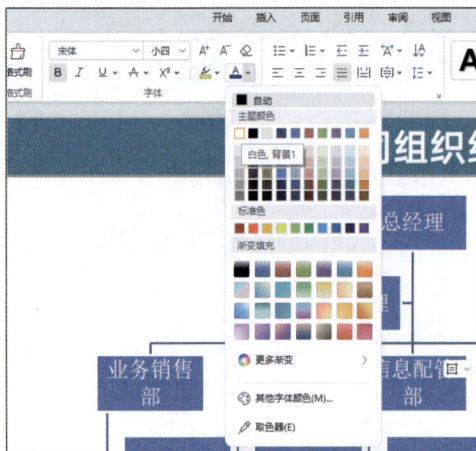

图 3-18　选择字体颜色

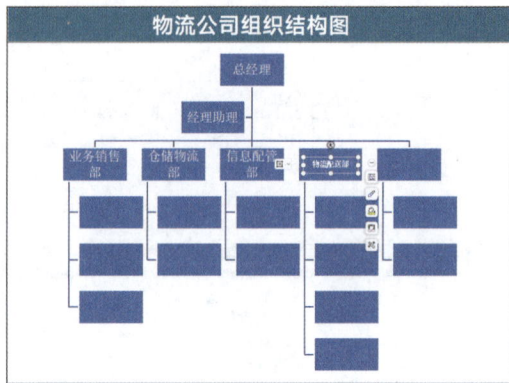

图 3-19　更改文本框

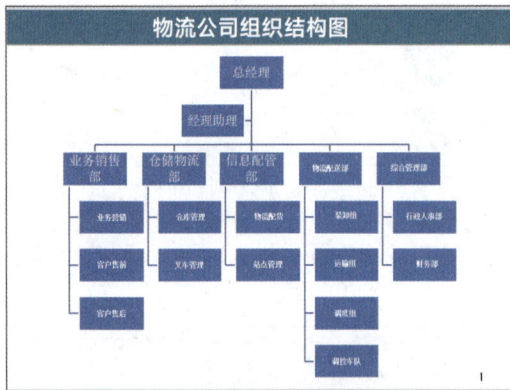

图 3-20　复制文本框文本

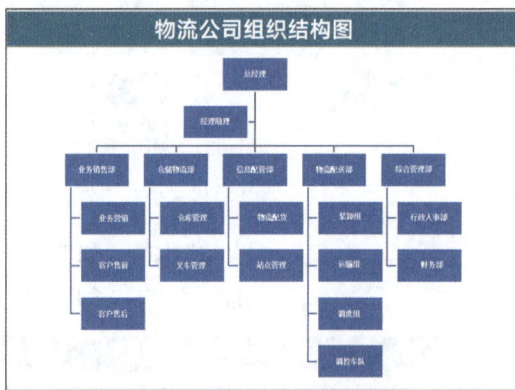

图 3-21　修改字体格式

子任务 3.1.5　智能图形的美化处理

观看视频

完成智能图形的创建与结构更改后，还可以通过"系列配色""智能图形样式"等功能对智能图形进行美化处理。下面详细讲解设置正文格式的具体操作步骤。

第**1**步 选择智能图形，在"设计"选项卡的"智能图形样式"面板中，单击"系列配色"右侧的下拉按钮，展开列表框，选择第二个彩色颜色，如图 3-22 所示。

第**2**步 更改智能图形的配色颜色，其效果如图 3-23 所示。

第**3**步 继续选择智能图形，在"设计"选项卡的"智能图形样式"面板中，单击"其他"按钮，展开列表框，选择第二个图形样式，如图 3-24 所示。

第**4**步 更改智能图形的图形样式，其效果如图 3-25 所示。

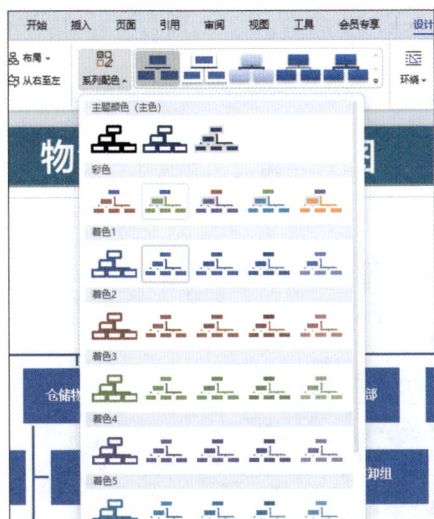

图 3-22　选择颜色

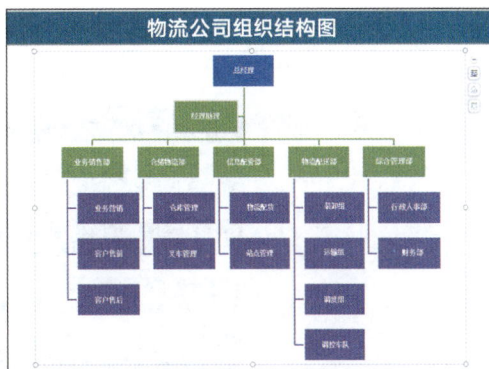

图 3-23　更改图形配色

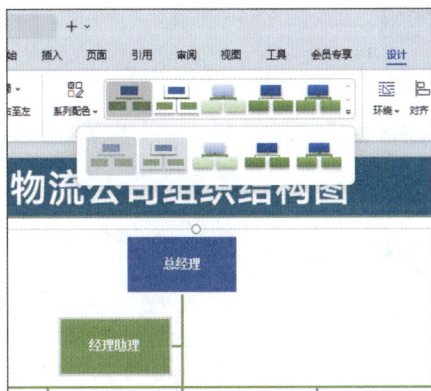

图 3-24　选择图形样式

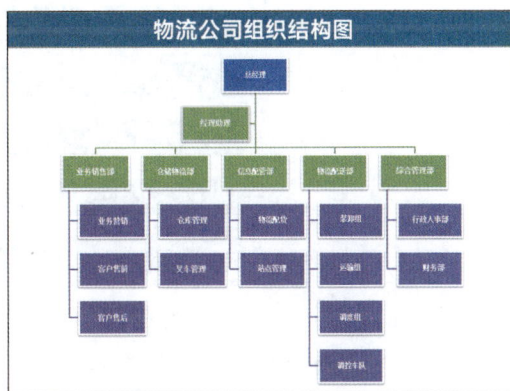

图 3-25　更改智能图形样式

任务 3.2　制作"企业工作流程图"

企业工作流程图是一种图形化的表示方法，用于展示企业内部各项业务流程的顺序、任务和决策点。它帮助团队成员理解整个流程，识别瓶颈、冗余或缺失的环节，并优化工作流程。本次任务详细讲解制作"企业工作流程图"文档的相关操作，其内容包含熟悉企业工作流程图基础知识、编辑流程图标题、插入流程图、给流程图添加文字等操作。

子任务 3.2.1　使用 AI 了解工作流程图

工作流程图是一种重要的工具，用于清晰地展示和说明一系列任务、决策和活动的执行顺序。选择合适的流程图类型、使用图形符号规范表达流程、进行合理的布局规划以及添加必要的说明与注释，都是制作高效、可读性强的工作流程图的关键步骤。

下面通过 AI 工具"文心一言"查询布局规划原则和增强流程图可读性的方法。

向文心一言提问：流程图的布局规划原则是什么？增强流程图可读性的方法是什么？

📷 **文心一言回复：**

1. 流程图的布局规划原则

在制作流程图时，要遵循流程图的布局规划原则，才能确保流程图既易于理解又在视觉上吸引人。流程图的布局规划有 11 项原则，如图 3-26 所示。

图 3-26　流程图的布局规划原则

> 清晰性：确保流程的每个步骤都清晰可见，没有模糊不清或难以理解的部分。使用简洁明了的语言和符号来描述步骤和决策点。

> 逻辑性：流程图的布局应反映流程的逻辑顺序。通常，流程从左到右或从上到下流动。确保决策点和分支路径的逻辑关系清晰，避免混淆。

> 一致性：在整个流程图中使用一致的符号和样式来表示不同类型的步骤和元素。保持字体、颜色和布局风格的一致性，以提高整体视觉效果。

> 简洁性：去除不必要的细节和冗余信息，只保留对理解流程至关重要的部分。使用分组和子流程来简化复杂流程，但也要确保这些分组和子流程易于理解和访问。

> 可读性：确保流程图的文字足够大且易于阅读，避免使用过小或难以辨认的字体。使用颜色和阴影来区分不同的元素和层次，但要避免使用过多的颜色以免分散注意力。

> 避免交叉线：尽量减少或避免流程线之间的交叉。如果交叉无法避免，可以使用桥接符号或改变流程的方向来减少混淆。

> 层次结构：使用缩进或不同级别的连接线来区分不同层级的步骤或子流程。这有助于读者快速理解流程的层次结构。

> 适当使用注释和标签：对于复杂的步骤或决策点，可以使用注释或标签来提供额外的信息或说明。这些注释应简洁明了，并直接指向相关的步骤或元素。

> 可缩放性：设计流程图时要考虑其可缩放性。确保在不同大小的屏幕上或打印输出时能够保持清晰和易读。

▶ 反馈与迭代：在设计过程中不断收集反馈并进行迭代改进。与团队成员、利益相关者或用户分享流程图，并根据他们的反馈进行调整和优化。

▶ 遵循行业标准：尽可能遵循所在行业或领域的流程图绘制标准。这有助于确保流程图的通用性和易读性。

通过遵循这些布局规划原则，可以创建出既清晰又易于理解的流程图，从而有效地传达业务流程或系统逻辑。

2. 增强流程图可读性的方法

在 WPS 中增加流程图的可读性，可以通过多种方式来实现。流程图的可读性不仅依赖于其内容的清晰度，还依赖于其布局、颜色、字体以及标签的准确性。下面详细讲解增强流程图可读性的具体方法。

1）清晰的结构布局

▶ 层次分明：确保流程图中的各个部分和步骤按照逻辑顺序排列，使用不同的层次结构来表示流程的不同阶段。

▶ 对齐与间距：保持元素之间的对齐和适当的间距，避免拥挤和混乱。使用 WPS 的对齐工具和网格系统来帮助你规划布局。

2）统一的视觉风格

▶ 颜色搭配：选择对比度高且颜色搭配和谐的颜色方案，以便清楚地区分不同的元素和步骤。避免使用过多的颜色，以免分散注意力。

▶ 字体与字号：使用易于阅读的字体和合适的字号，确保所有文本都清晰可见。对于重要的信息或标题，可以使用加粗或不同颜色来突出显示。

3）明确的标签和说明

▶ 准确命名：为每个流程步骤或元素提供准确、简洁的名称或标签，避免使用模糊或含糊不清的词汇。

▶ 添加注释：对于复杂的步骤或需要额外说明的部分，可以添加注释或说明框来提供详细信息。

4）使用图标和图像

▶ 图标辅助：在适当的位置使用图标来代表特定的动作、决策或状态，这有助于观众更快地理解流程。

▶ 嵌入图像：如果流程图与某个具体的系统、产品或过程相关，可以嵌入相关的图像或截图来提供额外的上下文。

5）测试和反馈

▶ 预览和检查：在完成流程图后，使用 WPS 的预览功能来检查其整体效果。注意检查是否有拼写错误、布局问题或遗漏的信息。

▶ 收集反馈：将流程图分享给同事或目标受众，并收集他们的反馈和建议。根据反馈进行必要的修改和优化。

6）利用 WPS 的高级功能

▶ 模板和库：WPS 提供了丰富的流程图模板和图形库，你可以利用这些资源来快速创建专业的流程图。

▶ 动画和交互：虽然 WPS 的流程图功能可能不如专业的流程图软件那样强大，但你可以尝试使用 WPS 的动画和交互功能来增强流程图的表现力（如果可用）。

通过以上方法，可以在 WPS 中创建出既美观又易于理解的流程图。记住，清晰、简洁和准确是增加流程图可读性的关键。

子任务 3.2.2　编辑流程图标题

在制作流程图时，需要编辑好流程图的标题。下面详细讲解编辑流程图标题的具体操作方法。

观看视频

第 1 步 启动 WPS Office 软件，打开本书提供的"素材 / 项目三 / 企业工作流程图 .docx"文档，如图 3-27 所示。

第 2 步 将光标定位在合适的位置，输入流程图标题文本，并修改标题文本的字体格式为"黑体"、"字号"为 23，如图 3-28 所示。

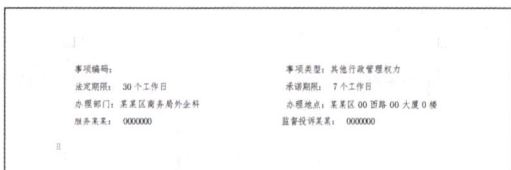

图 3-27　打开文档

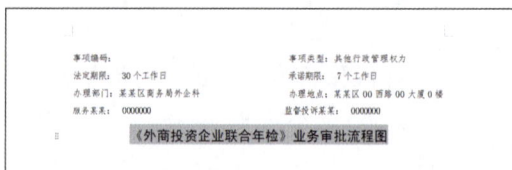

图 3-28　输入流程图标题

子任务 3.2.3　插入流程图中的形状

使用"形状"功能可以在文档中插入流程图中的图形和连线对象。下面详细讲解插入流程图的具体操作方法。

观看视频

第 1 步 在"插入"选项卡的"常用对象"面板中，单击"形状"右侧的下拉按钮，展开列表框，选择"圆角矩形"形状，如图 3-29 所示。

第 2 步 当鼠标指针呈黑色十字形状时，按住鼠标左键并拖曳，绘制一个圆角矩形形状，如图 3-30 所示。

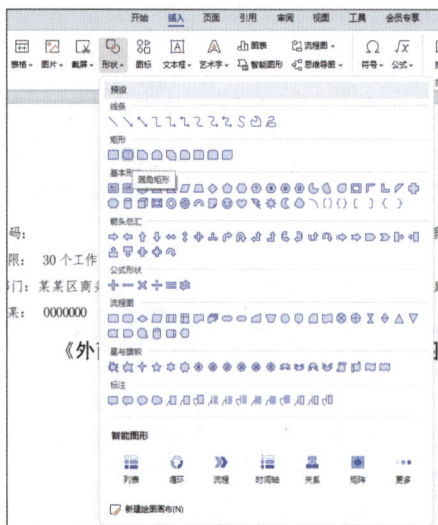

图 3-29　选择"圆角矩形"形状

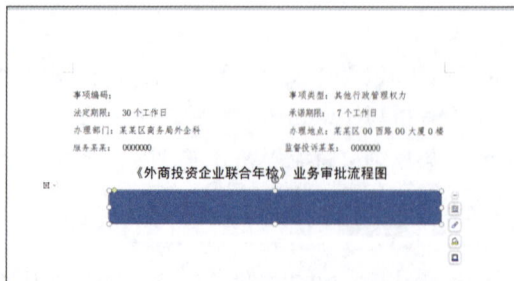

图 3-30　绘制圆角矩形

第 3 步 选择新绘制的圆角矩形，在"绘图工具"选项卡的"大小"面板中，修改"形状高度"为 2、"形状宽度"为 19，即可修改圆角矩形的大小，如图 3-31 所示。

第 4 步 在"插入"选项卡的"常用对象"面板中，单击"形状"右侧的下拉按钮，展开列表框，选择"箭头"形状，如图 3-32 所示。

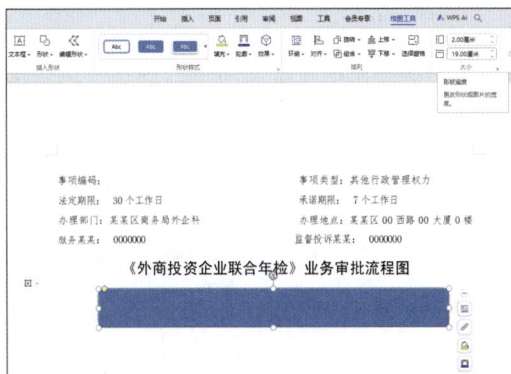

图 3-31　更改形状大小

图 3-32　选择"箭头"形状

第 5 步 当鼠标指针呈黑色十字形状时，在按住 Shift 键的同时，按住鼠标左键并拖曳，绘制一个带箭头的线条，如图 3-33 所示。

第 6 步 在"插入"选项卡的"常用对象"面板中，单击"形状"右侧的下拉按钮，展开列表框，选择"直线"形状，如图 3-34 所示。

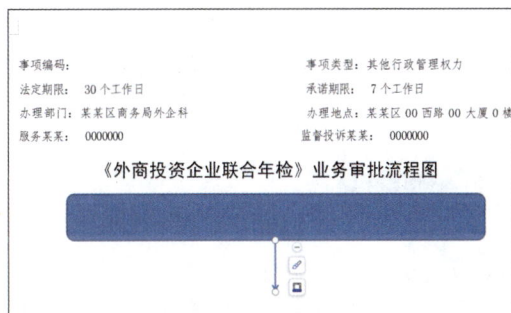

图 3-33　绘制带箭头的线条

图 3-34　选择"直线"形状

第 7 步 当鼠标指针呈黑色十字形状时，在按住 Shift 键的同时，按住鼠标左键并拖曳，绘制一个直线线条，如图 3-35 所示。

第 8 步 使用同样的方法，依次绘制其他的圆角矩形和箭头线条等形状，并调整各图形的位置，完成流程图的制作，如图 3-36 所示。

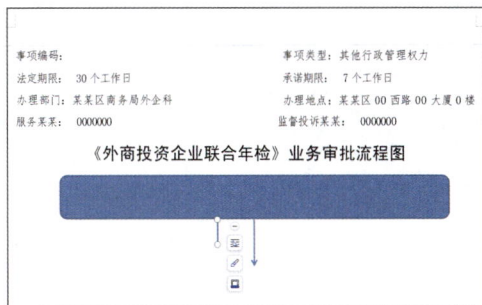

图 3-35　绘制直线线条

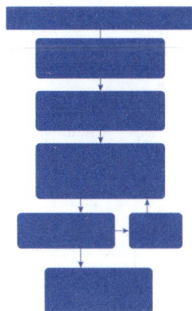

图 3-36　绘制其他形状

子任务 3.2.4　给流程图添加文字

观看视频

在添加形状后，使用"编辑文字"命令，可以在流程图中添加文字。下面详细讲解给流程图添加文字的具体操作方法。

第 1 步　选择流程图中最上方的圆角矩形，右击，在弹出的快捷菜单中，选择"编辑文字"命令，如图 3-37 所示。

第 2 步　显示文本输入框，输入文本，然后在"字体"面板中，修改字体格式为"宋体"、字号为 24，如图 3-38 所示。

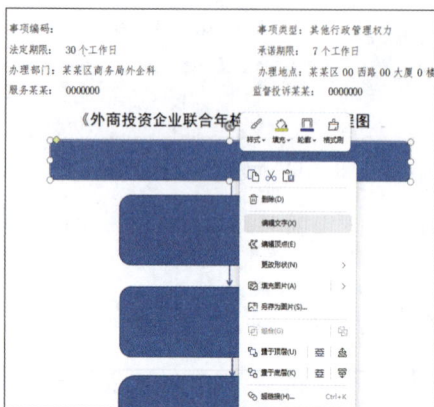

图 3-37　选择"编辑文字"命令

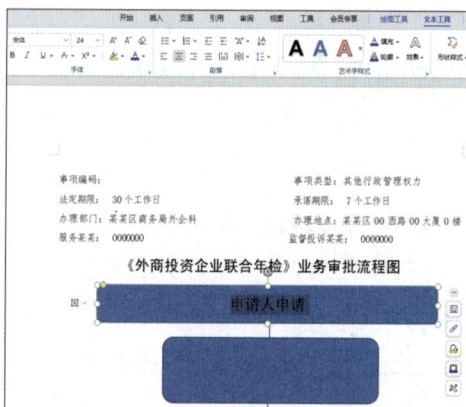

图 3-38　输入文本

第 3 步　使用同样的方法，在其他的圆角矩形形状内输入文本，并修改文本的字体格式，其效果如图 3-39 所示。

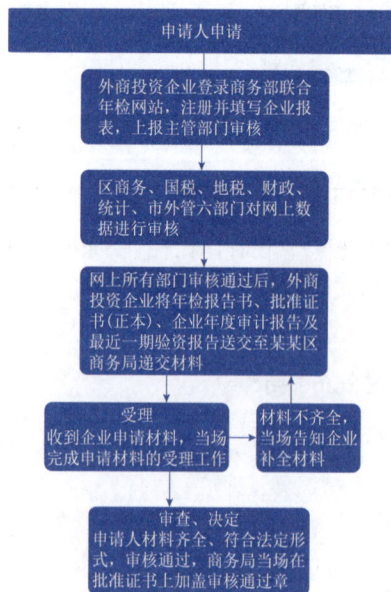

图 3-39　输入其他文本

子任务 3.2.5　美化处理流程图

观看视频

在完成流程图的插入与文字编辑后，还可以根据需要对流程图的颜色、位置等进行美化处理。下面详细讲解美化处理流程图的具体操作方法。

第❶步 选择所有的圆角矩形形状，在"绘图工具"选项卡的"样式"面板中，单击"其他"按钮，展开列表框，选择"主题颜色"为"黑色"，在"预设样式"选项区中，选择"无填充 - 实线 - 加粗"样式，如图 3-40 所示。

第❷步 更改图形的形状样式，其效果如图 3-41 所示。

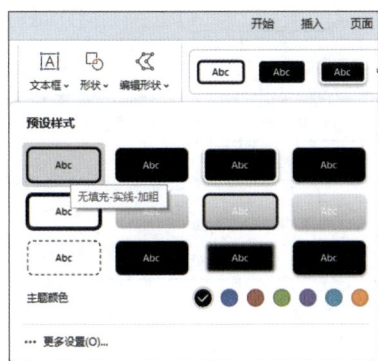

图 3-40　选择样式

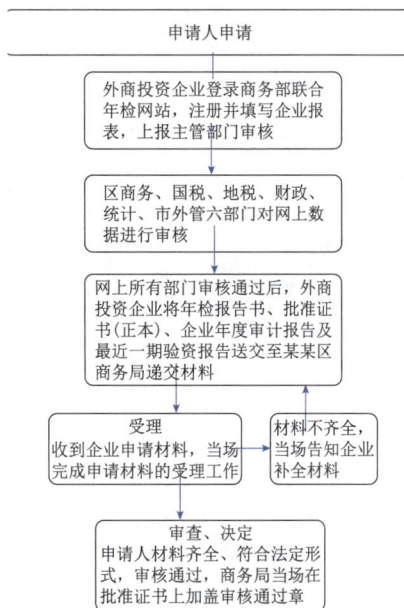

图 3-41　更改图形的形状样式

第❸步 继续选择圆角矩形形状，在"绘图工具"选项卡的"样式"面板中，单击"填充"右侧的下拉按钮，展开列表框，选择"白色，背景 1"颜色，如图 3-42 所示，即可更改矩形形状的填充颜色。

第❹步 选择所有的线条和箭头形状，在"绘图工具"选项卡的"样式"面板中，单击"其他"按钮，展开列表框，选择"主题颜色"为"黑色"，在"预设样式"选项区中，选择"实线 - 加粗"样式，如图 3-43 所示。

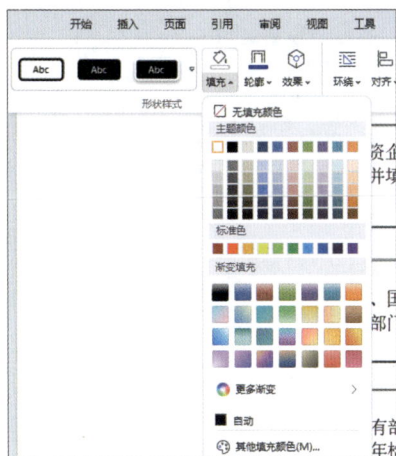

图 3-42　选择填充颜色

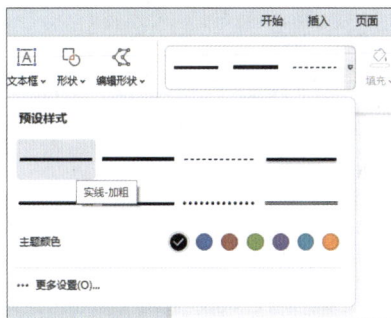

图 3-43　选择线条样式

第5步 更改线条和箭头形状的形状样式，其效果如图 3-44 所示。

第6步 继续选择所有的线条和箭头形状，调整其位置和大小，然后右击，在弹出的快捷菜单中，选择"置于底层"命令，如图 3-45 所示。

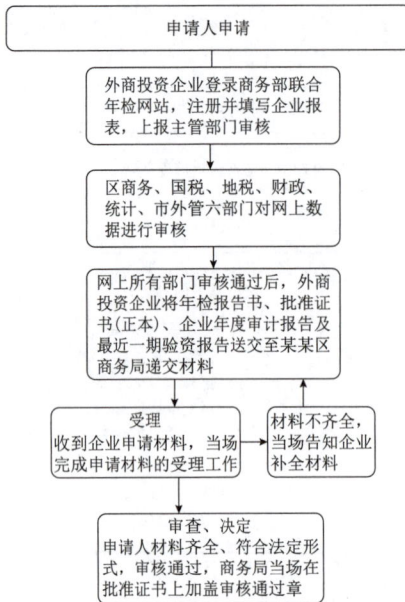

图 3-44　修改形状样式

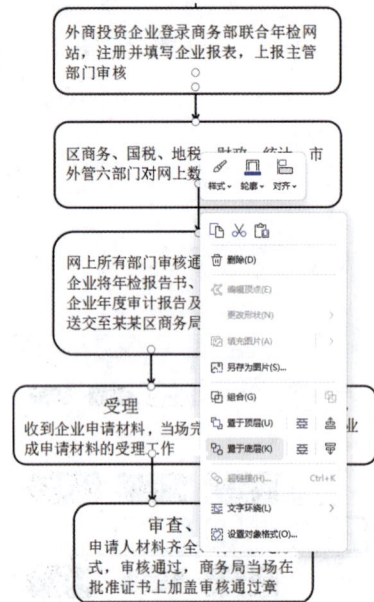

图 3-45　选择"置于底层"命令

第7步 将所有的线条和箭头形状置于底层放置，其效果如图 3-46 所示。

第8步 选择流程图中的所有形状，右击，在弹出的快捷菜单中，选择"组合"命令，如图 3-47 所示，即可组合流程图中的形状，完成整个流程图的制作。

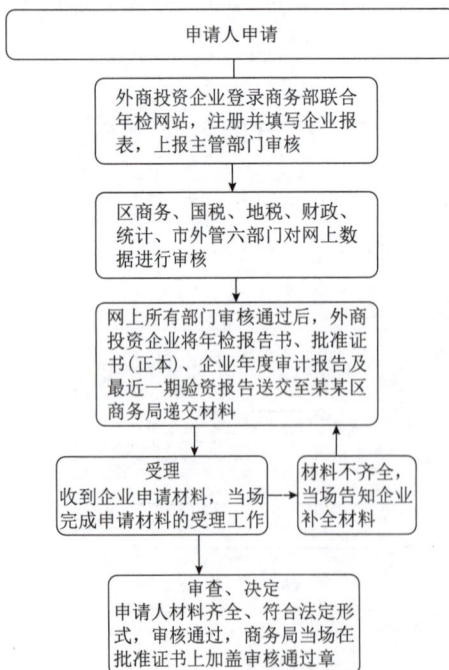

图 3-46　设置形状放置顺序

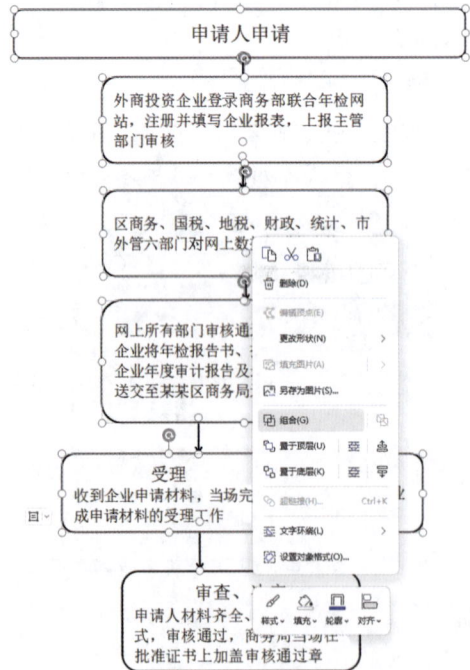

图 3-47　选择"组合"命令

⸻○ AI 答疑与技巧点拨 ○⸻

1. 直接用"流程图"功能创建流程图

WPS Office 软件直接带有"流程图"命令，用户启动该命令就可以直接打开"流程图"工具进行流程图创建。下面详细介绍直接用"流程图"功能创建流程图的具体操作步骤。

（1）在 WPS Office 软件中新建一个空白文档，在"插入"选项卡的"常用对象"面板中，单击"流程图"右侧的下拉按钮，展开列表框，选择"本地流程图"命令，如图 3-48 所示。

（2）启动 WPS 流程图工具，然后在"流程图"主界面中，单击"基本流程图"图标，如图 3-49 所示。

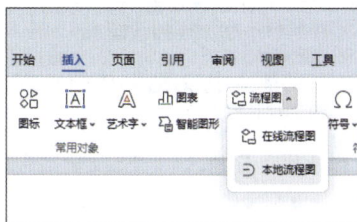

图 3-48　选择"本地流程图"命令　　　　图 3-49　单击"基本流程图"图标

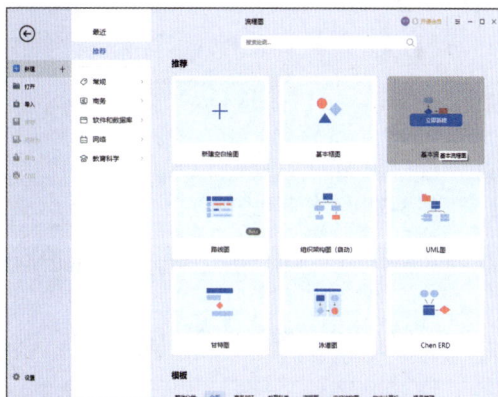

（3）新建绘图文档，在"基本流程图形状"任务窗格中，单击"流程"图标，如图 3-50 所示。

（4）按住鼠标左键并拖曳，至文档绘图区中后释放鼠标左键，即可添加"流程"图形，然后为其套用样式，其效果如图 3-51 所示。

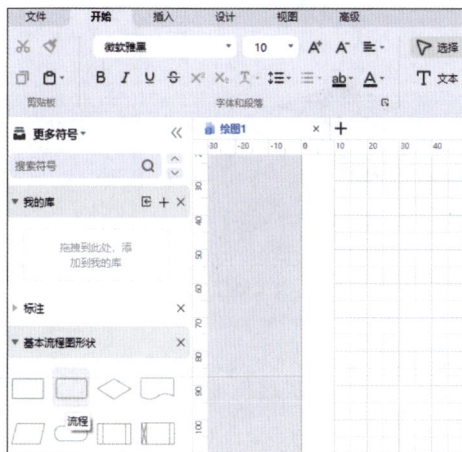

图 3-50　单击"流程"图标　　　　　　图 3-51　添加"流程"图形

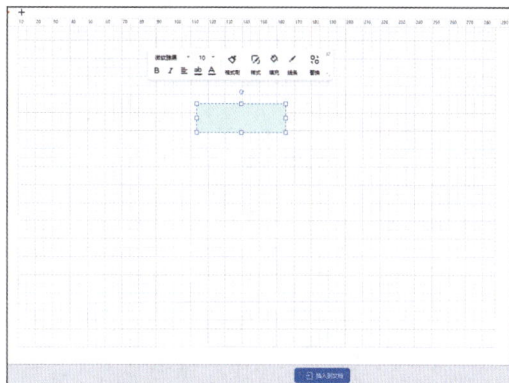

（5）使用同样的方法，依次在"基本流程图形状"任务窗格中，选择其他的形状图标，添加图形，如图 3-52 所示。

（6）将鼠标移至最上方矩形的下方中点位置，按住鼠标左键并向下拖曳，至菱形的顶点后，释放鼠标左键，即可添加连接线，使用同样的方法，添加其他的注释连接线，如图 3-53 所示。

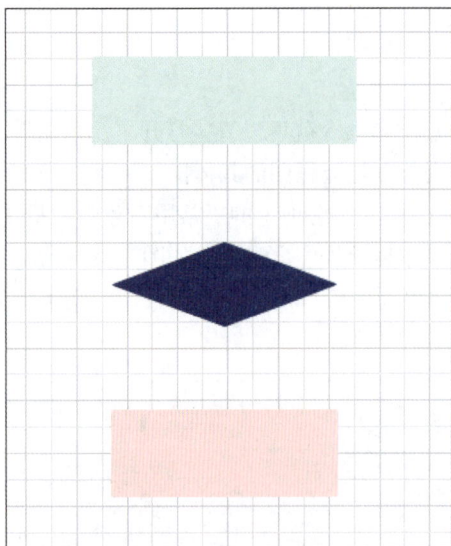

图 3-52　添加其他图形

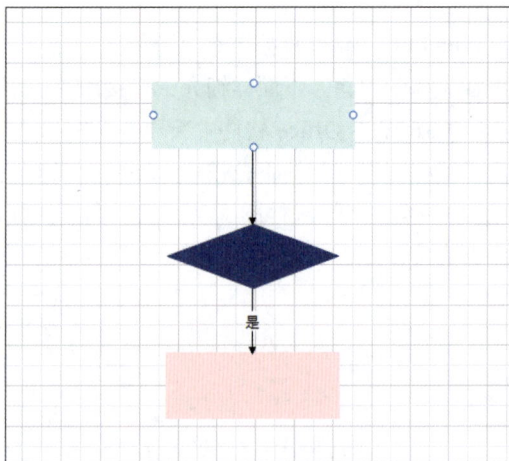

图 3-53　添加连接线图形

（7）完成流程图的制作后，在绘图文档的底部，单击"插入到文档"按钮，如图 3-54 所示。

（8）将制作好的流程图作为图片插入 WPS 文档中，其效果如图 3-55 所示。

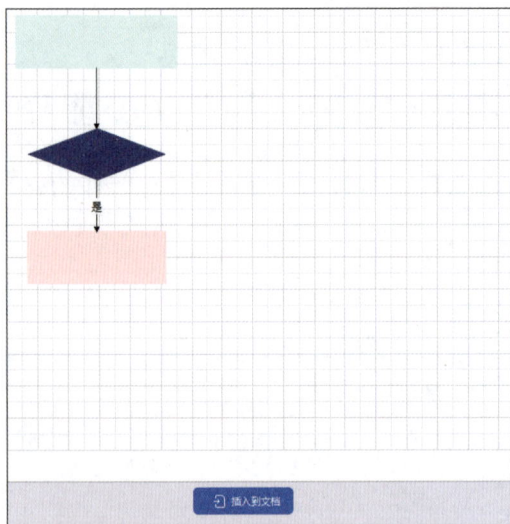

图 3-54　单击"插入到文档"按钮

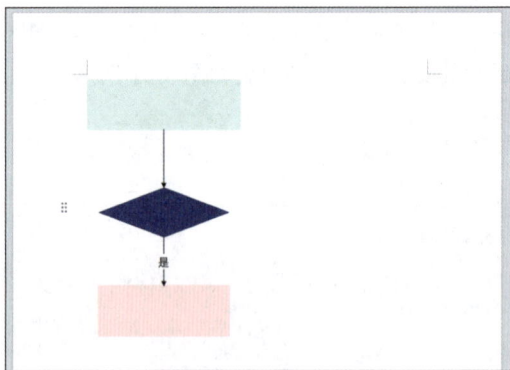

图 3-55　插入流程图

2. 快速提取图片中的文字

在 WPS 文档中进行图文混排时，用户可以轻松地使用 WPS 快速提取图片中的文字，提高工作效率。下面详细讲解快速提取图片中的文字的具体操作步骤。

（1）新建一个空白文档，在文档中插入"素材 / 项目三 / 照片海报 .jpg"图像文件，如图 3-56 所示。

（2）选择新插入的图片对象，在"会员专享"选项卡的"输出转换"面板中，单击"图片转文字"右侧的下拉按钮，展开列表框，选择"图片转文字"命令，如图 3-57 所示。

图 3-56　插入图像素材

图 3-57　选择"图片转文字"命令

（3）打开"图片转文字"对话框，开始将图片中的文字提取出来，稍后将显示提取结果，在"转换类型"选项区中，选中"纯文字"单选按钮，然后单击"导出"按钮，如图 3-58 所示。

（4）打开"另存文件"对话框，设置好文件名和保存路径，单击"保存"按钮，如图 3-59 所示。

图 3-58　显示提取结果

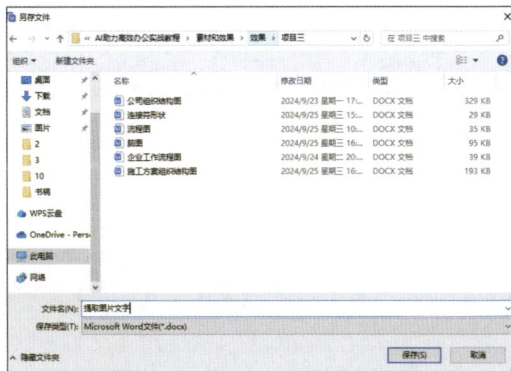

图 3-59　设置文件名和保存路径

（5）打开"转换成功"对话框，单击"打开文件"按钮，如图 3-60 所示。

（6）打开文档，查看提取出的图片文字效果，如图 3-61 所示。

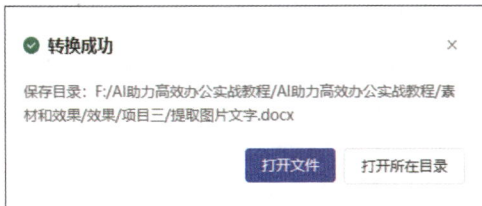

图 3-60　单击"打开文件"按钮

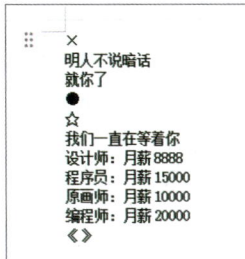

图 3-61　查看提取出的文字效果

3. 连接符形状怎么用

WPS 的连接符形状主要包括以下几种。

▶ 直线连接符：这是一种简单的直线形状的连接符，用于用直线连接两个对象。

▶ 肘形线（带有角度）连接符：肘形线连接符具有一个或多个弯曲点（通常称为"肘"），可以更方便地连接不同方向或位置上的对象，使其看起来更加自然和流畅。

▶ 曲线连接符：曲线连接符提供了一种平滑的连接方式，特别适用于需要展现流动感或柔美感的场景。

▶ 此外，还有一种特殊的连接符——肘形箭头连接符，它在肘形线连接符的基础上增加了箭头，可以明确指出连接的方向或流程。

下面介绍添加连接符形状的具体操作步骤。

（1）打开本书提供的"素材 / 项目三 / 连接符形状 .docx"文档，如图 3-62 所示。

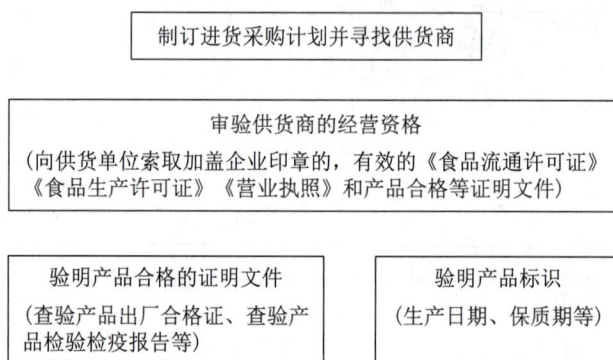

图 3-62　打开文档

（2）在"开始"选项卡的"插入"选项卡的"常用对象"面板中，单击"形状"右侧的下拉按钮，展开列表框，选择"肘形箭头连接符"形状，如图 3-63 所示。

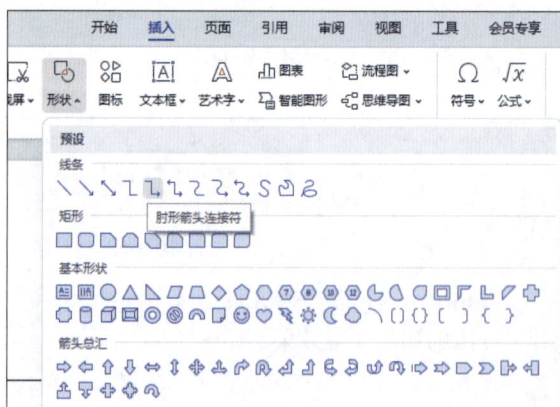

图 3-63　选择连接符形状

（3）当鼠标指针呈黑色十字形状时，按住鼠标左键并拖曳，绘制连接符形状，使用同样的方法，绘制其他的连接符形状，如图 3-64 所示。

（4）选择连接符形状，修改其"轮廓"颜色为"黑色"、"线型"为"1 磅"，其效果如图 3-65 所示。

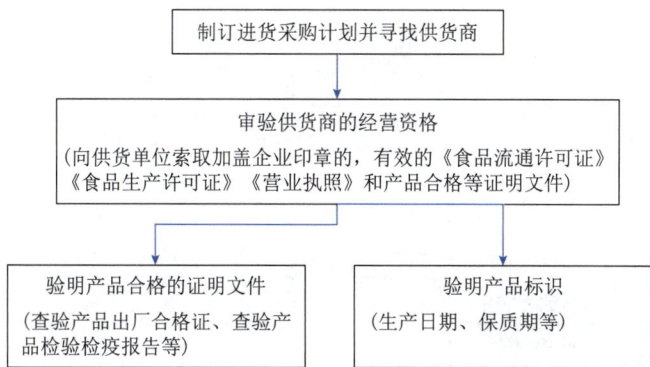

图 3-64 绘制连接符形状

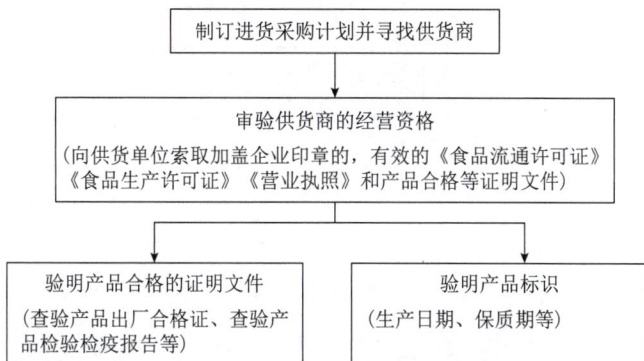

图 3-65 修改连接符形状格式

上机实训：制作脑图

脑图通过图形和线条的直观展示，将复杂的信息和概念以中心主题为核心，向外发散至相关联的内容与主题，形成逻辑线上的"维"，从而构成一个放射状的框架图。这种图形化的表达方式有助于人们更好地理解和记忆复杂的信息。在本案例中，需要通过 WPS Office 软件的"思维导图"功能进行脑图的制作。下面详细讲解具体的操作步骤。

（1）启动 WPS Office 软件，新建一个空白文档，在"插入"选项卡的"常用对象"面板中，单击"思维导图"右侧的下拉按钮，展开列表框，选择"本地思维导图"命令。

（2）启动思维导图工具，在"空白模板"界面中，单击"思维导图"图标。

（3）创建一个思维导图，在"开始"选项卡的"主题"面板中，单击"主题"和"子主题"按钮，即可在思维导图中添加多个主题，如图 3-66 所示。

（4）依次选择相应的主题图形，修改其主题内容，然后修改其布局形式，如图 3-67 所示，最后单击"插入到文

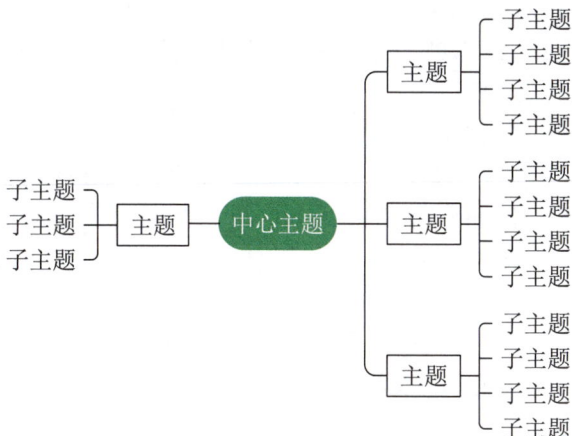

图 3-66 创建思维导图

档”按钮，将思维导图插入文档中，保存文档即可。

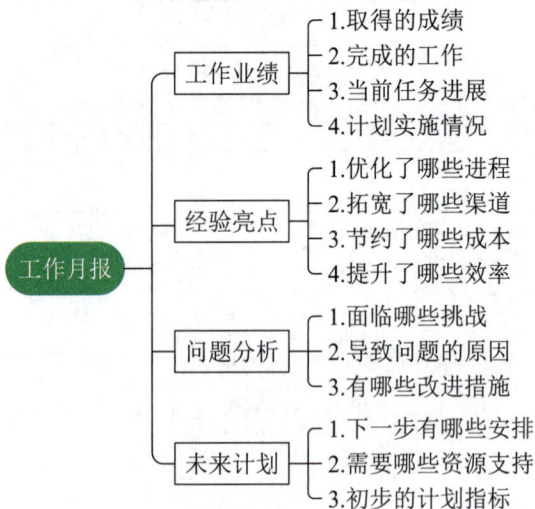

图 3-67　修改思维导图

习题测试

1. 填空题

（1）要在文档中插入图片，可以单击_____菜单下的_____选项，然后选择图片文件。

（2）查找文档中的特定内容，可以使用_____功能，快捷键是_____。

（3）在 WPS 图文混排中，图片默认的插入方式是_____。

（4）在 WPS 图文混排中，要实现图片环绕文字的效果，应选择的环绕方式是_____。

（5）除四周型外，WPS 图文混排中还可以选择_____方式插入图片，以应对特定排版需求。

（6）WPS 文字支持_____功能，允许用户撤销之前的操作，快捷键是_____。

2. 选择题

（1）要在文档中查找特定文本，应使用哪个菜单下的命令？（　　　）

A. 文件 　　　　　　　　　　　　　B. 编辑

C. 插入 　　　　　　　　　　　　　D. 视图

（2）WPS 文字中的哪个选项卡用于设置文档的页眉和页脚？（　　　）

A. 插入 　　　　　　　　　　　　　B. 视图

C. 引用 　　　　　　　　　　　　　D. 页面布局

（3）在 WPS 图文混排中，以下哪个功能可以帮助你将图片与文本组合成一个整体，以便一起移动或旋转？（　　　）

A. 文本框 　　　　　　　　　　　　B. 形状合并

C. 组合 　　　　　　　　　　　　　D. 锁定图片

（4）如何调整 WPS 文字中图片的大小？（　　　）

A. 直接拖曳图片边缘的句柄 　　　　B. 右击图片，选择“设置图片格式”

C. 使用“裁剪”工具 　　　　　　　D. 以上都可以

（5）在 WPS 图文混排中，若想要文字环绕在图片的左侧或右侧，应该选择哪种环绕方式？（　　）

A. 紧密型   B. 四周型

C. 上下型   D. 任意型

3. 上机操作题

制作一个"施工方案组织结构图"文档，其最终效果如图 3-68 所示。

（1）矩形形状：绘制多个矩形形状，修改其填充颜色的 RGB 分别为 195、215、232，轮廓颜色的 RGB 均为 233，轮廓宽度为 2.5。

（2）线条形状：绘制多个连接符线条，修改其颜色为黑色，轮廓宽度为 2 磅。

（3）文字格式：字体为宋体，字号为 12.5。

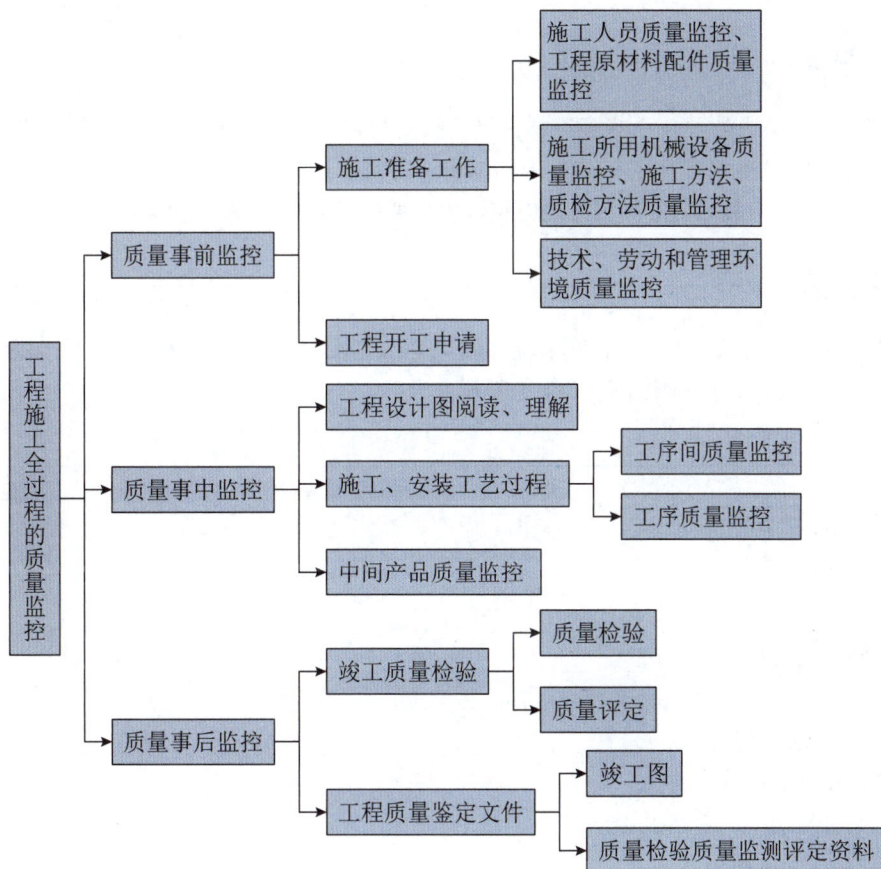

图 3-68　上机习题效果

项目 4　WPS 文字高级处理

本章导读

WPS 文字的高级处理技巧众多，掌握这些技巧可以显著提高文档编辑的效率和质量。本项目将详细讲解 WPS 文字中的样式套用和编辑、目录样式与设置、批注与修订文档、邀请函设计、设置控件的安装环境等高级处理方法，为后期的学习打基础。

学习目标

通过本章多个知识点的学习，读者朋友可以熟练掌握 WPS 文字中样式套用、文档批注与修订、合并处理文档、控件应用等高级处理方法。

知识要点

- 使用 AI 了解年终总结报告
- 使用 AI 写作年终总结报告
- 给年终总结报告套用样式
- 编辑年终总结报告样式
- 设置封面与目录样式
- 批注年终总结报告
- 修订年终总结报告
- 浏览并导出年终总结报告
- 使用 AI 了解邀请函
- 使用 AI 撰写邀请函
- 设计邀请函模板
- 导入数据表并批量生成邀请函
- 使用 AI 了解调查问卷表
- 使用 AI 写作调查问卷表
- 在调查表中添加控件

任务 4.1　制作"年终总结报告"

年终总结报告是一种在每年年底或特定时间段结束时，对过去一年（或特定时间段）内的工作、业务、项目、个人成长等方面进行全面回顾、分析、总结并提出未来展望的正式文档。它旨在通过系统性的整理和反思，评估过去一年的成就与不足，为下一年度的工作计划、目标设定及策略调整提供重要依据。

本次任务详细讲解制作"年终总结报告"文档的相关操作，其内容包含熟悉年终总结报告基础知识、套用样式、编辑样式、批注与修订文档等操作。

子任务 4.1.1　使用 AI 了解年终总结报告

在制作年终总结报告之前，需要先熟悉年终总结报告的核心组成部分和写作思路，清楚年终总结报告的格式要求。下面通过 AI 工具"讯飞星火"查询年终总结报告的核心部分和格式要求。

向讯飞星火提问：年终总结报告的核心部分格式要求是什么？

◎讯飞星火回复：

1. 年终总结报告的核心部分

年终总结报告通常包含以下 7 个核心部分，如图 4-1 所示。

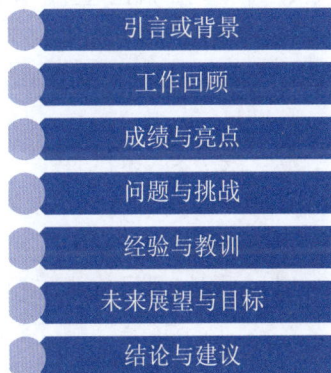

引言或背景

工作回顾

成绩与亮点

问题与挑战

经验与教训

未来展望与目标

结论与建议

图 4-1　年终总结报告的核心部分

▶ 引言或背景：简要介绍总结报告的目的、时间范围及背景，为读者提供一个概览。

▶ 工作回顾：详细列举并描述在过去一年中完成的主要工作任务、项目、活动或业绩。这部分可以按照部门、项目、职能等分类进行，以便清晰地展示工作成果。

▶ 成绩与亮点：突出展示过去一年中的关键成就、重要突破、创新点或获得的荣誉。这些亮点不仅是个人或团队努力的见证，也是对未来工作的激励。

▶ 问题与挑战：诚实地分析在过去一年中遇到的问题、挑战及不足之处。这包括内部管理、团队协作、市场环境变化等方面的问题，以及未能达成预期目标的原因。

▶ 经验与教训：从问题与挑战中提炼出宝贵的经验和教训。这些经验可以帮助团队和个人在未来的工作中避免重复犯错，提高工作效率。

▶ 未来展望与目标：基于过去一年的总结，提出对未来一年的工作规划、目标设定及策略调整。这部分应明确具体、可衡量、可实现，并与组织的整体战略方向保持一致。

▶ 结论与建议：对整个总结报告进行概括性总结，并提出对组织、团队或个人发展的具体建议。这些建议可以围绕流程改进、资源配置、人才培养等方面展开。

年终总结报告不仅是对过去一年的回顾与总结，更是对未来工作的规划与展望。它有助于增强团队的凝聚力、提升个人的职业素养，并为组织的持续发展奠定坚实基础。

2. 年终总结报告的格式要求

年终总结报告文档的格式要求通常包括 4 方面，以确保报告的规范性和可读性，如图 4-2 所示。

图 4-2　年终总结报告的格式要求

下面对年终总结报告的格式要求进行详细介绍。

1）标题

标题文本一般采用小二号、宋体格式，也可以根据组织内部规定选择字体，确保醒目且易于识别。

2）正文

正文部分通常采用四号宋体或根据组织内部规定选择字体，保持整体一致性。正文部分的段落格式采用首行缩进两个字符，其行距可以调整为固定值或单倍行距，具体根据组织内部规定或页面排版效果确定。

3）标题层级

▶ 一级标题：如"一、工作回顾"，采用四号宋体加粗，前空一行，左靠齐。

▶ 二级标题：如"（一）主要工作任务"，采用小四号宋体加粗，左空两个字符。

▶ 三级标题：如"1. 任务一"，采用小四号宋体，左空 4 个字符。

▶ 四级标题：如"（1）子任务一"，采用小四号宋体，左空 6 个字符。

4）页面设置

年终总结报告的页边距一般设置为上 / 下 2.54 厘米、左 / 右 3.17 厘米，具体可根据组织内部规定或排版需求调整。

子任务 4.1.2　使用 AI 写作年终总结报告

观看视频

使用 WPS AI 功能可以快速写作年终总结报告，并对已经写好的年终总结报告进行扩写和润色操作。下面详细讲解使用 AI 写作年终总结报告的具体操作方法。

第 1 步　启动 WPS Office 软件，新建一个空白文档，连续按两次 Ctrl 键的同时，打开 AI 输入框，输入"年终总结报告"，单击"发送"按钮，即可生成文档内容，如图 4-3 所示。

第 2 步　单击"保留"按钮，保留生成的文本内容，并删除多余的符号和空格，其效果如图 4-4 所示。

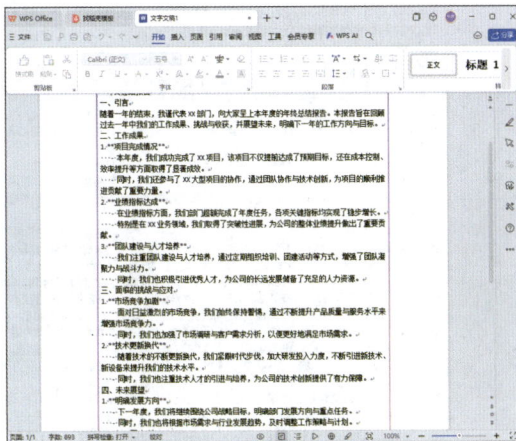

图 4-3　生成文档内容

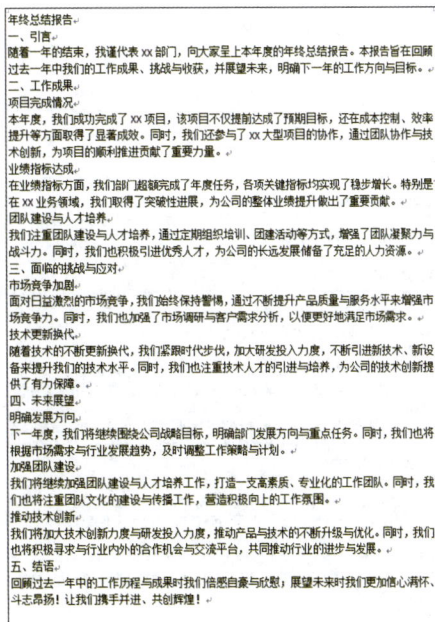

图 4-4　保留文本内容

第 3 步 选择引言下方的段落文本，右击，在打开的快捷菜单中，单击 WPS AI 右侧的下拉按钮，展开列表框，选择"润色"命令，如图 4-5 所示。

第 4 步 开始润色文本内容，稍后将显示润色结果，单击"替换"按钮，如图 4-6 所示。

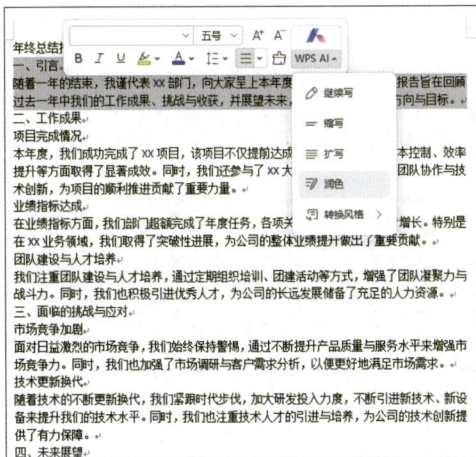

图 4-5　选择"润色"命令

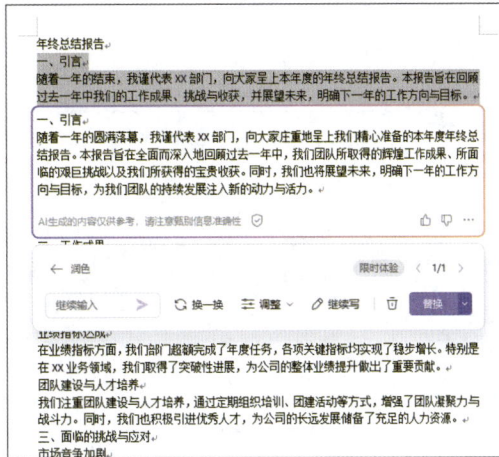

图 4-6　显示润色结果

第 5 步 替换润色后的文本内容，其结果如图 4-7 所示。

第 6 步 使用同样的方法，对文本进行润色或扩写操作，其结果如图 4-8 所示。

子任务 4.1.3　给年终总结报告套用样式

在 WPS 中套用样式，主要涉及对文档内容（如文字、表格等）的格式进行快速、统一的应用。下面详细讲解给年终总结报告套用样式的具体操作步骤。

观看视频

图 4-7　润色文本

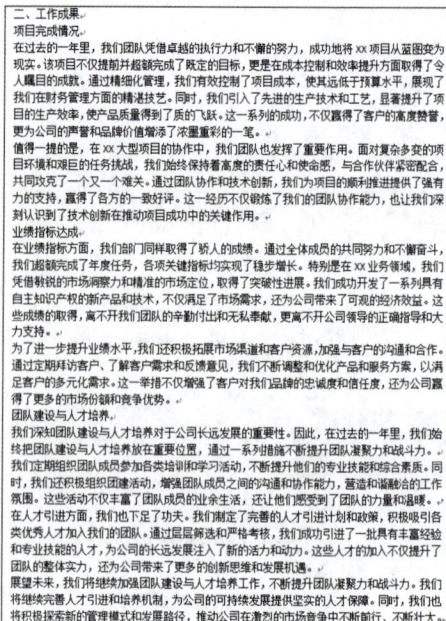

图 4-8　润色或扩写文本

第 **1** 步 选择标题文本，在"开始"选项卡的"样式"面板中，单击"其他"按钮，展开列表框，选择"标题 1"样式，如图 4-9 所示。

第 **2** 步 为标题文本套用"标题 1"样式，其效果如图 4-10 所示。

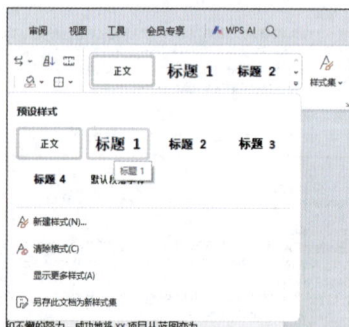

图 4-9　选择"标题 1"样式

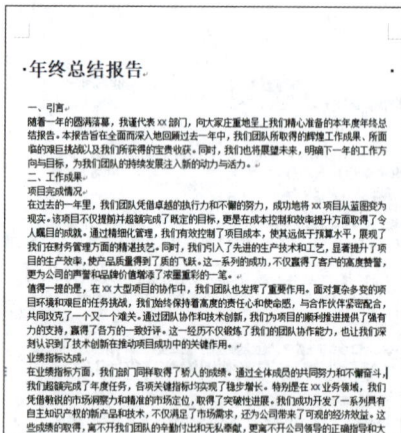

图 4-10　套用"标题 1"样式

第 **3** 步 选择"一、引言"文本，在"开始"选项卡的"样式"面板中，单击"其他"按钮，展开列表框，选择"标题 2"样式，如图 4-11 所示。

第 **4** 步 为文本套用"标题 2"样式，其效果如图 4-12 所示。

第 **5** 步 使用同样的方法，为其他的文本套用"标题 2"样式，如图 4-13 所示。

第 **6** 步 依次选择合适的文本，在"开始"选项卡的"样式"面板中，单击"其他"按钮，展开列表框，选择"标题 3"样式，即可为选择的文本套用"标题 3"样式，如图 4-14 所示。

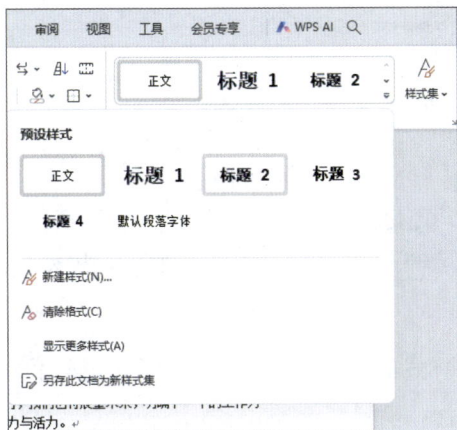

图 4-11　选择"标题 2"样式

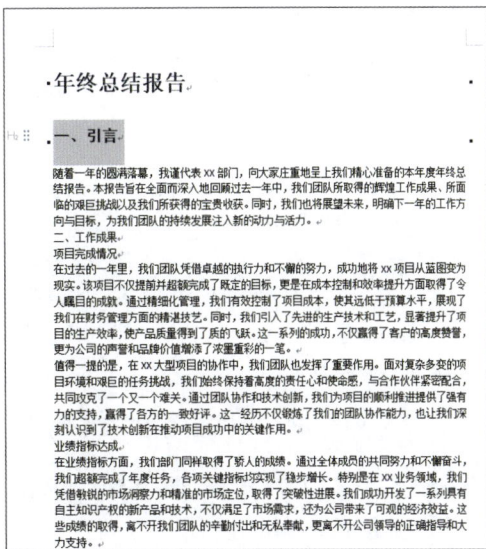

图 4-12　套用"标题 2"样式

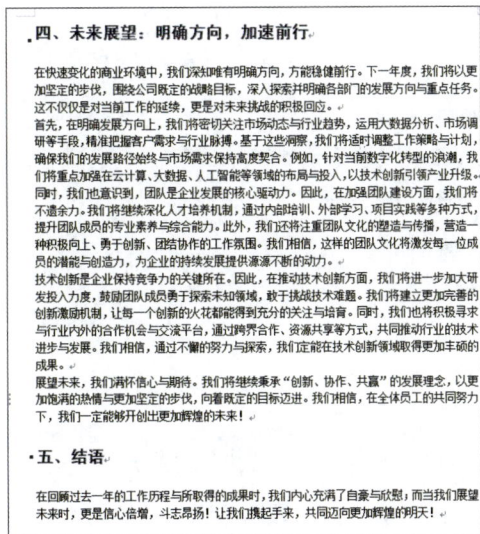

图 4-13　套用"标题 2"样式

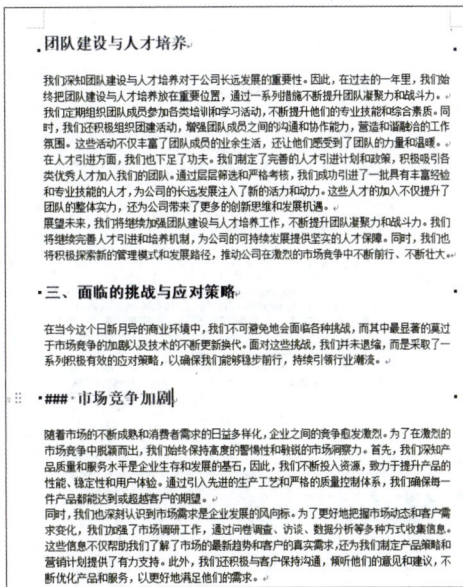

图 4-14　套用"标题 3"样式

子任务 4.1.4　编辑年终总结报告样式

在套用样式后，如果样式不能满足需求，则可对已经套用的样式进行编辑和修改。下面详细讲解编辑样式的具体操作步骤。

观看视频

第 1 步　在"样式"列表框中，选择"标题 1"样式，右击，在弹出的快捷菜单中，选择"修改样式"命令，如图 4-15 所示。

第 2 步　打开"修改样式"对话框，修改"字号"为"小二"，单击"居中"按钮，如图 4-16 所示。

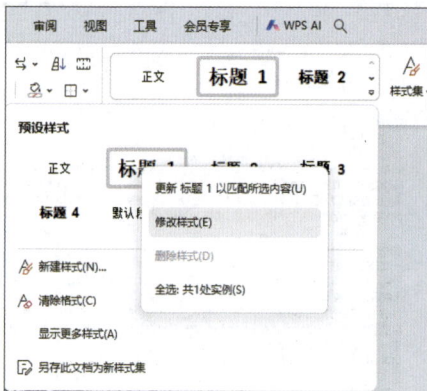

图 4-15　选择"修改样式"命令

图 4-16　修改参数值

第 3 步 单击"确定"按钮，完成"标题 1"样式的修改，则套用"标题 1"样式的标题文本格式也随之发生变化，如图 4-17 所示。

第 4 步 在"样式"列表框中，选择"标题 2"样式，右击，在弹出的快捷菜单中，选择"修改样式"命令，如图 4-18 所示。

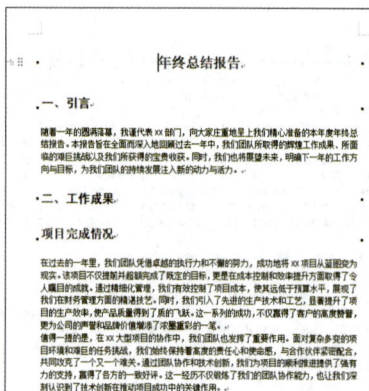

图 4-17　修改"标题 1"样式效果

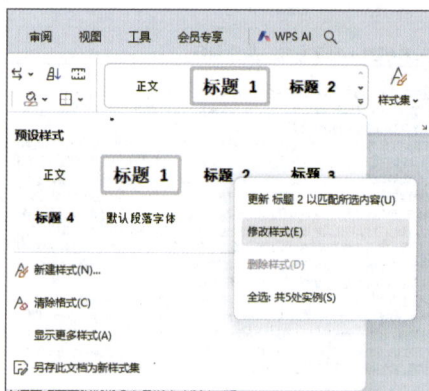

图 4-18　选择"修改样式"命令

第 5 步 打开"修改样式"对话框，修改"字号"为"四号"，如图 4-19 所示。

第 6 步 单击"格式"右侧的下拉按钮，展开列表框，选择"段落"命令，如图 4-20 所示。

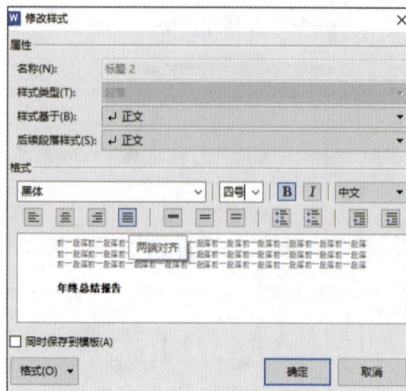

图 4-19　修改参数值

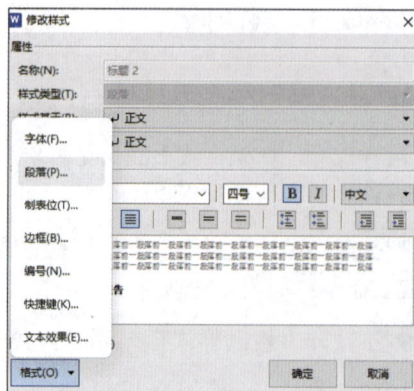

图 4-20　选择"段落"命令

第**7**步 打开"段落"对话框，在"特殊格式"列表框中选择"首行缩进"选项，修改"度量值"为"1 字符"，在"间距"选项区中，修改"段前"和"段后"均为 0，"行距"为"2 倍行距"，如图 4-21 所示。

第**8**步 依次单击"确定"按钮，完成"标题 2"样式的修改，则套用"标题 2"样式的标题文本格式也随之发生变化，如图 4-22 所示。

图 4-21　修改段落格式

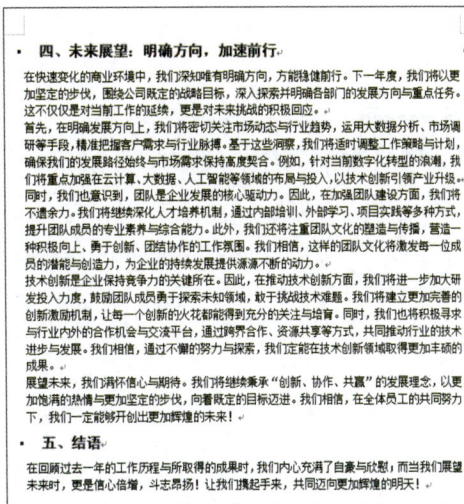

图 4-22　修改"标题 2"样式

第**9**步 在"样式"列表框中，选择"标题 3"样式，右击，在弹出的快捷菜单中，选择"修改样式"命令，打开"修改样式"对话框，修改"字号"为"小四"，如图 4-23 所示。

第**10**步 单击"格式"右侧的下拉按钮，展开列表框，选择"段落"命令，打开"段落"对话框，在"特殊格式"列表框中选择"首行缩进"选项，修改"度量值"为"2 字符"，在"间距"选项区中，修改"段前"和"段后"均为 0，"行距"为"1.5 倍行距"，如图 4-24 所示。

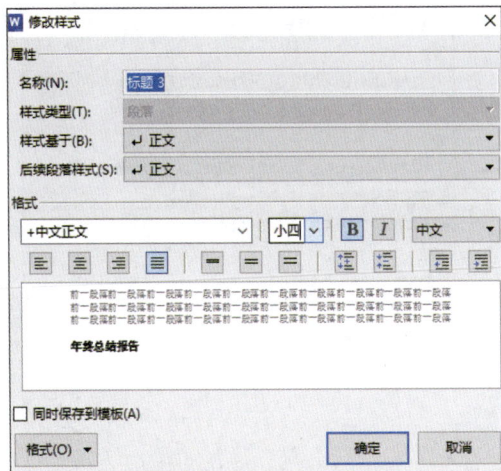

图 4-23　修改字体格式

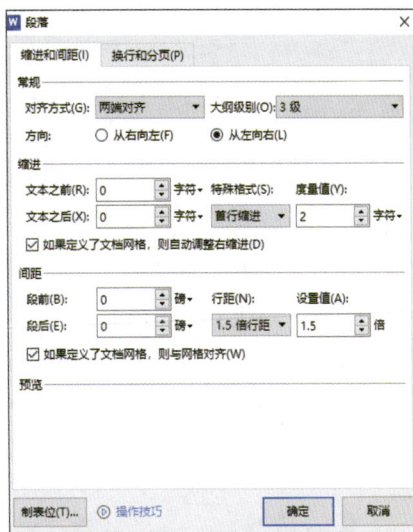

图 4-24　修改段落格式

第**11**步 单击"确定"按钮，返回"修改样式"对话框，单击"格式"右侧的下拉按钮，展开列表框，选择"编号"命令，打开"项目符号和编号"对话框，在"编号"选项卡中，选择合适的编号样式，如图 4-25 所示。

第12步 依次单击"确定"按钮，完成"标题 3"样式的修改，则套用"标题 3"样式的标题文本格式也随之发生变化，如图 4-26 所示。

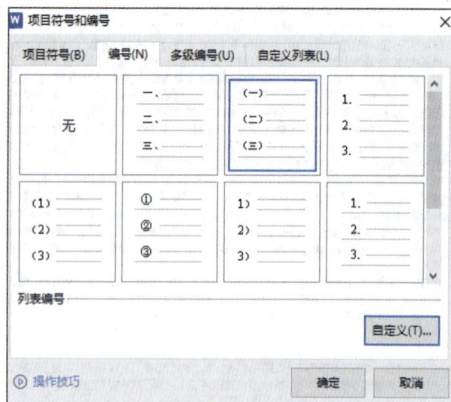

图 4-25　选择编号样式

图 4-26　修改"标题 3"样式

第13步 在"样式"列表框中，选择"正文"样式，右击，在弹出的快捷菜单中，选择"修改样式"命令，打开"修改样式"对话框，修改"字号"为"五号"，如图 4-27 所示。

第14步 单击"格式"右侧的下拉按钮，展开列表框，选择"段落"命令，打开"段落"对话框，在"特殊格式"列表框中选择"首行缩进"选项，修改"度量值"为"2 字符"，在"间距"选项区中，修改"段前"和"段后"均为 0，"行距"为"多倍行距"，"设置值"为"1.3 倍"，如图 4-28 所示。

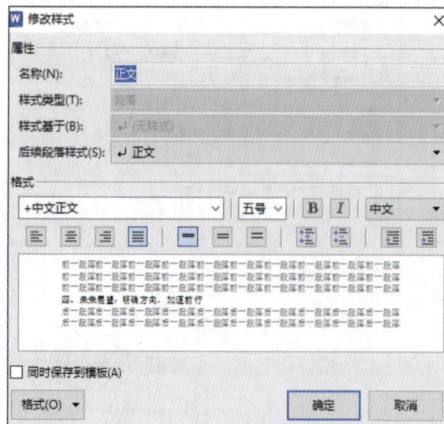

图 4-27　修改字体格式

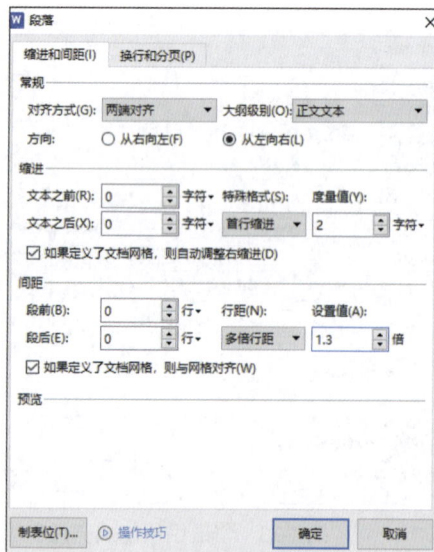

图 4-28　修改段落格式

第⑮步 依次单击"确定"按钮，完成"正文"样式的修改，则套用"正文"样式的标题文本格式也随之发生变化，如图 4-29 所示。

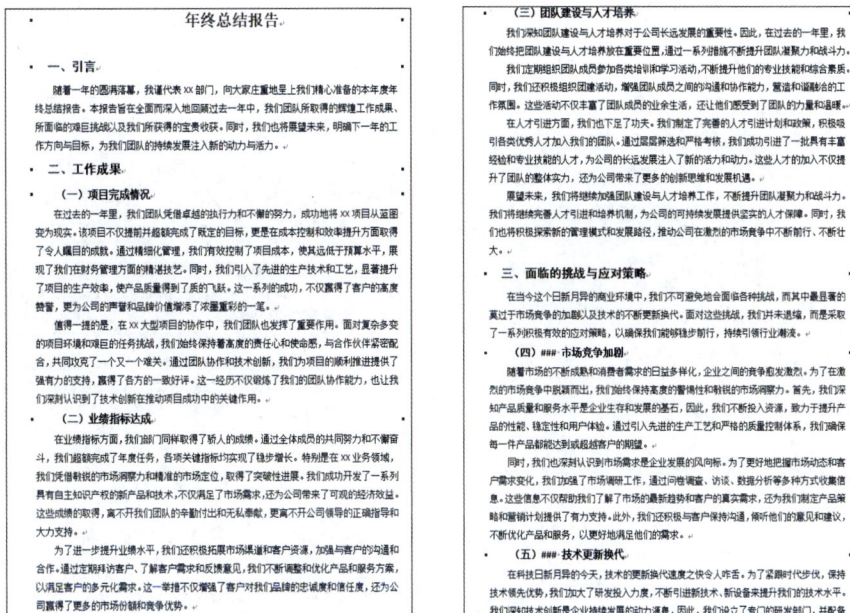

图 4-29　修改"正文"样式

子任务 4.1.5　设置封面与目录样式

观看视频

使用"封面"和"目录"功能，可以为年终总结报告文档快速插入封面与目录效果。下面详细讲解设置封面与目录样式的具体操作步骤。

第❶步 在"页面设置"选项卡的"效果"面板中，单击"封面"右侧的下拉按钮，展开列表框，在"预设封面页"选项区中，选择合适的封面样式，如图 4-30 所示。

第❷步 插入封面，然后删除并修改封面中的文本效果，如图 4-31 所示。

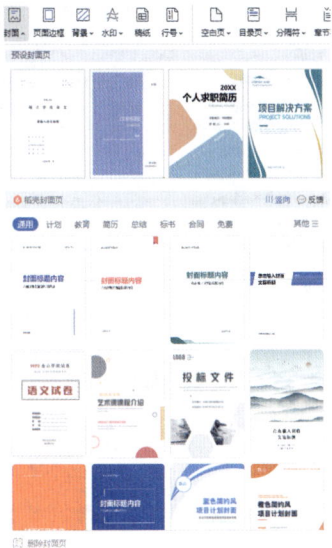

图 4-30　选择封面样式

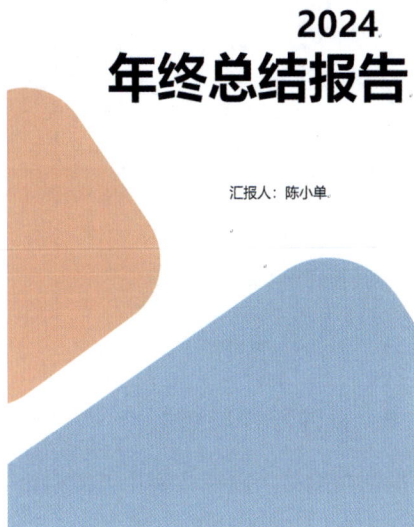

图 4-31　插入封面

第3步 将光标定位在"年终总结报告"标题文本前，在"引用"选项卡的"目录"面板中，单击"目录"右侧的下拉按钮，展开列表框，选择自动目录样式，如图 4-32 所示。

第4步 在指定位置添加目录，修改"目录"文本的字体格式为"小二"，并加粗文本，然后删除多余的目录文本，如图 4-33 所示。

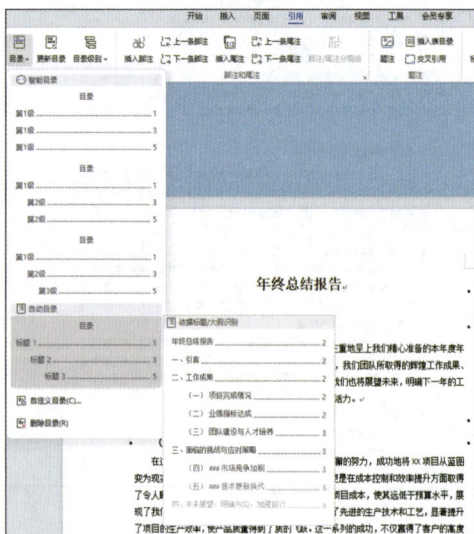

图 4-32　选择目录样式

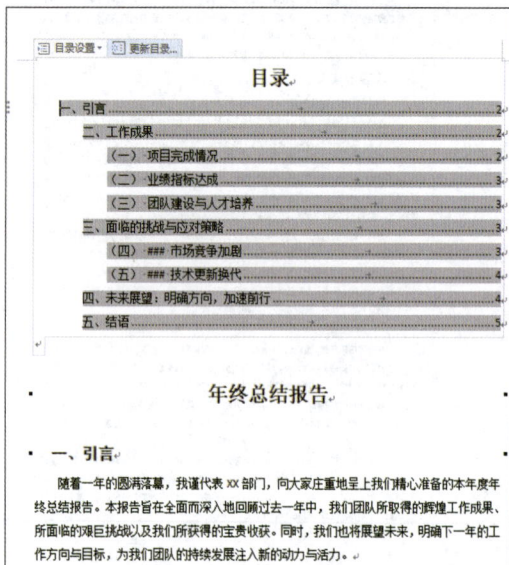

图 4-33　添加目录

第5步 将光标定位在"年终总结报告"标题文本前，在"插入"选项卡的"页"面板中，单击"分页"右侧的下拉按钮，展开列表框，选择"分页符"命令，如图 4-34 所示。

第6步 在指定位置添加分页符，将目录和正文页面分开，如图 4-35 所示。

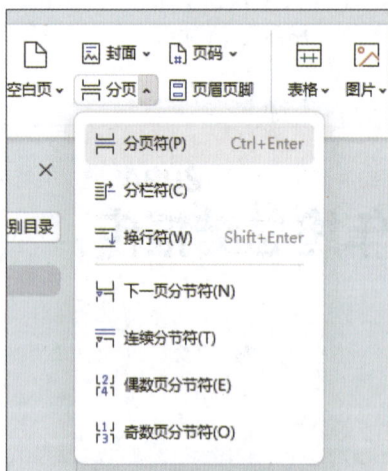

图 4-34　选择"分页符"命令

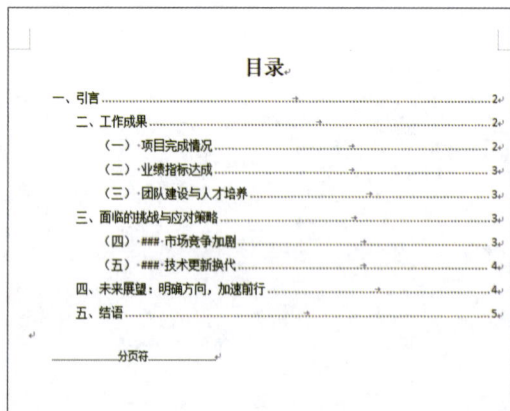

图 4-35　添加分页符

子任务 4.1.6　批注年终总结报告

WPS 的批注功能是一项非常实用的工具，它允许用户在文档中进行标注、评论和批注，

观看视频

从而方便文档的审阅和协作。下面详细讲解批注文档的具体操作步骤。

第❶步 选择需要批注的文本，在"审阅"选项卡的"批注"面板中，单击"插入批注"按钮，如图 4-36 所示。

第❷步 添加批注，并在批注框中输入批注文本，如图 4-37 所示。

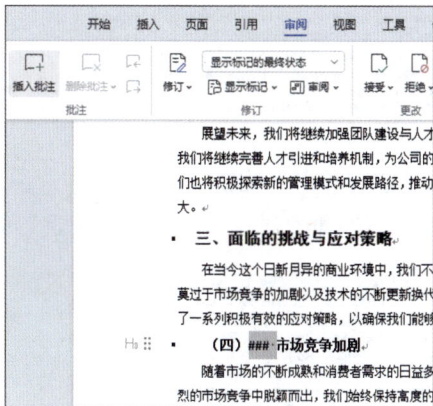

图 4-36　单击"插入批注"按钮

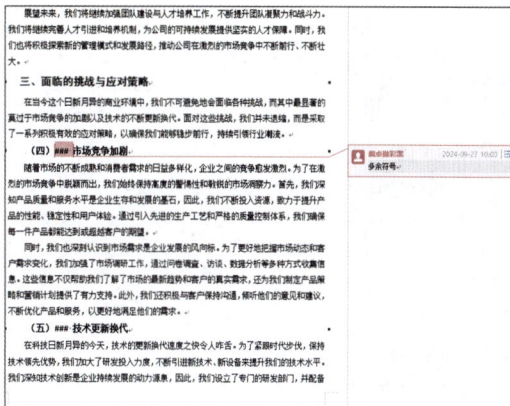

图 4-37　添加批注

第❸步 使用同样的方法，依次在文本中添加其他的批注，如图 4-38 所示。

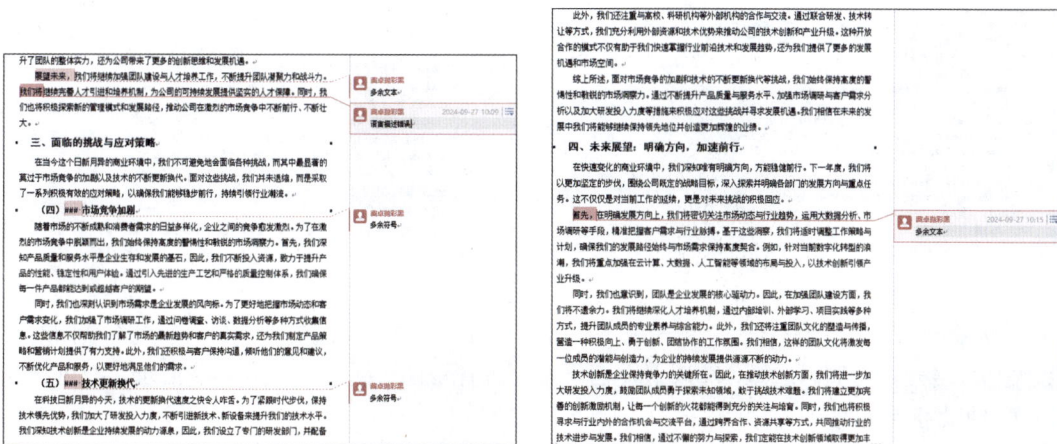

图 4-38　添加其他批注

子任务 4.1.7　修订年终总结报告

WPS 的修订功能是一种强大的文档编辑工具，它能够帮助用户清晰地记录并展示文档的修改历史，非常适合团队协作和稿件审核等场景。下面详细讲解修订文档的具体操作步骤。

观看视频

第❶步 在"审阅"选项卡的"修订"面板中，单击"修订"右侧的下拉按钮，展开列表框，选择"修订"命令，如图 4-39 所示。

第❷步 开启修订模式，选择多余的文本，按 Delete 键删除，删除多余的文本，完成文本修订，如图 4-40 所示。

第❸步 使用同样的方法，依次对批注的文本进行修订操作，如图 4-41 所示。

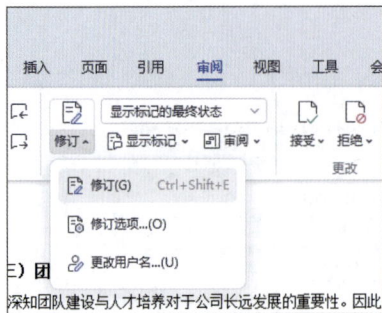

图 4-39　选择"修订"命令

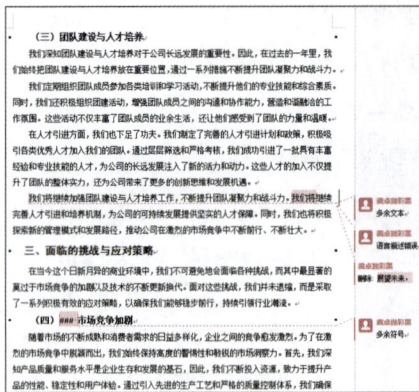

图 4-40　修订文本

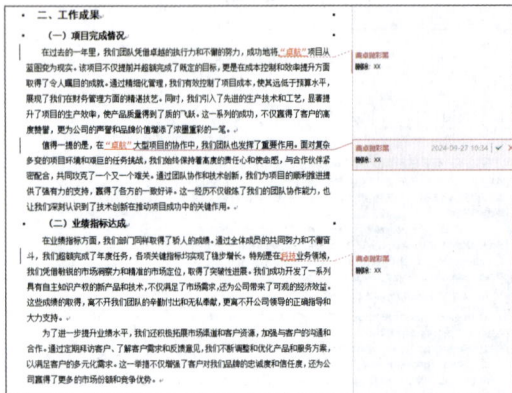

图 4-41　修订文本

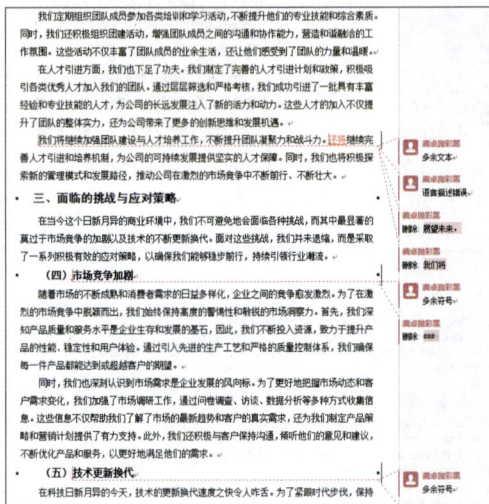

第 4 步 完成文档修订后，在"审阅"选项卡的"更改"面板中，单击"接受"右侧的下拉按钮，展开列表框，选择"接受对文档所做的所有修订"命令，如图 4-42 所示，即可接受对文档所做的所有修订。

第 5 步 在"审阅"选项卡的"批注"面板中，单击"删除批注"右侧的下拉按钮，展开列表框，选择"删除文档中的所有批注"命令，如图 4-43 所示，即可删除文档中的所有批注。

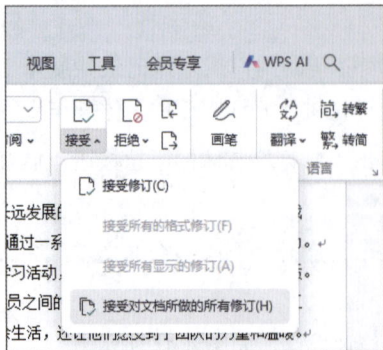

图 4-42　选择"接受对文档所做的所有修订"命令

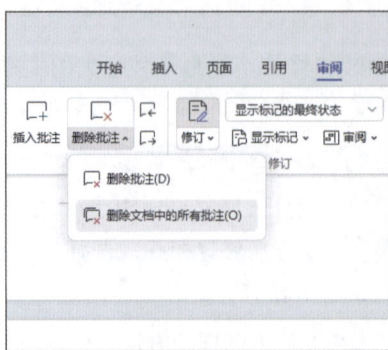

图 4-43　选择"删除文档中的所有批注"命令

子任务 4.1.8　浏览并导出年终总结报告

观看视频

完成年终总结报告的文档制作后，使用"视图"模式浏览文档效果，并在确定文档无误后，使用"导出"功能，将年终总结报告文档导出保存到本地磁盘中。下面详细讲解浏览并导出文档的具体操作步骤。

第 1 步 在"视图"选项卡的"视图"面板，单击"阅读版式"按钮，如图 4-44 所示。

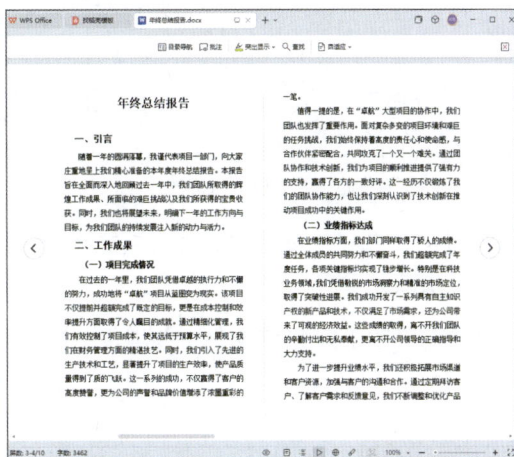

第 2 步 使用"阅读版式"模式浏览文档，其效果如图 4-45 所示。

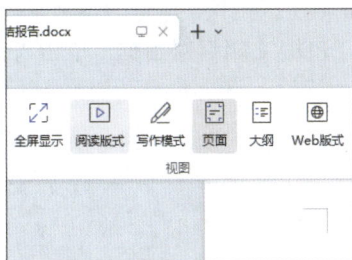

图 4-44　单击"阅读版式"按钮　　　　图 4-45　使用"阅读版式"模式浏览文档

第 3 步 在"视图"选项卡的"视图"面板，单击"大纲"按钮，使用"大纲"模式浏览文档，其效果如图 4-46 所示。

第 4 步 在"视图"选项卡的"视图"面板，单击"Web 版式"按钮，使用"Web 版式"模式浏览文档，其效果如图 4-47 所示。

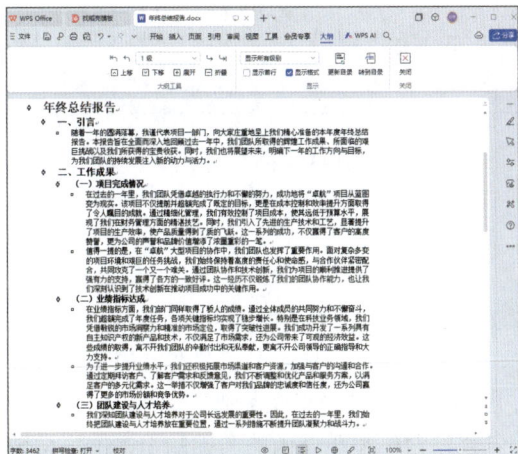

图 4-46　使用"大纲"模式浏览文档　　　　图 4-47　使用"Web 版式"模式浏览文档

第 5 步 单击"文件"按钮，展开列表框，选择"输出为 PDF"命令，如图 4-48 所示。

第 6 步 打开"输出为 PDF"对话框，在"保存位置"列表框中，选择"源文件相同位置"选项，指定保存位置，单击"开始输出"按钮，如图 4-49 所示。

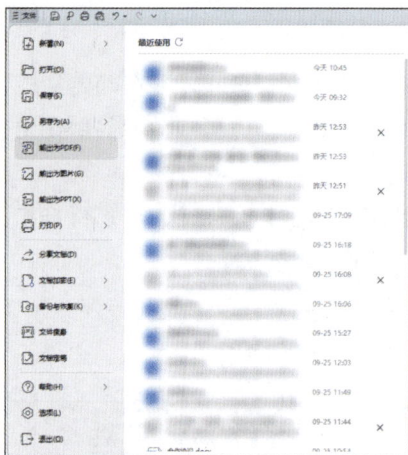

图 4-48　选择"输出为 PDF"命令

图 4-49　指定保存位置

第 7 步 开始输出文档，稍后将显示"成功输出 1 份 PDF 文档"对话框，单击"打开文件"按钮，如图 4-50 所示。

第 8 步 打开输出的 PDF 文件，并浏览文档效果，如图 4-51 所示。

图 4-50　单击"打开文件"按钮

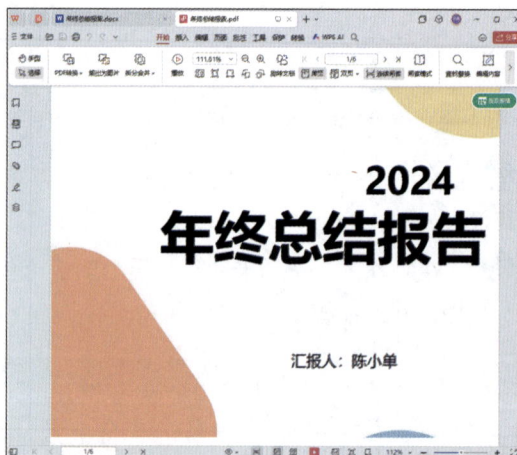

图 4-51　打开并查看 PDF 文件

任务 4.2　制作"邀请函"

邀请函又称请柬、邀请信或请帖，是一种正式或非正式的文件，用于邀请个人或团体参加某一特定活动、庆典、会议、晚宴、讲座、展览、婚礼等场合。它体现了邀请者的诚意和尊重，同时也为被邀请者提供了活动的时间、地点、主题、着装要求以及其他重要信息。本次任务详细讲解制作"邀请函"文档的相关操作，其内容包含熟悉邀请函的基础知识、撰写邀请函、设计邀请函模板、导入数据表并批量生成邀请函等操作。

子任务 4.2.1　使用 AI 了解邀请函

在制作邀请函之前，需要先通过 AI 工具"讯飞星火"了解邀请函的基本要素，熟悉邀请函的写作方法和格式要求。

下面通过 AI 工具"讯飞星火"搜索邀请函的写作方法和格式要求。

向讯飞星火提问：邀请函的写作方法和格式要求是什么？

讯飞星火回复：

邀请函的设计和格式可以根据活动的性质、规模及邀请对象的不同而有所变化。正式的邀请函往往设计精美，采用高品质的纸张和印刷技术，以体现活动的庄重和邀请者的重视；而非正式的邀请函则可能更加简洁、随和，注重传递信息的准确性和实用性。

邀请函的写法确实有一定的格式要求，这些要求旨在确保邀请函的正式性、清晰性和礼貌性。如图 4-52 所示是邀请函写法中特别需要注意的格式要求。

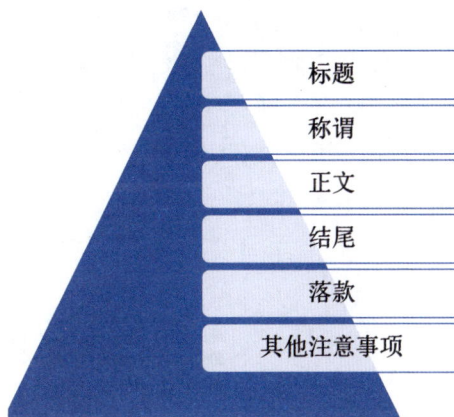

图 4-52　邀请函写法的格式要求

（1）标题

▶ 居中书写：邀请函的标题应居中书写，通常直接写"邀请函"或"请柬"二字，也可以根据具体活动添加事由，如"XX 公司年终客户答谢会邀请函"。

▶ 字体与大小：标题的字体可以比正文稍大，以突出显示。

（2）称谓

▶ 顶格书写：称谓应另起一行顶格书写，写明被邀请者的姓名（或单位名称）及尊称，如"尊敬的 XX 先生 / 女士"或"XX 公司"。

▶ 加冒号：称谓后需加冒号，以引出正文。

（3）正文

▶ 空两格书写：正文在称谓下另起一行，空两格开始书写。

▶ 内容清晰：正文应明确说明邀请的事由、时间、地点、活动内容及要求等。开头可简短问候，然后直接切入主题。

▶ 语言礼貌：正文的语言应礼貌、正式，体现邀请者的诚意和尊重。

（4）结尾

▶ 邀请语：结尾部分应使用邀请语，如"敬请光临""期待您的到来"等，表达邀请者的诚挚邀请。

▶ 换行书写：邀请语一般换行顶格书写，或紧接在正文后书写。

（5）落款

▶ 单位或个人名称：在邀请函的右下方署上邀请单位的名称或发函者的姓名。

- 日期：在名称下一行写上发出邀请的具体日期。
- 盖章：邀请单位还应加盖公章，以示庄重。

（6）其他注意事项

- 格式整洁：整体格式应整洁、美观，避免涂改。
- 信息准确：确保邀请函中的时间、地点、联系方式等信息准确无误。
- 个性化：根据邀请对象的不同，可以适当调整邀请函的措辞和风格，使其更加个性化。

遵循以上格式要求，可以写出一份正式、清晰且礼貌的邀请函，有效传达邀请者的意图和诚意。

子任务 4.2.2　使用 AI 撰写邀请函

观看视频

使用 WPS AI 工具中自带的场景可以撰写出邀请函内容。下面详细讲解使用 AI 撰写邀请函的具体操作方法。

第 1 步 启动 WPS Office 软件，新建一个空白文档，连续按两次 Ctrl 键的同时，打开 AI 输入框，输入"邀请函"，然后在下方列表框中，选择"邀请函"命令，如图 4-53 所示。

第 2 步 在 AI 输入框中显示输入内容，并依次修改邀请函的会议主题、时间和举办地点等，单击"发送"按钮，如图 4-54 所示。

图 4-53　选择"邀请函"命令

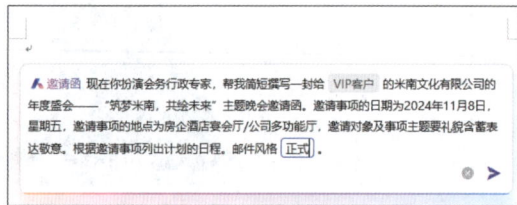

图 4-54　修改内容

第 3 步 开始自动撰写邀请函，稍后将显示撰写结果，单击"保留"按钮，如图 4-55 所示。

第 4 步 保留邀请函生成的内容，对生成的邀请函内容进行修改，并修改邀请函的格式，得到最终的邀请函内容，如图 4-56 所示。

图 4-55　显示撰写结果

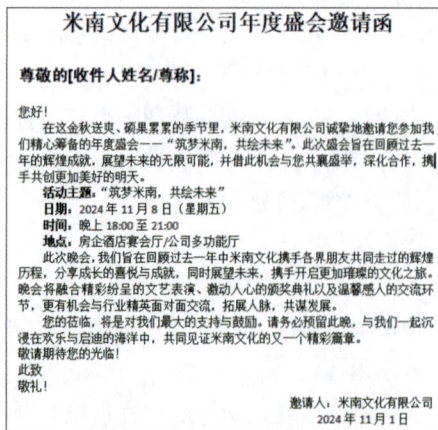

图 4-56　修改邀请函内容

子任务 4.2.3 设计邀请函模板

观看视频

完成邀请函内容制作后，需要设计好邀请函的模板效果。下面详细讲解设计邀请函模板的具体操作方法。

第**1**步 单击"文件"菜单，在展开的列表框中，选择"新建"→"新建"命令，如图 4-57 所示。

第**2**步 进入"新建文档"界面，单击"空白文档"按钮，新建一个空白文档，在"插入"选项卡的"常用对象"面板中，单击"图片"右侧的下拉按钮，展开列表框，选择"本地图片"命令，打开"插入图片"对话框，在对应的文件夹中，选择"图片"文件，如图 4-58 所示。

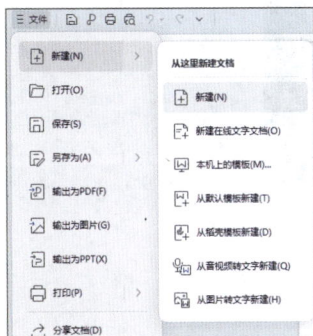

图 4-57 选择"新建"命令   图 4-58 选择"图片"文件

第**3**步 单击"打开"按钮，即可插入图片背景，将图片的文字环绕方式设置为"衬于文字下方"，并调整图片的大小和位置，如图 4-59 所示。

第**4**步 在"插入"选项卡的"常用对象"面板中，单击"文本框"右侧的下拉按钮，展开列表框，选择"横向"命令，当鼠标指针呈黑色十字形状时，按住鼠标左键并拖曳，添加文本框，并在文本框中输入文本，如图 4-60 所示。

图 4-59 添加图片效果   图 4-60 添加文本框文本

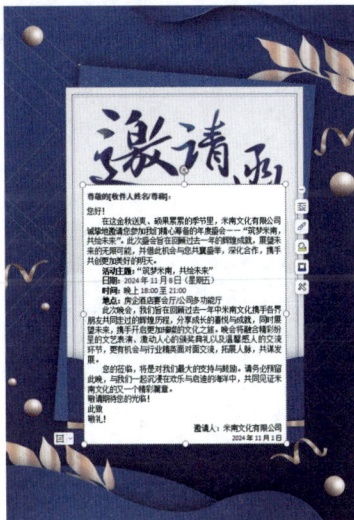

第**5**步 依次调整文本框和图片的大小和位置，然后调整文本框文本的字体格式，删除多余的文本，其效果如图 4-61 所示。

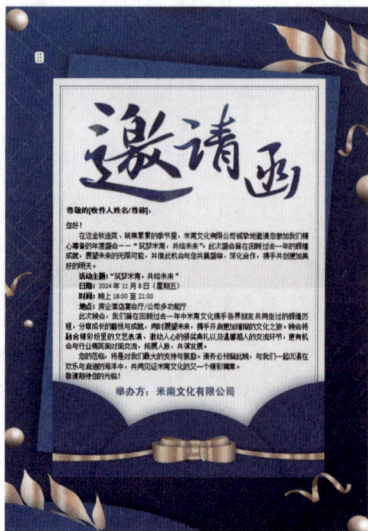

图 4-61　编辑文本框和图片

子任务 4.2.4　导入数据表并批量生成邀请函

观看视频

完成邀请函模板的制作后，可以在模板中导入数据表，然后使用"合并"功能，批量生成邀请函。下面详细讲解导入数据表并批量生成邀请函的具体操作方法。

第**1**步 在"引用"选项卡的"邮件合并"面板中，单击"邮件"按钮，显示"邮件合并"选项卡，在"邮件合并"选项卡的"开始邮件合并"面板中，单击"打开数据源"右侧的下拉按钮，展开列表框，选择"打开数据源"命令，如图 4-62 所示。

第**2**步 打开"选取数据源"对话框，在对应的文件夹中，选择"邀请名单"工作表，单击"打开"按钮，如图 4-63 所示，即可导入数据表。

图 4-62　选择"打开数据源"命令

图 4-63　选择"邀请名单"工作表

第**3**步 在文本框中选择合适的文本，在"邮件合并"选项卡的"编写和插入域"面板中，单击"插入合并域"按钮，如图 4-64 所示。

第**4**步 打开"插入域"对话框，在"域"列表框中，选择"名字"选项，单击"插入"

按钮，如图 4-65 所示。

图 4-64　单击"插入合并域"按钮　　图 4-65　选择"名字"选项

第 5 步 在指定的位置插入文本域，如图 4-66 所示。

第 6 步 在"邮件合并"选项卡的"完成"面板中，单击"合并到新文档"按钮，如图 4-67 所示。

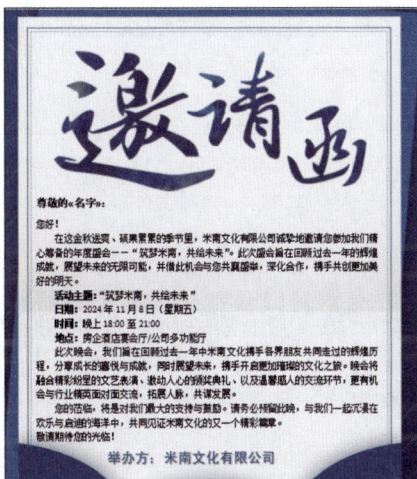

图 4-66　插入文本域　　　　　图 4-67　单击"合并到新文档"按钮

第 7 步 打开"合并到新文档"对话框，选中"全部"单选按钮，如图 4-68 所示。

第 8 步 单击"确定"按钮，即可新建文档并批量生成邀请函，其效果如图 4-69 所示。

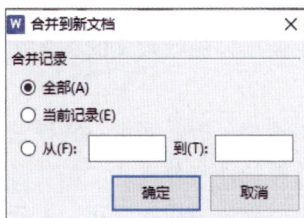

图 4-68　选中"全部"单选按钮　　　　图 4-69　批量生成邀请函

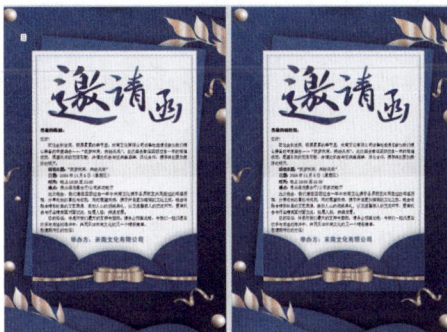

4.3　制作"调查问卷表"

调查问卷表简称问卷，是一种用于收集目标群体意见、观点、行为或知识等信息的工具。它通常通过一系列精心设计的问题来引导受访者提供所需的数据或反馈。问卷可以是纸质的，也可以是电子形式的，如在线调查、电子邮件调查或手机应用中的调查等。

本次任务详细讲解制作"调查问卷表"文档的相关操作，其内容包含熟悉调查问卷表的基础知识、设置控件安装环境、在调查表中添加控件等操作。

子任务 4.3.1　使用 AI 了解调查问卷表

调查问卷表是一种重要的数据收集工具，它可以帮助研究者或企业了解目标群体的需求和偏好，为决策和改进提供依据。通过精心设计的问题和合理的分析方法，可以从调查问卷表中提取出有价值的信息和见解。在制作调查问卷表之前，需要先用 AI 工具 Kimi 查询出调查问卷表的设计原则是什么。

向 Kimi 提问：调查问卷表的设计原则是什么？

◎ Kimi 回复：

调查问卷表的设计需要遵循以下 10 个原则，以确保问卷的有效性和可靠性，如图 4-70 所示。

图 4-70　调查问卷表的设计原则

▶ 目的性原则：问卷必须紧密与调查主题相关联，确保每一个问题都直接或间接地服务于研究目标。

▶ 一般性原则：问题的设置应具有普遍意义，避免使用过于具体或特殊的选项，以免限制了回答的范围。

▶ 逻辑性原则：问卷的设计要有整体感，问题与问题之间要具有逻辑性，使问卷成为一个相对完善的小系统。

▶ 明确性原则：问题应该清晰明确、便于回答，避免使用模糊或歧义的词汇，确保被访者能够准确理解并作出明确的回答。

▶ 便于整理分析原则：问卷设计应考虑后期数据的整理和分析，变量不宜设置太多，尽量用较少的变量解决更多的问题，以便进行有效的数据统计与分析。

▶ 可接受性原则：问卷应该比较容易让调查者接受，措辞要亲切、温和，提问要自然、礼貌，尽量通俗化、口语化，并且要避免令被调者难堪或反感的问题。

▶ 效率原则：在保证获得同样信息的前提下，应选择最简捷的询问方式，以节约调查成本。问卷的题量和难度要适中，而且要尽量控制其他成本开支。

▶ 简洁明了原则：问卷设计应该尽量简洁明了，避免冗长复杂的问题，以提高问卷的完成率和数据的准确性。

▶ 中立性原则：问卷中的提问应保持中立，不要给受访者任何暗示、诱导性，否则容易让受访者产生主观臆断。

▶ 完整性原则：从问卷结构来说，前后问题需层次清楚、条理清晰、排序合理。一般来说，要先易后难，先定性后开放，先问事实后问态度。

综上所述，调查问卷表的设计需要综合考虑多个方面，以确保问卷的科学性和实用性。通过遵循这些基本原则，可以大大提高问卷调查的效果和质量。

子任务 4.3.2　使用 AI 写作调查问卷表

在写作调查问卷表时，可以使用 WPS AI 工具进行撰写。下面详细讲解使用 AI 写作调查问卷表的具体操作方法。

第 1 步 启动 WPS Office 软件，新建一个空白文档，连续按两次 Ctrl 键的同时，打开 AI 输入框，输入"关于用户购物习惯的调查问卷"，单击"发送"按钮，如图 4-71 所示。

第 2 步 开始自动撰写调查问卷，稍后将显示撰写结果，单击"保留"按钮，完成调查问卷表的写作，如图 4-72 所示。

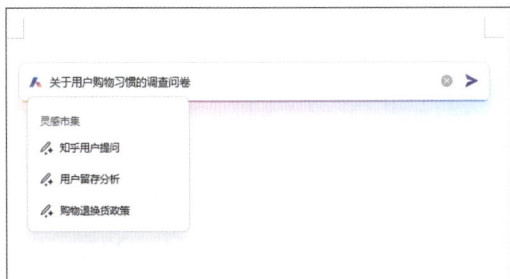

图 4-71　输入"关于用户购物习惯的调查问卷"

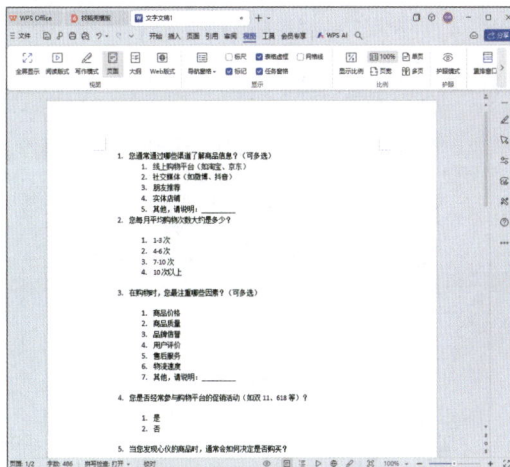

图 4-72　自动撰写调查问卷

第 3 步 为调查问卷表添加标题文本，修改标题文本的字体格式，并修改段落文本的段落格式，其美化后的效果如图 4-73 所示。

子任务 4.3.3　在调查表中添加控件

在 WPS 中，为调查表添加控件是一个常见的需求，特别是当需要收集用户的选择或输入时。控件如复选框、单选按钮、文本框等可以帮助实现这些功能。下面详细讲解在调查表中添加控件的具体操作方法。

图 4-73　美化调查问卷表

第 1 步 在"工具"选项卡的"开发工具"面板中，单击"开发工具"按钮，如图 4-74 所示。

第 2 步 显示"开发工具"选项卡，在"控件"面板中，单击"设计模式"按钮，如图 4-75 所示。

图 4-74　单击"开发工具"按钮

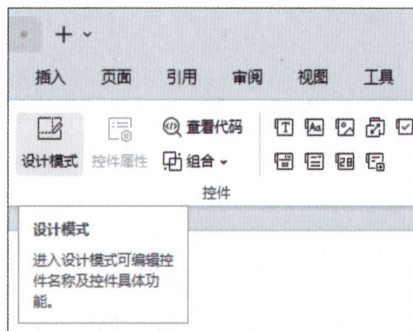

图 4-75　单击"设计模式"按钮

第 3 步 进入设计模式，在"JS 控件"面板中单击"复选框"按钮，如图 4-76 所示。

第 4 步 当鼠标指针呈黑色十字形状时，按住鼠标左键并拖曳，绘制一个复选框控件，如图 4-77 所示。

第 5 步 选择新添加的复选框控件，右击，在弹出的快捷菜单中，选择"设置对象格式"命令，如图 4-78 所示。

第 6 步 打开"属性"任务窗格，在"按字母序"选项区中，修改相应的参数值，如图 4-79 所示。

第 7 步 修改复选框控件的对象属性，选择复选框控件，对其进行多次复制操作，然后调整复制后控件的位置，如图 4-80 所示。

图 4-76　单击"复选框"按钮

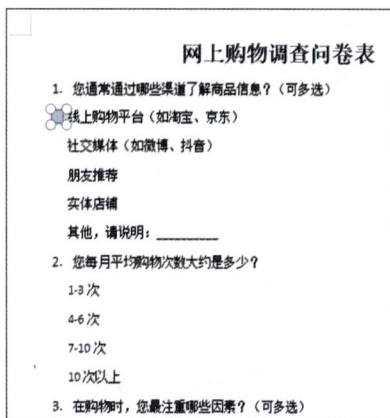

图 4-77　绘制复选框控件

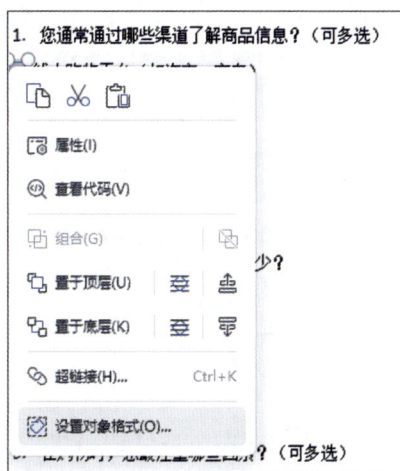

图 4-78　选择"设置对象格式"命令

图 4-79　修改参数值

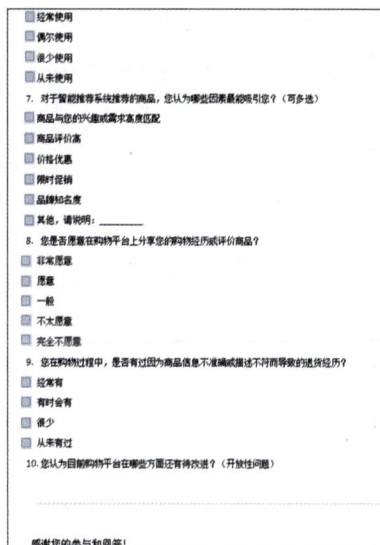

图 4-80　复制并调整控件

第8步 在"JS 控件"面板中，单击"命令按钮"按钮，如图 4-81 所示。

第9步 当鼠标指针呈黑色十字形状时，按住鼠标左键并拖曳，绘制一个命令按钮控件，并修改其对象属性名称，如图 4-82 所示。在"开发工具"选项卡的"控件"面板中，单击"退出设计"按钮，退出设计模式，完成整个调查问卷表的制作，再根据需要进行答题，答题时勾选复选框即可。

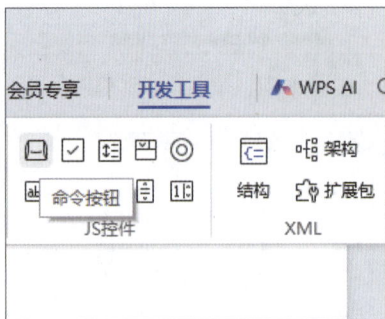

图 4-81　单击"命令按钮"按钮

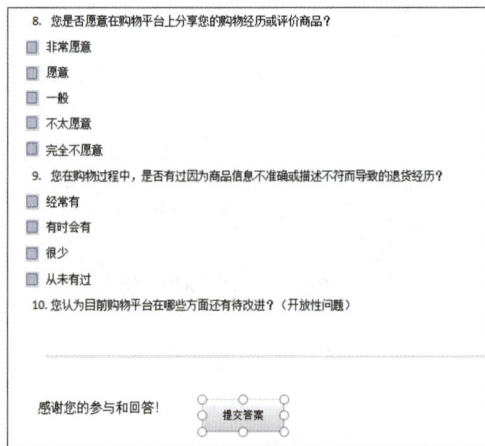

图 4-82　绘制命令按钮控件

━ AI 答疑与技巧点拨 ━

1. 一键批量美化图片

如果有多张图片需要进行相同的裁剪、校正等编辑操作，可以使用 WPS 图片编辑器的批量处理功能，对图片进行一键美化操作。下面详细介绍一键批量美化图片的操作步骤。

（1）打开本书提供的"素材 / 项目四 / 旅游合同 .docx"文档，选择文档中的任意一张图片，在"图片工具"选项卡的"进阶功能"面板中，单击"批量处理"右侧的下拉按钮，展开列表框，选择"裁剪"命令，如图 4-83 所示。

（2）打开"图像批量处理"对话框，在"裁剪方式"选项区中，选中"固定大小"单选按钮，修改参数为 400 和 300，单击图片上的"对勾"按钮，如图 4-84 所示。

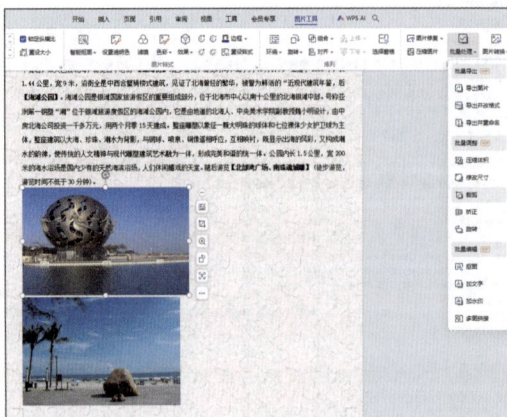

图 4-83　选择"裁剪"命令

图 4-84　修改参数值

（3）进入"改尺寸"界面，修改"指定尺寸"的宽度为 320，单击"覆盖全部"按钮，如图 4-85 所示。

（4）打开"重要提示"对话框，提示是否永久覆盖原图，单击"继续"按钮，开始批量修改图片尺寸，稍后打开"替换成功"对话框，提示成功替换图片信息，如图 4-86 所示。

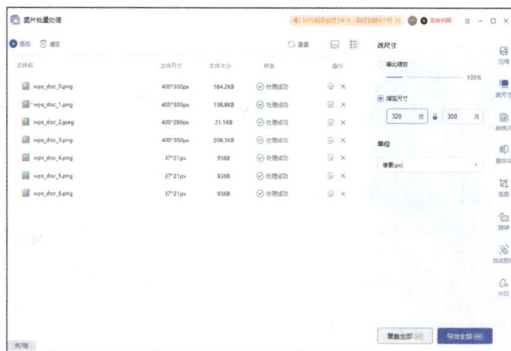

图 4-85　修改参数值　　　　　　　　　　　　图 4-86　提示替换成功

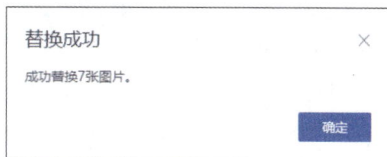

（5）关闭"图片批量处理"对话框，在文档中查看批量修改后的图片效果，如图 4-87 所示。

图 4-87　查看图片修改效果

2. 智能抠图删除背景

WPS 智能抠图功能是一种基于人工智能技术的图像处理工具，能够自动识别并去除图片中的背景，保留用户需要的主体部分。该功能操作简便，无须专业的图像处理技能，即可实现高质量的抠图效果。下面详细介绍智能抠图删除背景的具体操作步骤。

（1）打开本书提供的"素材 / 项目四 / 手抄报 .docx"文档，选择需要抠除背景的图片，在"图片工具"选项卡的"图片样式"面板中，单击"智能抠图"右侧的下拉按钮，展开列表框，选择"智能抠图"命令，如图 4-88 所示。

（2）打开"智能抠图"对话框，开始进行抠图处理，稍后将显示抠图处理后的结果，单击"完成"按钮，如图 4-89 所示。

（3）返回文档中，查看智能抠图后的文档效果，如图 4-90 所示。

图 4-88　选择"智能抠图"命令

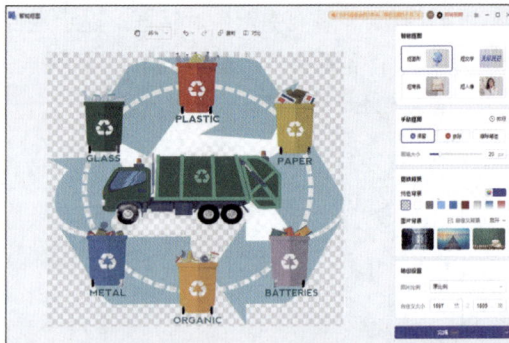

图 4-89　单击"完成"按钮

（4）使用同样的方法，对文档中其他的图片进行智能抠图操作，其效果如图 4-91 所示。

图 4-90　查看智能抠图效果

图 4-91　抠除其他图片背景

3. 实时校对与纠错文档

WPS 可以实时校对文档中的语法错误、拼写错误、标点符号错误等问题，并给出修改建议。这种即时反馈机制有助于用户及时发现并纠正错误，提高文档的准确性。下面详细介绍实时校对与纠错文档的具体操作步骤。

（1）打开本书提供的"素材 / 项目四 / 人事管理制度 .docx"文档，在"审阅"选项卡的"校对"面板中，单击"文档校对"右侧的下拉按钮，展开列表框，选择"文档校对"命令，如图 4-92 所示。

（2）打开"文档校对"对话框，单击"立即校对"按钮，如图 4-93 所示。

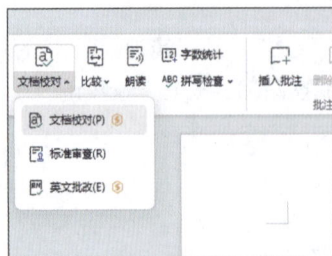

图 4-92　选择"文档校对"命令

图 4-93　单击"立即校对"按钮

（3）开始校对文档中的错误，稍后将显示校对结果，单击"开始修改文档"按钮，如图 4-94 所示。

（4）开始修改文档，并打开"文档校对"任务窗格，在该任务窗格中显示所有问题和修改意见，单击"替换全部问题"按钮，如图 4-95 所示，完成文档的修改。

图 4-94　显示校对结果

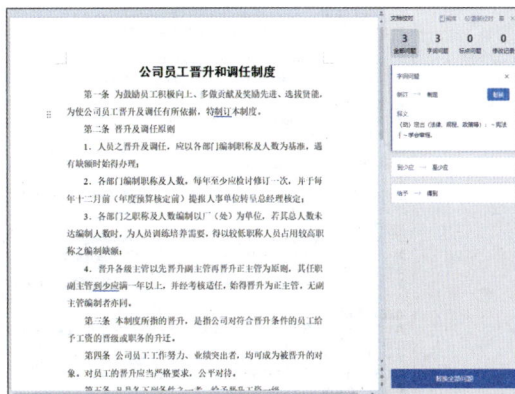

图 4-95　单击"替换全部问题"按钮

上机实训：制作"财务管理制度"

财务管理制度是企业为了规范财务管理活动、确保财务安全、提高财务效率而建立的一套系统化、规范化的管理制度。它涵盖企业财务活动的各个方面，包括资金筹集、使用、分配以及财务关系的处理等。在本案例中，需要通过 WPS AI 制作财务管理制度文档，并对文档进行样式套用、批注与修改操作。下面详细讲解具体的操作步骤。

（1）启动 WPS Office 软件，新建一个空白文档，单击 WPS AI 按钮，启动 WPS AI，打开 WPS AI 任务窗格。

（2）在任务窗格中单击"内容生成"选项，显示出 AI 输入框，输入文本，单击"发送"按钮。

（3）用 AI 工具生成一份财务管理制度文档内容，如图 4-96 所示。

（4）依次选择相应的文本，为其套用标题和正文样式，并对套用的标题和正文样式进行修改。

（5）使用"批注"和"修订"功能对文档中不合理的地方进行修订，达到最终的文档效果，如图 4-97 所示。

习题测试

1. 填空题

（1）WPS 文字支持多种视图模式，如_____、_____、Web 版式等，以适应不同的编辑和阅读需求。

（2）WPS 文字支持_____，允许用户将多个文档合并为一个，便于整理和分享。

（3）利用 WPS 文字的_____功能，用户可以轻松对文档中的内容进行查找、替换，甚至支持高级查找选项，如区分大小写、全字匹配等。

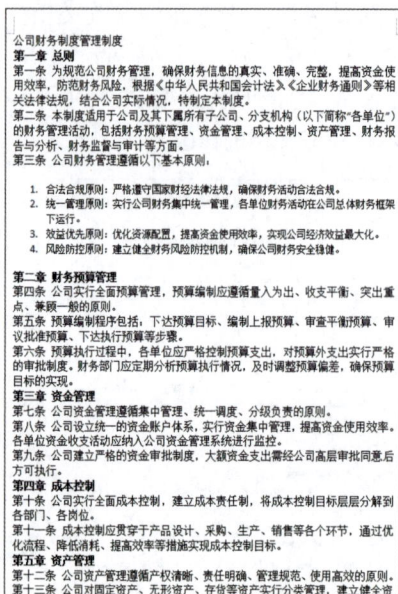

图 4-96　生成文档内容　　　　图 4-97　案例最终效果

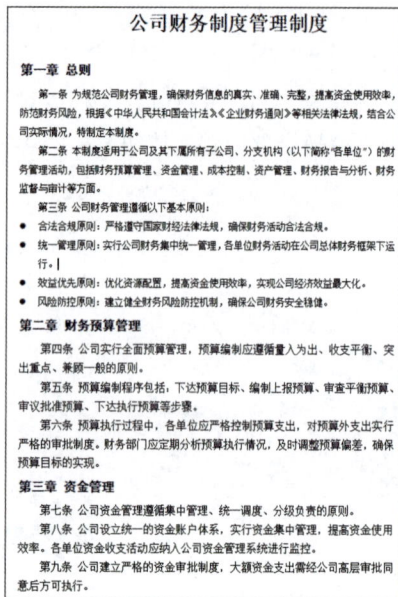

（4）WPS 文字提供了_____功能，让用户能够轻松插入、编辑和格式化表格，满足复杂的文档布局需求。

（5）借助_____工具，WPS 文字用户可以轻松为文档添加水印，保护文档版权或标识文档状态。

（6）WPS 文字的_____功能允许用户设置文档的页面布局、页边距、页眉页脚等，以满足不同的排版需求。

2. 选择题

（1）哪种视图模式最适合进行文档的编辑和排版？（　　　）

A. 阅读视图　　　　　　　　　　B. Web 版式视图

C. 页面视图　　　　　　　　　　D. 大纲视图

（2）当你需要为 WPS 文字添加水印以保护版权时，应使用哪些功能？（　　　）

A. 插入图片　　　　　　　　　　B. 水印

C. 页面边框　　　　　　　　　　D. 表格

（3）WPS 提供了哪种功能来确保文档的安全性，防止未授权访问？（　　　）

A. 文档加密　　　　　　　　　　B. 审阅与修订

C. 查找与替换　　　　　　　　　D. 表格筛选

（4）哪个功能可以帮助 WPS 文字用户快速生成和更新文档的目录？（　　　）

A. 引用→目录　　　　　　　　　B. 审阅→修订

C. 插入→表格　　　　　　　　　D. 页面布局→页边距

（5）要调整 WPS 文字的页面布局，如设置页边距、纸张大小和方向，应使用哪些功能？（　　　）

A. 页面设置　　　　　　　　　　B. 插入表格

C. 字体样式　　　　　　　　　　D. 段落缩进

3. 上机操作题

制作一个"员工工作满意度调查表"文档，其最终效果如图 4-98 所示。

（1）生成文档：用 AI 生成调查问卷表。

（2）文字和段落格式：标题文本的字体格式为宋体、小二、加粗，并将标题文本居中对齐；正文的字体格式为宋体、五号，修改“行距”为 1.5 倍、“首行缩进”为“2 字符”。

（3）添加控件：添加和复制多个复选框控件。

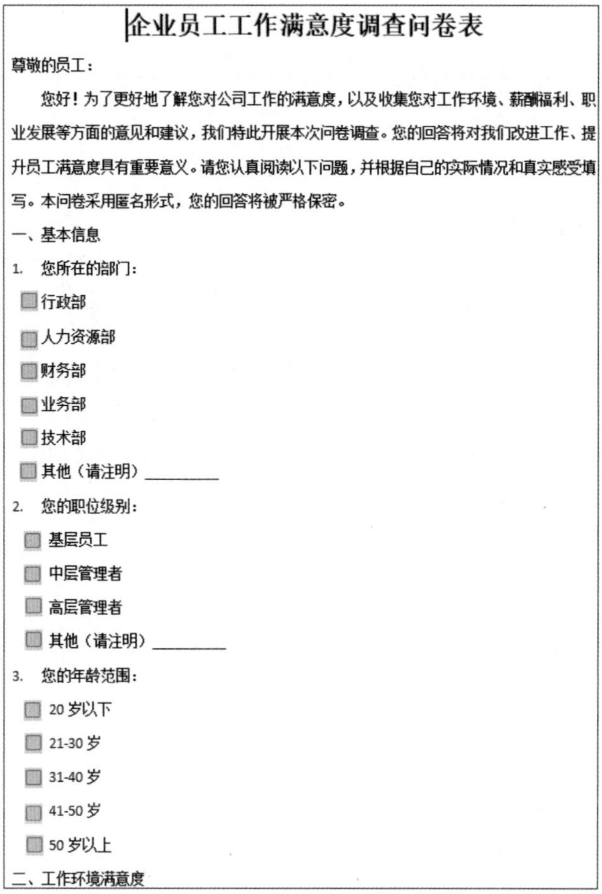

企业员工工作满意度调查问卷表

尊敬的员工：

您好！为了更好地了解您对公司工作的满意度，以及收集您对工作环境、薪酬福利、职业发展等方面的意见和建议，我们特此开展本次问卷调查。您的回答将对我们改进工作、提升员工满意度具有重要意义。请您认真阅读以下问题，并根据自己的实际情况和真实感受填写。本问卷采用匿名形式，您的回答将被严格保密。

一、基本信息

1. 您所在的部门：

- 行政部
- 人力资源部
- 财务部
- 业务部
- 技术部
- 其他（请注明）________

2. 您的职位级别：

- 基层员工
- 中层管理者
- 高层管理者
- 其他（请注明）________

3. 您的年龄范围：

- 20 岁以下
- 21-30 岁
- 31-40 岁
- 41-50 岁
- 50 岁以上

二、工作环境满意度

图 4-98　上机习题效果

项目 5　WPS 表格的编辑与数据计算

—◦ 本章导读 ◦—

在当今数字化时代，数据处理和分析已成为日常工作中不可或缺的一部分。WPS 表格作为一款功能强大的电子表格软件，广泛应用于各种场景，从简单的数据记录到复杂的数据分析，都离不开它的身影。本项目将带你深入了解 WPS 表格的基本操作，如录入信息、单元格编辑与美化、计算工作表数据、应用条件格式等，为后续学习更高级的功能打下坚实的基础。

—◦ 学习目标 ◦—

通过本章多个知识点的学习，读者朋友可以熟练掌握 WPS 表格中的数据录入、单元格编辑与美化、工作表编辑、计算数据、应用条件格式突出显示数据等操作。

—◦ 知识要点 ◦—

- 使用 AI 了解员工档案表
- 使用 AI 创建员工档案表
- 录入与填充员工信息内容
- 单元格编辑与美化处理
- 使用 AI 了解公司绩效考核表
- 使用模板生成公司绩效考核表
- 编辑公司绩效考核表
- 计算员工考核成绩
- 应用条件格式突出显示数据
- 使用 AI 了解员工工资表
- 计算员工工资
- 制作员工工资条
- 打印员工工资条
- 群发员工工资条

任务 5.1 制作"员工档案表"

员工档案表是记录员工个人信息、教育背景、工作经历、职业技能、绩效评估、奖惩记录等重要信息的文档。一个完善的员工档案表不仅有助于企业更好地了解员工，还能为人力资源管理工作提供有力支持，如招聘、培训、晋升、薪酬调整及员工关系管理等。

本次任务详细讲解制作"员工档案表"表格的相关操作，其内容包含熟悉员工档案表基础知识、创建表格、录入数据、编辑与美化单元格等操作。

子任务 5.1.1 使用 AI 了解员工档案表

员工档案表是企业用于全面记录和管理员工信息的工具，它应包含足够的信息以支持人力资源管理、绩效评估、职业发展、薪酬福利等方面的需求。在制作员工档案表之前，需要先熟悉员工档案表包含的信息内容和制作技巧。下面通过 AI 工具"文心一言"查询员工档案表的信息和制作技巧。

向文心一言提问：员工档案表的信息是什么？

◎ 文心一言回复：

员工档案表是记录和管理员工详细信息的重要工具，通常包含以下几类核心信息，如图 5-1 所示。

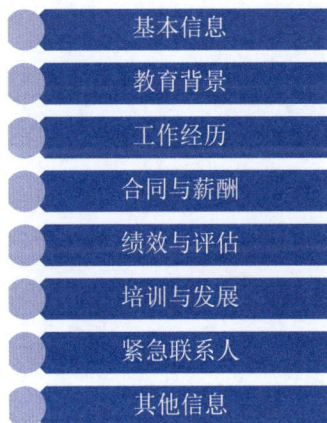

图 5-1 员工档案表核心信息

（1）基本信息

基本信息包含员工编号、姓名、性别、出生日期、身份证号码、联系方式等信息。

- ▶ 员工编号：公司内部唯一的识别码。
- ▶ 姓名：员工的全名。
- ▶ 性别：员工的性别。
- ▶ 出生日期：员工的出生日期，通常以年月日表示。
- ▶ 身份证号码（可选）：根据地区和公司政策，可能需要记录或加密存储。
- ▶ 联系方式：包括电话、电子邮箱、家庭住址等，以便紧急联系。

- 入职日期：员工加入公司的具体日期。
- 职位：员工当前的职位名称。
- 部门：员工所属的部门名称。

（2）教育背景

教育背景信息包含毕业院校、学历、专业和毕业时间等信息。

- 毕业院校：最高学历的毕业院校。
- 学历：如本科、硕士、博士等。
- 专业：所学专业或专业方向。
- 毕业时间：获得学历的年月。

（3）工作经历

工作经历信息包含前雇主、职位、工作时间和工作职责等信息。

- 前雇主：之前的工作单位名称。
- 职位：在前雇主处担任的职位。
- 工作时间：在每个前雇主处的任职时间。
- 工作职责：简要描述在前雇主处的主要工作职责。

（4）合同与薪酬

合同与薪酬信息包含合同类型、合同期限、薪酬信息和社保缴纳情况等信息。

- 合同类型：如固定期限、无固定期限等。
- 合同期限：合同的起始和结束日期。
- 薪酬信息：包括基本工资、奖金、津贴、福利等。
- 社保缴纳情况：五险一金（或其他社会保障）的缴纳情况。

（5）绩效与评估

绩效与评估信息包含绩效评估、奖惩记录和晋升记录等信息。

- 绩效评估：定期的绩效评估结果，如年度评估。
- 奖惩记录：员工获得的奖励或受到的处罚记录。
- 晋升记录：员工的职位晋升情况。

（6）培训与发展

培训与发展信息包含培训计划、技能证书和职业规划等信息。

- 培训计划：员工参加的培训课程、时间、内容等。
- 技能证书：获得的专业技能证书或资格认证。
- 职业规划：员工的个人职业规划或公司提供的职业发展路径。

（7）紧急联系人

紧急联系人信息包含姓名、关系和联系方式等信息。

- 姓名：紧急联系人的姓名。
- 关系：与员工的关系，如家人、朋友等。
- 联系方式：紧急联系人的电话、电子邮箱等。

（8）其他信息

- 健康状况：特殊健康需求或疾病史（需遵循隐私保护原则）。
- 兴趣爱好：员工的个人兴趣爱好（可选）。
- 备注：其他需要特别记录的信息，如特殊工作需求、偏好等。

请注意，不同公司或行业可能会根据实际需求调整员工档案表的内容。在设计员工档案表时，应确保遵守相关法律法规，尊重并保护员工的隐私权。同时，应定期更新和维护档案内容，以保持信息的准确性和时效性。

子任务 5.1.2　使用 AI 创建员工档案表

使用 WPS AI 功能快速创建员工档案表，并将创建好的员工档案表导入表格中。下面详细讲解使用 AI 创建员工档案表的具体操作方法。

观看视频

第 1 步 启动 WPS Office 软件，新建一个空白文档，连续按两次 Ctrl 键的同时，打开 AI 输入框，输入"员工档案表"，单击"发送"按钮，即可生成文档内容，单击"保留"按钮，保留生成的内容，如图 5-2 所示。

第 2 步 在 WPS Office 软件主界面中，单击"新建"按钮，打开"新建"对话框，单击"表格"图标，如图 5-3 所示。

图 5-2　生成员工档案表

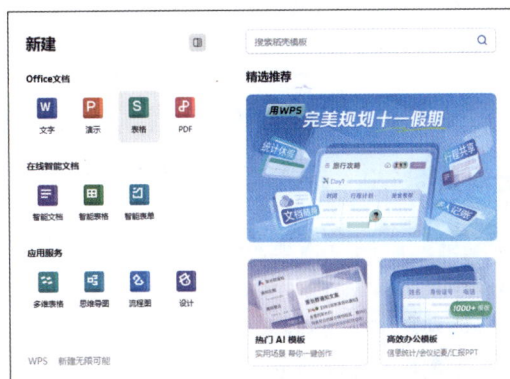

图 5-3　单击"表格"图标

第 3 步 进入"新建表格"界面，单击"空白表格"图标，新建一个空白表格，选择文档窗口中生成的表格内容，按快捷键 Ctrl+C，复制表格内容，如图 5-4 所示。

第 4 步 切换至"工作簿 1"窗格，按快捷键 Ctrl+V，粘贴表格内容，如图 5-5 所示。

图 5-4　复制表格内容

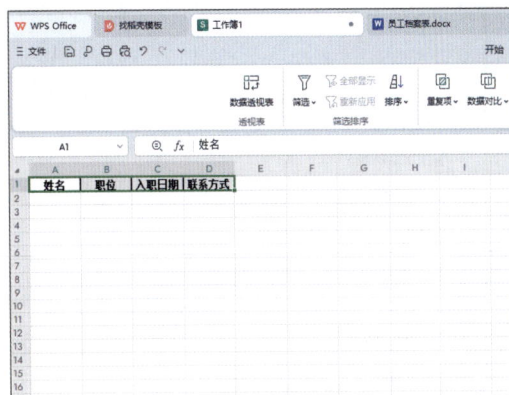

图 5-5　粘贴表格内容

第 5 步 单击"文件"菜单按钮，展开列表框，选择"保存"命令，如图 5-6 所示。

第 6 步 打开"另存为"对话框，修改文件名和保存路径，单击"保存"按钮，如图 5-7

所示，即可保存工作簿。

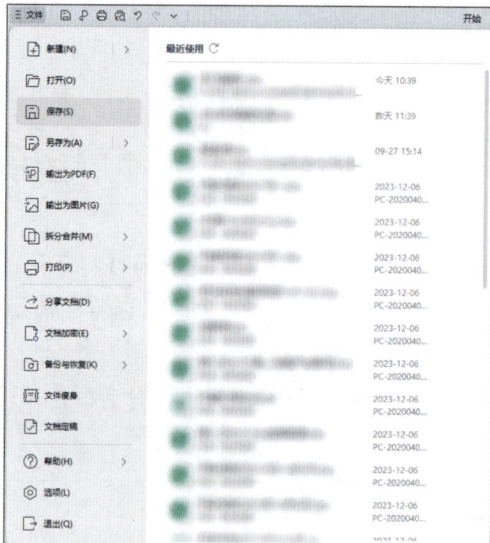

图 5-6　选择"保存"命令

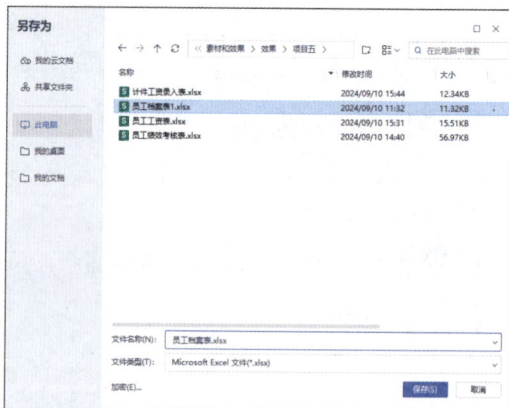

图 5-7　修改文件名和保存路径

子任务 5.1.3　录入与填充员工信息内容

观看视频

完成员工档案表的基本信息创建后，由于基本信息内容还不完善，需要对表头的信息进行完善，并通过各种数据输入方式，输入工作表中的相关信息。下面详细讲解录入员工基本信息内容的具体操作步骤。

第**1**步　选择 A 列对象，右击，在弹出的快捷菜单中，选择"在左侧插入列"命令，如图 5-8 所示。

第**2**步　在指定列的左侧插入一列，其效果如图 5-9 所示。

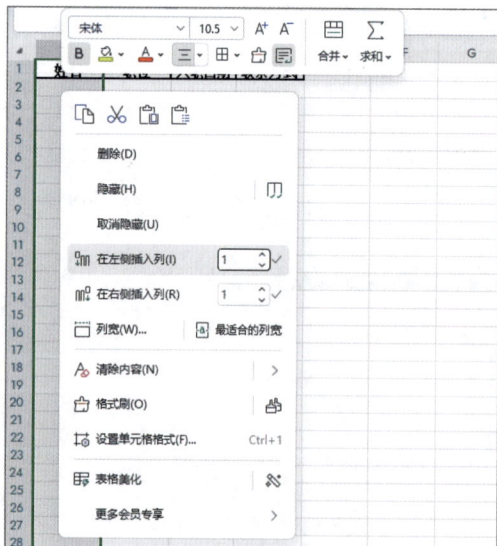

图 5-8　选择"在左侧插入列"命令

图 5-9　插入一列

第**3**步　使用同样的方法，依次插入其他的列对象，如图 5-10 所示。

第 4 步 选择 A1 单元格，输入文本"员工编号"，使用同样的方法，依次输入其他的表头文本，并调整各文本的位置，如图 5-11 所示。

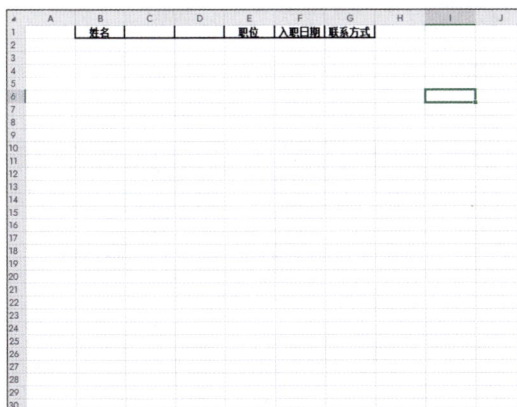

图 5-10　插入其他列对象

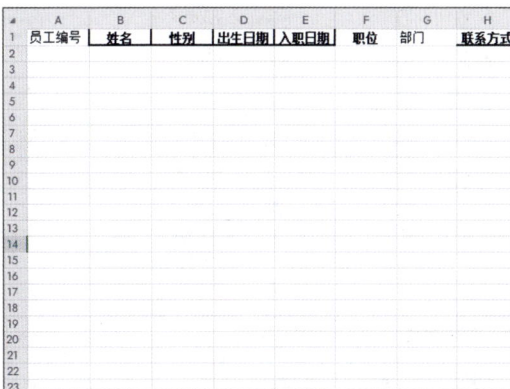

图 5-11　输入表头文本

第 5 步 选择 A2 单元格，输入文本 A1，选择 A2 单元格，将鼠标指针移至单元格的右下角，当鼠标指针呈黑色十字形状时，按住鼠标左键并向下拖曳，如图 5-12 所示。

第 6 步 至 A24 单元格后，释放鼠标左键，即可填充员工编号，其数据效果如图 5-13 所示。

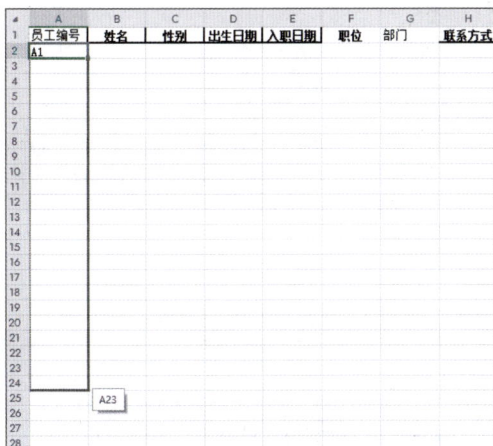

图 5-12　拖曳鼠标

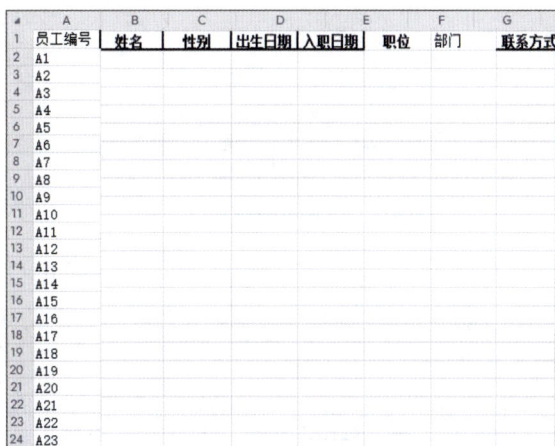

图 5-13　填充员工编号

第 7 步 打开"素材和效果\素材\项目五"文件夹中的"员工数据 .txt"文本，将文本中的数据复制并粘贴到工作表中，其粘贴后的效果如图 5-14 所示。

第 8 步 选择 C2:C24 单元格区域，在"数据"选项卡的"数据工具"面板中，单击"有效性"右侧的下拉按钮，展开列表框，选择"有效性"命令，如图 5-15 所示。

第 9 步 打开"数据有效性"对话框，修改"允许"为"序列"，在"来源"文本框中输入来源文本，如图 5-16 所示。

第 10 步 单击"确定"按钮，即可创建数据有效性，在 C2 单元格中，单击其右侧的下拉按钮，展开列表框，选择"女"选项，如图 5-17 所示。

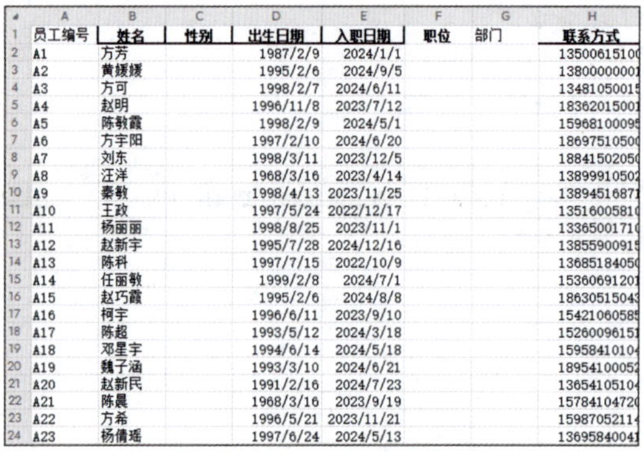

图 5-14　复制并粘贴数据

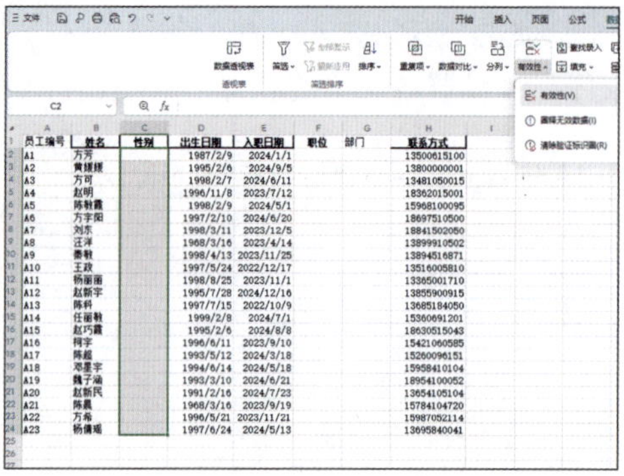

图 5-15　选择"有效性"命令

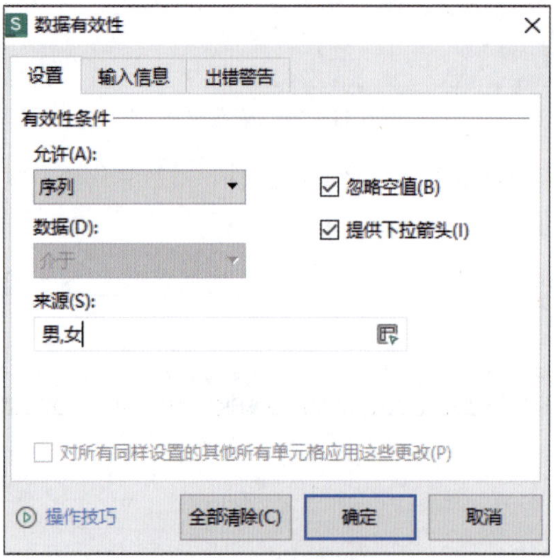

图 5-16　修改参数值

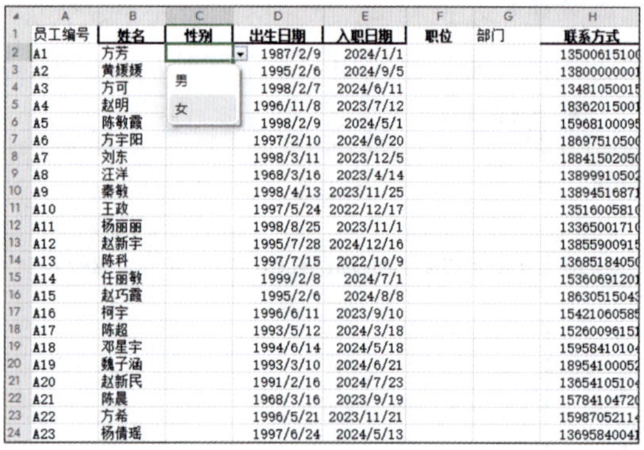

图 5-17　选择"女"选项

第 11 步 使用有效性填充数据，其效果如图 5-18 所示。

第 12 步 使用同样的方法，依次在该列下的其他单元格中使用有效性填充数据，其效果如图 5-19 所示。

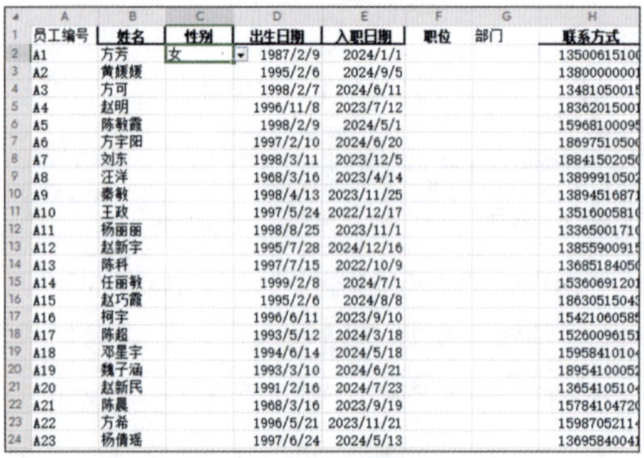

图 5-18　使用有效性填充数据

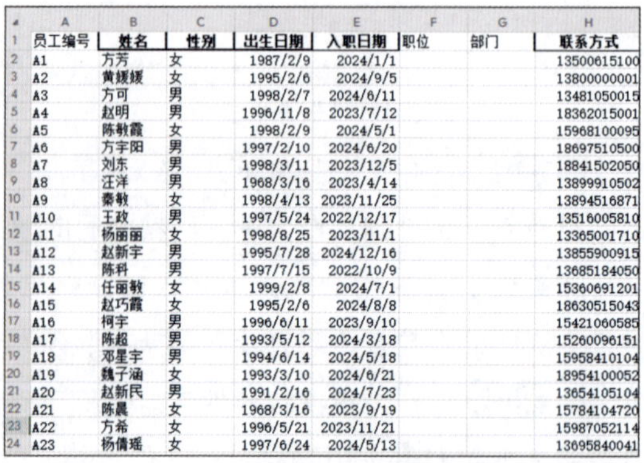

图 5-19　填充其他数据

第 13 步 为"部门"列添加数据有效性序列，使用数据有效性填充数据，其效果如图 5-20 所示。

第 14 步 在"职位"列中，依次输入相应的文本数据，其效果如图 5-21 所示。

图 5-20　使用有效性填充数据

图 5-21　输入文本数据

第15步 选择 F6:F12 单元格区域，在"开始"选项卡的"数据处理"面板中，单击"填充"右侧的下拉按钮，展开列表框，选择"智能填充"命令，如图 5-22 所示。

第16步 使用"智能填充"命令填充连续单元格区域的文本，如图 5-23 所示。

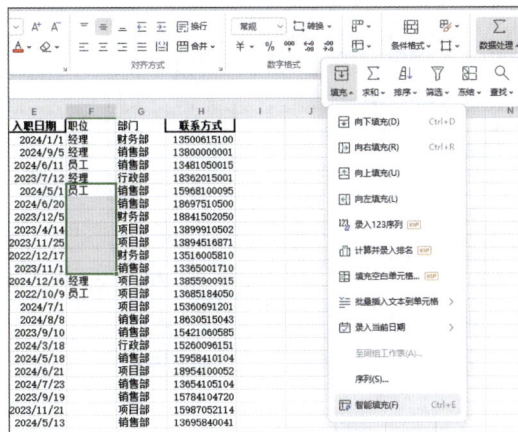

图 5-22　选择"智能填充"命令

图 5-23　智能填充数据

第17步 使用同样的方法，智能填充其他单元格区域的数据信息，其填充后效果如图 5-24 所示。

图 5-24　智能填充其他数据

子任务 5.1.4　单元格编辑与美化处理

观看视频

单元格的美化处理主要涉及字体、颜色、边框、底纹等方面的设置，以及行高、列宽的调整。单元格的编辑与美化处理是表格处理中不可或缺的一部分。通过合理的编辑和美化处理，可以提升表格的整洁度、可读性和美观性，从而更好地满足工作和学习中的需求。下面详细讲解单元格编辑与美化处理的具体操作步骤。

第❶步　选择 A1:H1 单元格区域，在"开始"选项卡的"字体"面板中，修改字体格式为"宋体"、字号为 11，加粗文本，如图 5-25 所示。

第❷步　选择 A2:H24 单元格区域，在"开始"选项卡的"字体"面板中，修改字体格式为"微软雅黑"、字号为 11，如图 5-26 所示。

图 5-25　修改文本字体格式（一）

图 5-26　修改文本字体格式（二）

第❸步　选择 A1:H24 单元格区域，在"开始"选项卡的"对齐方式"面板中，单击"水平居中"按钮，即可居中对齐文本，如图 5-27 所示。

第❹步　在工作表中选择第 1 ~ 24 行，右击，在弹出的快捷菜单中，选择"行高"命令，如图 5-28 所示。

图 5-27　居中对齐文本

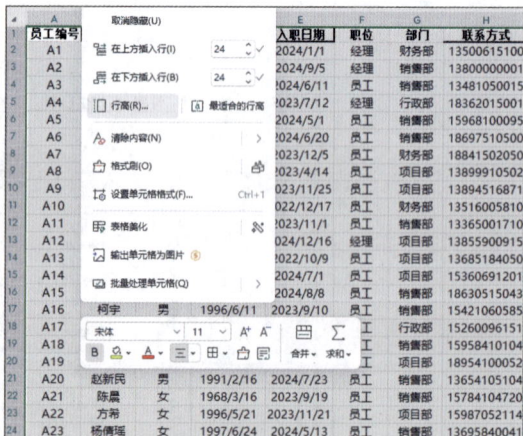

图 5-28　选择"行高"命令

第❺步　打开"行高"对话框，修改"行高"参数为 19，如图 5-29 所示。

第 6 步 单击"确定"按钮，即可调整表格的行高，其效果如图 5-30 所示。

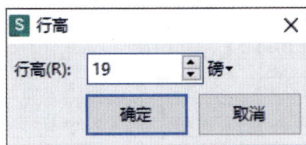

	A	B	C	D	E	F	G	H
1	员工编号	姓名	性别	出生日期	入职日期	职位	部门	联系方式
2	A1	方芳	女	1987/2/9	2024/1/1	经理	财务部	13500615100
3	A2	黄嫒媛	女	1995/2/6	2024/9/5	经理	销售部	13800000001
4	A3	方可	男	1998/2/7	2024/6/11	员工	销售部	13481050015
5	A4	赵明	男	1996/11/8	2023/7/12	经理	行政部	18362015001
6	A5	陈敏霞	女	1998/2/9	2024/5/1	员工	销售部	15968100095
7	A6	方宇阳	男	1997/2/10	2024/6/20	员工	销售部	18697510500
8	A7	刘东	男	1998/3/11	2023/12/5	员工	财务部	18841502050
9	A8	汪洋	男	1968/3/16	2023/4/14	员工	项目部	13899910502
10	A9	秦敏	女	1998/4/13	2023/11/25	员工	项目部	13894516871
11	A10	王政	男	1997/5/24	2022/12/17	员工	财务部	13516005810
12	A11	杨丽丽	女	1998/8/25	2023/11/1	员工	销售部	13365001710
13	A12	赵新宇	男	1995/7/28	2024/12/16	经理	项目部	13855900915
14	A13	陈科	男	1997/7/15	2022/10/9	员工	项目部	13685184050
15	A14	任丽敏	女	1999/2/8	2024/7/1	员工	项目部	15360691201
16	A15	赵巧霞	女	1995/2/6	2024/8/8	员工	销售部	18630515043
17	A16	柯宇	男	1996/6/11	2023/9/10	员工	销售部	15421060585
18	A17	陈超	男	1993/5/12	2024/3/18	员工	行政部	15260096151
19	A18	邓星宇	男	1994/6/14	2024/5/18	员工	销售部	15958410104
20	A19	魏子涵	男	1993/3/10	2024/6/21	员工	项目部	18954100052
21	A20	赵新民	男	1991/2/16	2024/7/23	员工	销售部	13654105104
22	A21	陈晨	女	1968/3/16	2023/9/19	员工	销售部	15784104720
23	A22	方蒂	女	1996/5/21	2023/11/21	员工	项目部	15987052114
24	A23	杨倩瑶	女	1997/6/24	2024/5/13	员工	销售部	13695840041

图 5-29　修改参数值　　　　　　　图 5-30　调整表格的行高

第 7 步 选择 A1:H1 单元格区域，在"开始"选项卡的"字体"面板中，单击"填充颜色"右侧的下拉按钮，展开列表框，选择"白色，背景 1，深色 15%"颜色，如图 5-31 所示。

第 8 步 为选择的单元格区域填充颜色，其效果如图 5-32 所示。

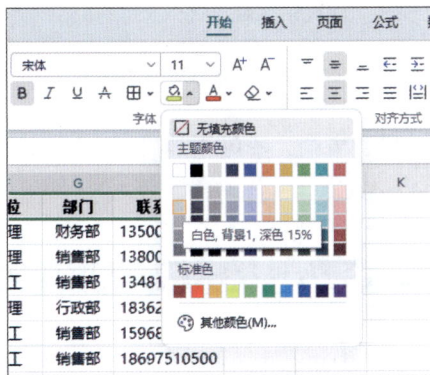

图 5-31　选择填充颜色　　　　　　　图 5-32　填充颜色

第 9 步 选择 A1:H24 单元格区域，在"开始"选项卡的"字体"面板中，单击"边框"右侧的下拉按钮，展开列表框，选择"所有框线"命令，如图 5-33 所示。

第 10 步 为选择的单元格区域添加边框效果，其效果如图 5-34 所示。

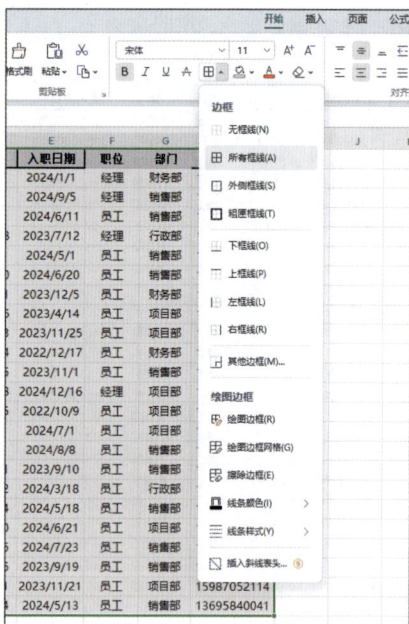

图 5-33　选择"所有框线"命令

图 5-34　添加边框

任务 5.2　制作"公司绩效考核表"

公司绩效考核表是评估员工工作表现、业绩成果及能力发展的重要工具。一个有效的绩效考核表应该既全面又具体，能够客观反映员工的工作情况，并为员工的成长和公司的管理提供有力支持。

本次任务详细讲解制作"公司绩效考核表"表格的相关操作，其内容包含熟悉公司绩效考核表的基础知识、使用模板生成公司绩效考核表、编辑公司绩效考核表、计算数据和应用条件格式突出显示数据等操作。

子任务 5.2.1　使用 AI 了解公司绩效考核表

在制作公司绩效考核表之前，需要先通过 AI 工具"讯飞星火"了解绩效考核表的作用，熟悉公司绩效考核表的关键要素。

下面通过 AI 工具"讯飞星火"搜索绩效考核表的关键要素。

向讯飞星火提问：绩效考核表的关键要素是什么？

考核指标

权重

评分标准

得分与等级

反馈与沟通

图 5-35　绩效考核表的关键要素

讯飞星火回复：

公司绩效考核表是对员工的工作业绩、工作能力、工作态度以及个人品德等进行评价和统计的表格，它是企业绩效管理的直接工具，用于判断员工与岗位要求是否相称。绩效考核表不仅是对员工过去工作表现的总结，也是指导员工未来工作方向和提升个人能力的重要依据。绩效考核表通常包含以下 5 个关键要素，如图 5-35 所示。

▶ 考核指标：这些指标是根据公司的战略目标、部门职责以及岗位要求制定的，用于衡量员工在特定时期内的工作成果和表现。考核指标可以分为定量指标和定性指标，前者如销售额、完成率等，后者如工作态度、团队协作等。

▶ 权重：权重代表了各项考核指标在整体评价中的重要性程度。不同的考核指标对公司目标实现的影响程度不同，因此需要通过权重来体现这种差异。权重的设定通常基于公司的战略重点和业务需求。

▶ 评分标准：评分标准用于指导评价者对员工的各项考核指标进行打分。评分标准可以是具体的数字范围，也可以是描述性的语言。评价者需要根据员工的实际表现，参照评分标准给出相应的分数。

▶ 得分与等级：根据员工的各项考核指标得分和权重，可以计算出员工的总得分。根据总得分，可以将员工划分为不同的等级，如优秀、良好、中等、及格、不及格等。这种等级划分有助于公司了解员工的整体表现，并据此制定相应的激励和改进措施。

▶ 反馈与沟通：绩效考核表不仅仅是对员工工作表现的简单评价，更重要的是通过反馈和沟通，帮助员工了解自己的工作优势和不足，明确未来的工作方向和目标。同时，也为企业提供了一个了解员工需求和期望的平台，有助于建立和谐的劳资关系。

在设计绩效考核表时，公司需要充分考虑自身的业务特点和管理需求，确保考核指标科学合理、权重分配得当、评分标准明确清晰。同时，还需要注重考核过程的公平性和透明度，确保考核结果能够真实反映员工的工作表现和能力水平。

子任务 5.2.2　使用模板生成公司绩效考核表

WPS 表格模板非常丰富，涵盖多个领域和用途，包括但不限于行政、销售、人事、财务、工作管理以及个人生活等方面。下面详细讲解使用模板生成公司绩效考核表的具体操作方法。

第 1 步 启动 WPS Office 软件，在软件主界面中，单击"新建"按钮，打开"新建"对话框，单击"表格"图标，进入"新建表格"界面，在搜索文本框中输入"公司绩效考核表"，单击"搜索"按钮，如图 5-36 所示。

第 2 步 搜索出"公司绩效考核表"的模板，单击"公司绩效考核表"图标，如图 5-37 所示。

图 5-36　输入搜索文本

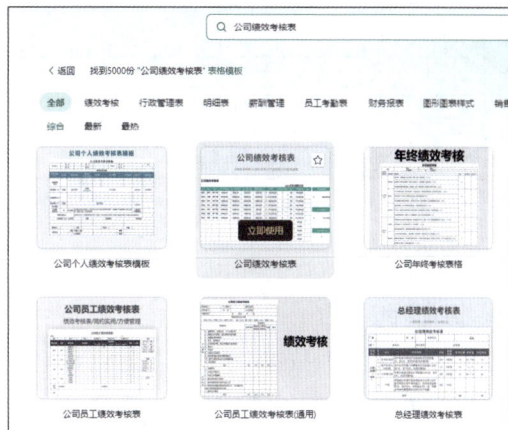

图 5-37　单击"公司绩效考核表"图标

第 3 步 打开"公司绩效考核表"对话框，单击"立即使用"按钮，如图 5-38 所示。

第4步 使用模板创建出公司绩效考核表，其效果如图 5-39 所示。

图 5-38　单击"立即使用"按钮

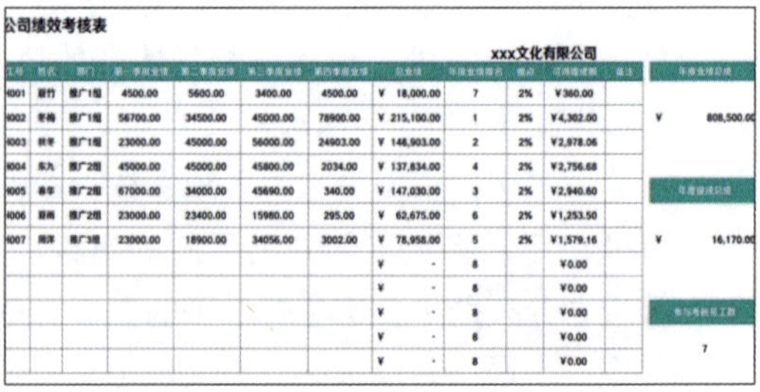

图 5-39　创建公司绩效考核表

子任务 5.2.3　编辑公司绩效考核表

使用模板创建好公司绩效考核表后，可以对模板中的表格内容和样式进行编辑操作。下面详细讲解编辑公司绩效考核表的具体操作方法。

第1步 在已创建的工作表中，修改并删除文本，然后添加相应的文本内容，如图 5-40 所示。

第2步 选择 D4:J15 单元格区域，在"开始"选项卡的"数字格式"面板中，单击两次"减少小数位数"按钮，如图 5-41 所示。

图 5-40　修改文本内容

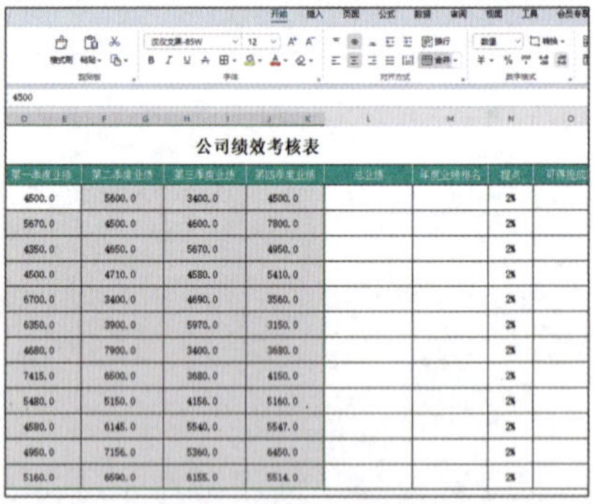

图 5-41　单击"减少小数位数"按钮

第3步 更改数字显示的小数位数格式，其效果如图 5-42 所示。

第4步 选择 L4:L15 单元格区域，在"开始"选项卡的"数字格式"面板中，单击"单元格格式：数字"按钮，如图 5-43 所示。

第5步 打开"单元格格式"对话框，在"分类"列表框中选择"会计专用"选项，如图 5-44 所示，单击"确定"按钮，设置单元格区域的数字格式。

第6步 使用同样的方法，将其他单元格区域的数字格式设置为"会计专用"格式。

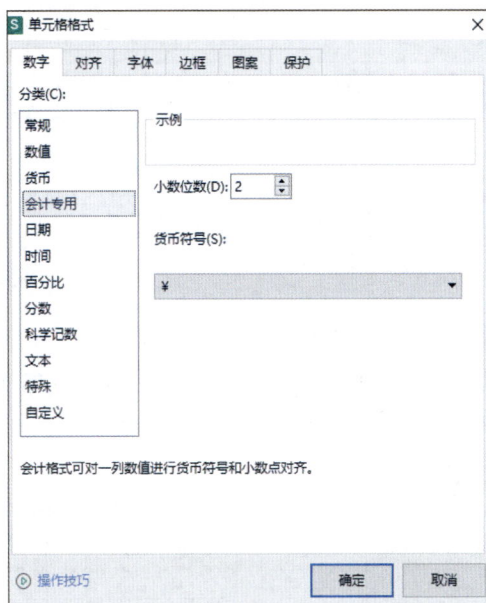

图 5-42　更改小数位数显示格式

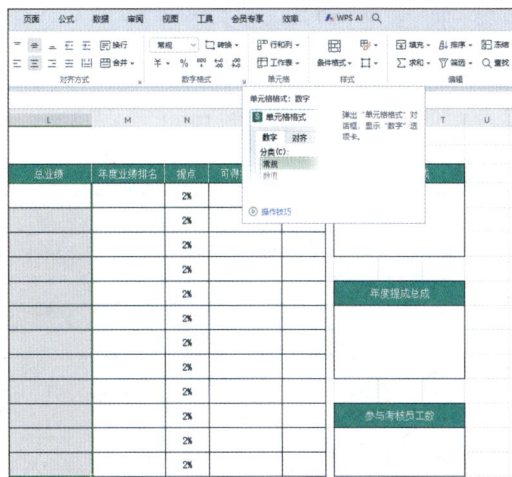

图 5-43　单击"单元格格式：数字"按钮

图 5-44　选择"会计专用"选项

子任务 5.2.4　计算员工考核成绩

完成工作表的制作后，可以使用 SUM（求和）函数、RANK（排名）函数和公式等来计算员工的考核成绩、排名等数据。下面详细讲解计算员工考核成绩的具体操作方法。

观看视频

第❶步　选择 L4 单元格，在"开始"选项卡的"编辑"面板中，单击"求和"右侧的下拉按钮，展开列表框，选择"求和"命令，如图 5-45 所示。

第❷步　在单元格中显示函数公式，并修改公式中的单元格引用区域，如图 5-46 所示。

第❸步　按 Enter 键确定，即可计算出第一个员工的总业绩，如图 5-47 所示。

第❹步　选择 L4 单元格，单击两次鼠标左键，即可为其他的单元格填充公式，完成其他员工总业绩数据的计算，如图 5-48 所示。

图 5-45 选择"求和"命令

图 5-46 显示函数公式

图 5-47 计算第一个员工的总业绩

图 5-48 计算其他员工的总业绩

第**5**步 选择 M4 单元格,输入函数公式"=RANK(L4,L:L)",如图 5-49 所示。

第**6**步 按 Enter 键确定,即可计算出第一个员工的排名,如图 5-50 所示。

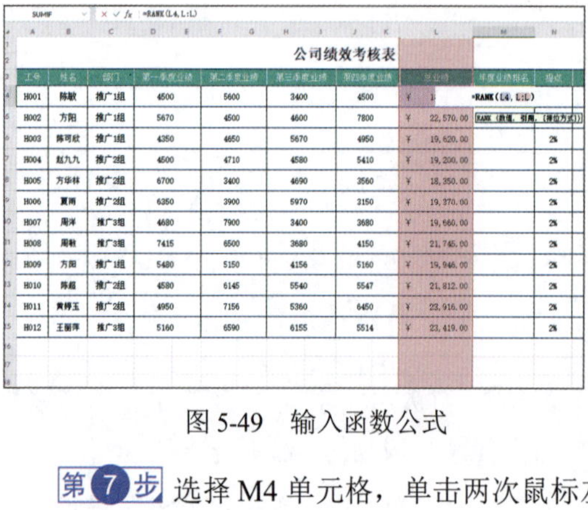

图 5-49 输入函数公式

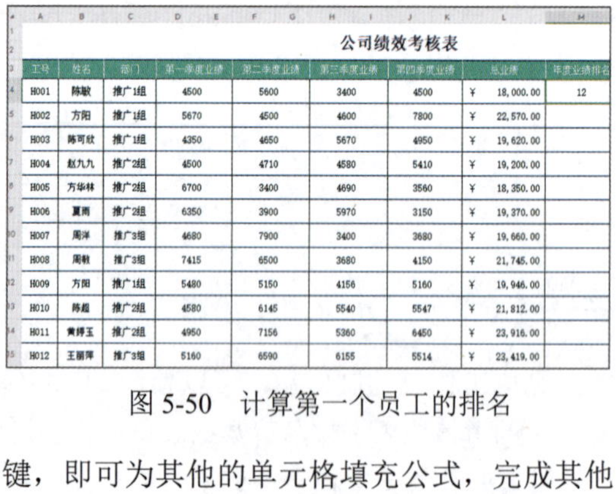

图 5-50 计算第一个员工的排名

第**7**步 选择 M4 单元格,单击两次鼠标左键,即可为其他的单元格填充公式,完成其他员工排名的计算,如图 5-51 所示。

第**8**步 选择 O4 单元格,输入公式符号"=",引用 L4 单元格,输入符号"*",再引用 N4 单元格,完成公式的输入,如图 5-52 所示。

第**9**步 按 Enter 键确定,即可计算出第一个员工的提成金额,如图 5-53 所示。

第**10**步 选择 O4 单元格,单击两次鼠标左键,即可为其他的单元格填充公式,完成其他员工提成金额的计算,如图 5-54 所示。

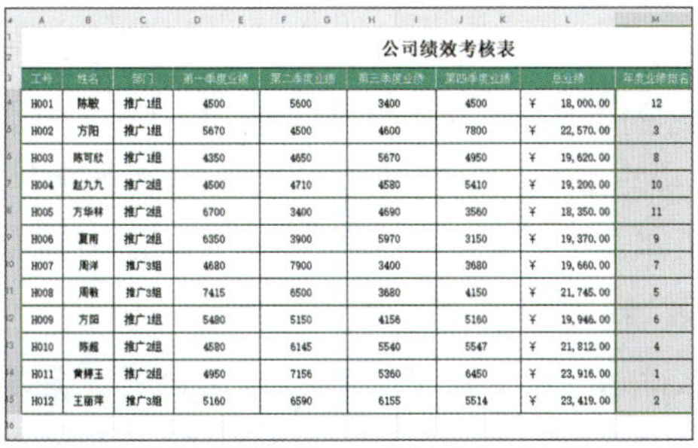

图 5-51　计算其他员工的排名

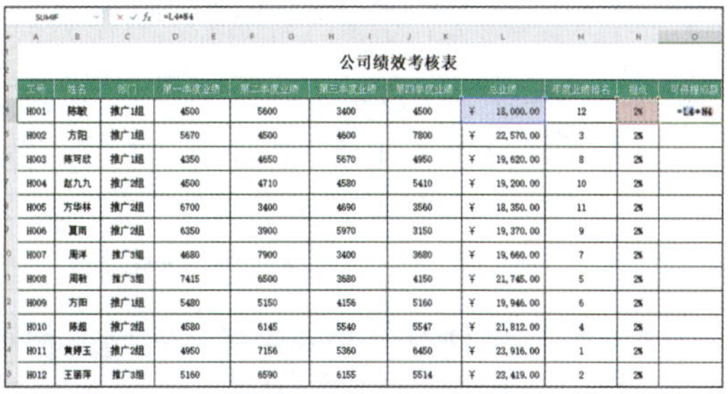

图 5-52　输入公式

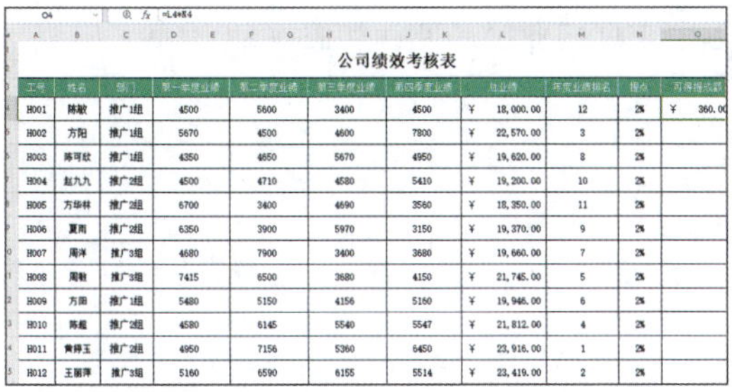

图 5-53　计算第一个员工的提成金额

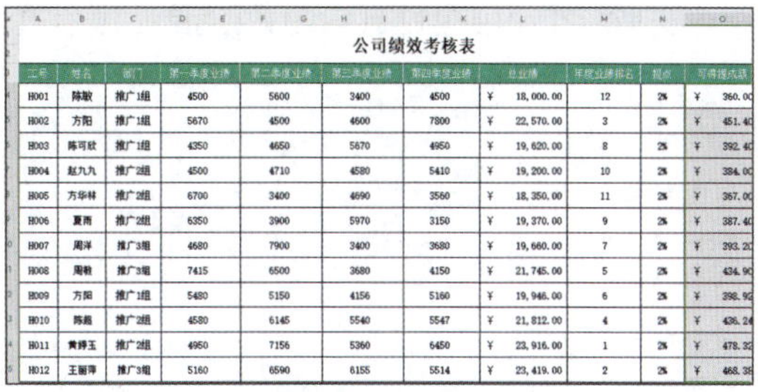

图 5-54　计算其他员工的提成金额

第 11 步　选择 R4 单元格，输入公式"=SUM(L4:L15)"，按 Enter 键确定，即可计算出年度业绩总额，如图 5-55 所示。

第 12 步　选择 R9 单元格，输入公式"=SUM(O4:O15)"，按 Enter 键确定，即可计算出年度提成总额，如图 5-56 所示。

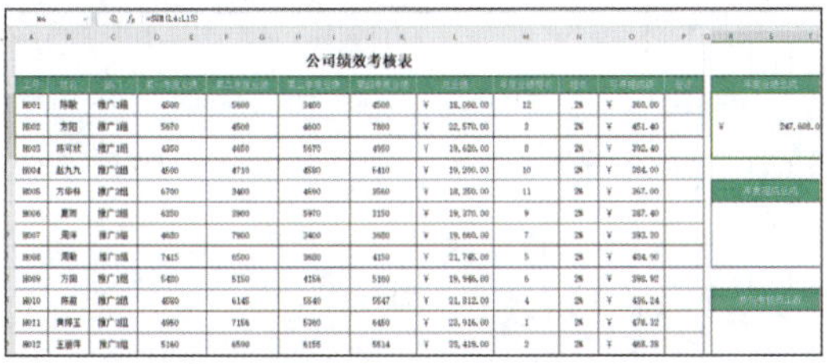

图 5-55　计算年度业绩总额

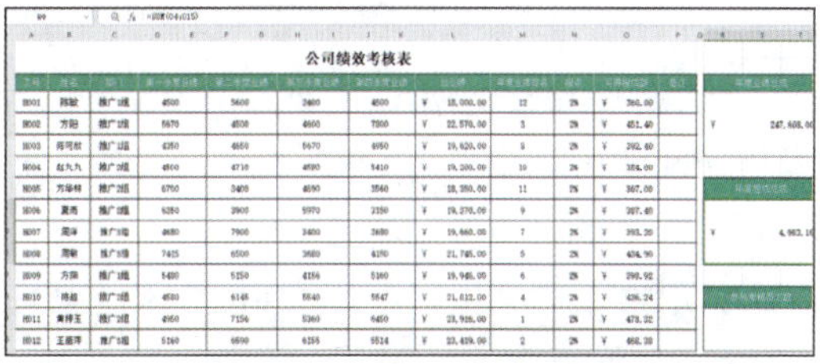

图 5-56　计算年度提成总额

第 13 步　选择 R16 单元格，输入公式"=COUNTA(B4:B15)"，按 Enter 键确定，即可计算出参与考核的员工人数，如图 5-57 所示。

图 5-57　计算参与考核的员工人数

119

子任务 5.2.5　应用条件格式突出显示数据

条件格式是指当单元格中的数据满足某一个设定的条件时，程序会自动将其以设定的格式显示出来。通过使用条件格式，可以让需要的数据突出显示，从而更容易地识别和分析数据。WPS 中的条件格式功能是一种非常实用的数据分析工具，它可以帮助用户更快速地识别和分析数据中的关键信息。下面详细讲解应用条件格式突出显示数据的具体操作方法。

第1步　选择 D4:J15 单元格区域，在"开始"选项卡的"样式"面板中，单击"条件格式"右侧的下拉按钮，展开列表框，选择"色阶"命令，展开子菜单，选择"绿 - 白色阶"图标，如图 5-58 所示。

第2步　使用绿色到白色色阶展示每个员工每个季度的业绩高低，如图 5-59 所示。

图 5-58　选择"绿 - 白色阶"图标

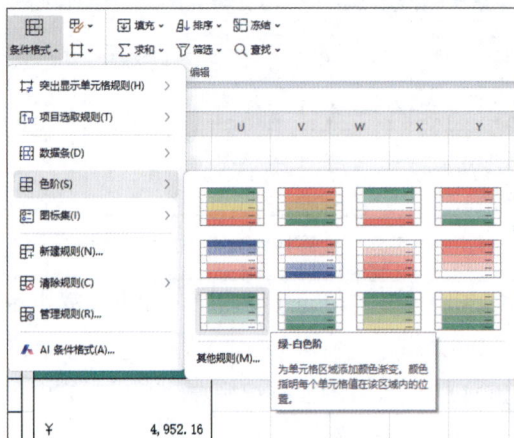

图 5-59　使用色阶展示业绩高低

第3步　选择 L4:L15 单元格区域，在"开始"选项卡的"样式"面板中，单击"条件格式"右侧的下拉按钮，展开列表框，选择"突出显示单元格规则"→"大于"命令，如图 5-60 所示。

第4步　打开"大于"对话框，指定条件格式为 20000，修改"设置为"为"浅红填充色深红色文本"选项，如图 5-61 所示。

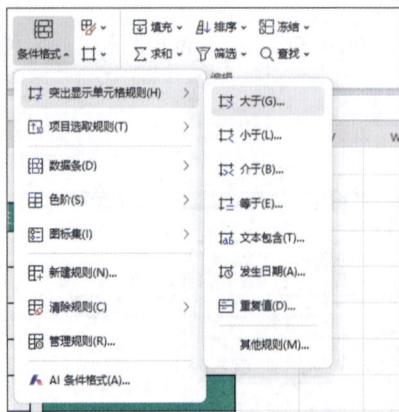

图 5-60　选择"大于"命令

图 5-61　修改参数值

第 5 步 单击"确定"按钮，即可使用条件格式突出显示大于 20000 的员工总业绩数据，如图 5-62 所示。

第 6 步 选择 O4:O15 单元格区域，在"开始"选项卡的"样式"面板中，单击"条件格式"右侧的下拉按钮，展开列表框，选择"数据条"命令，展开子菜单，选择"红色数据条"图标，如图 5-63 所示。

图 5-62　突出显示大于 20000 的员工总业绩数据

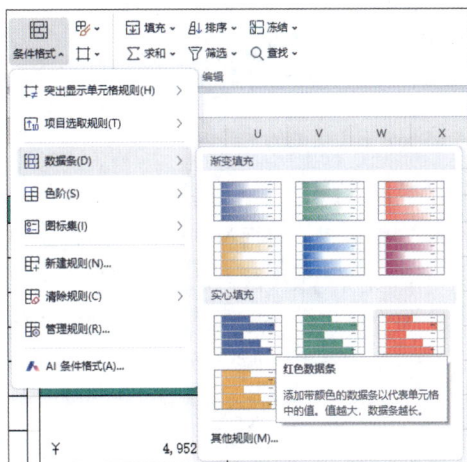

图 5-63　选择"红色数据条"图标

第 7 步 使用数据条展示提成金额数据，其效果如图 5-64 所示。

图 5-64　使用数据条展示数据

任务 5.3　制作"员工工资表"

员工工资表是企业管理中不可或缺的一部分，它详细记录了员工的薪酬信息，是员工薪酬发放的重要依据。本次任务详细讲解制作"员工工资表"表格的相关操作，其内容包含熟悉员工工资表基础知识、计算员工工资、制作和打印工资条等操作。

子任务 5.3.1　使用 AI 了解员工工资表

工资表又称工资结算表，是按单位、部门编制的用于核算员工工资的表格，每月一张。它是企业向员工支付工资时的直接依据，也是员工了解自己薪酬构成和发放情况的重要途径。在制作员工工资表之前，需要先用 AI 工具 Kimi 查询出员工工资表的主要内容是什么。

向 Kimi 提问：员工工资表的主要内容是什么？

◎ Kimi 回复：

工资表通常包含基本信息和薪酬构成两部分内容，如图 5-65 所示。

基本信息　　薪酬构成

1. 基本信息

基本信息包含所属日期、发放日期、员工姓名、部门、职位等。

图 5-65　员工工资表的主要内容

2. 薪酬构成

- ▶ 基本工资：根据员工职位和级别确定，是工资表的主要部分。
- ▶ 加班费：根据国家法律法规和公司政策，计算员工加班时间和加班工资。
- ▶ 奖金：根据员工业绩和公司盈利情况，发放给表现优秀的员工。
- ▶ 津贴和补贴：如交通补贴、通信补贴、食宿补贴、节日补贴等，根据公司政策和实际情况确定。
- ▶ 应扣款项：包括社会保险（如养老保险、医疗保险、失业保险、工伤保险和生育保险）、住房公积金、个人所得税、事病假扣款等。
- ▶ 工资总额与实发工资：工资总额为员工应得工资总额，实发工资为扣除应扣款项后的实际发放金额。

子任务 5.3.2　计算员工工资

观看视频

计算员工工资通常涉及多个因素，包括但不限于基本工资、加班工资、奖金、津贴、扣除项（如社保、税费等）。下面详细讲解计算员工工资的具体操作方法。

第 1 步 启动 WPS Office 软件，打开本书提供的"素材 / 项目五 / 员工工资表 .xlsx"工作簿，选择 M3 单元格，输入函数公式"=SUM(C3:L3)"，如图 5-66 所示。

第 2 步 按 Enter 键确定，即可计算出第一个员工的应发工资，如图 5-67 所示。

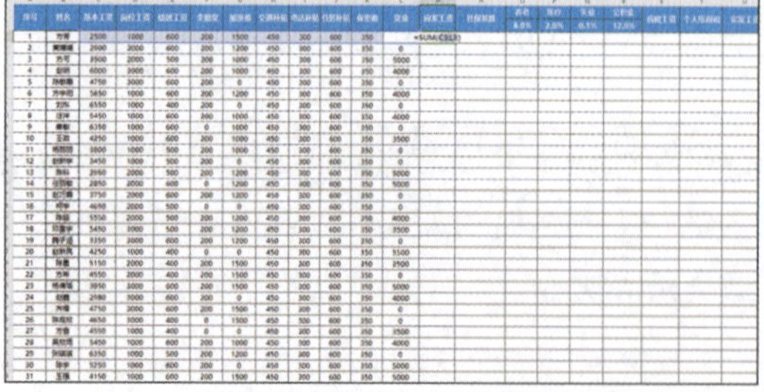

图 5-66　输入函数公式

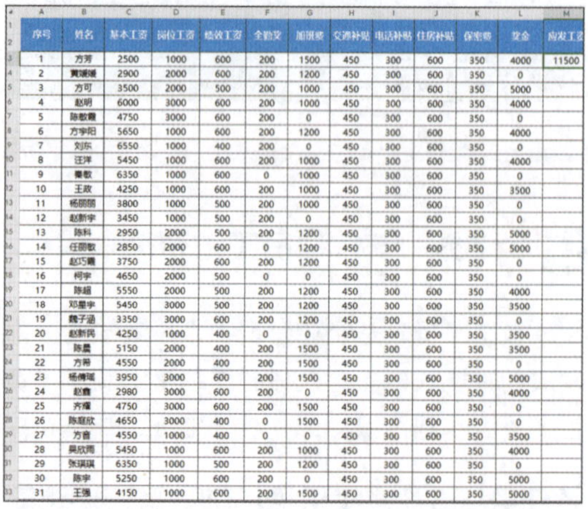

图 5-67　计算第一个员工的应发工资

第 3 步 选择 M3 单元格，单击两次鼠标左键，填充公式，计算其他员工的应发工资，如图 5-68 所示。

第 4 步 选择 N3:N33 单元格区域，输入公式"=(M3*12)/12"，按快捷键 Ctrl+Enter，即可计算出所有员工的社保基数，如图 5-69 所示。

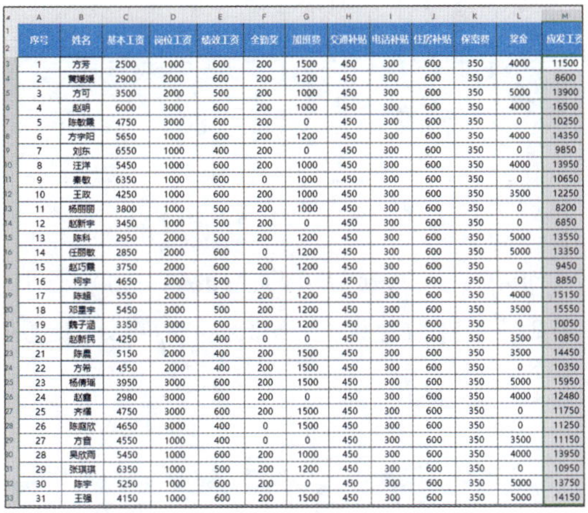

图 5-68　计算其他员工的应发工资

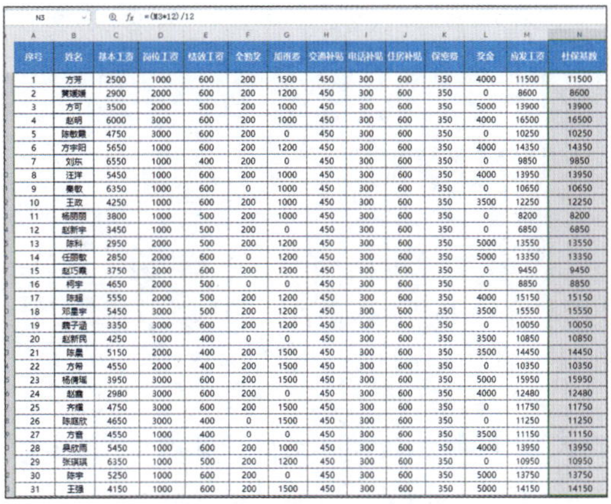

图 5-69　计算社保基数

第 5 步 选择 O3:O33 单元格区域，输入公式"=IF(B3="","",N3*$O$2)"，按快捷键 Ctrl+Enter，即可计算出所有员工的养老保险金额，如图 5-70 所示。

第 6 步 选择 P3:P33 单元格区域，输入公式"=IF(B3="","",N3*$P$2)"，按快捷键 Ctrl+Enter，即可计算出所有员工的医疗保险金额，如图 5-71 所示。

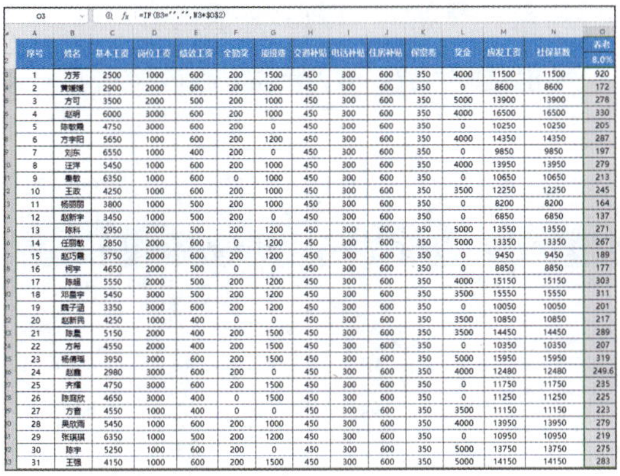

图 5-70　计算养老保险金额

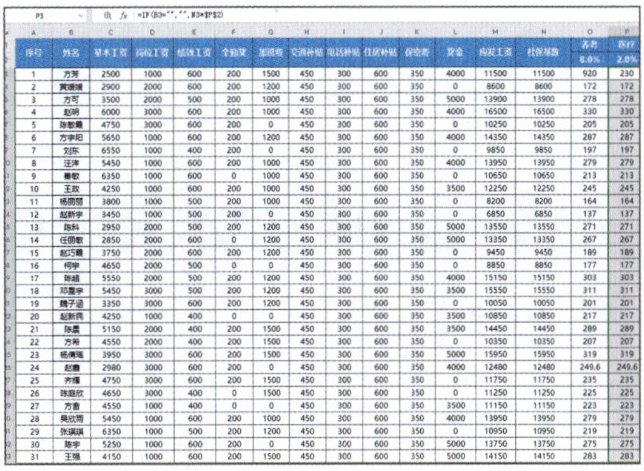

图 5-71　计算医疗保险金额

第 7 步 选择 Q3:Q33 单元格区域，输入公式"=IF(B3="","",N3*$Q$2)"，按快捷键 Ctrl+Enter，即可计算出所有员工的失业保险金额，如图 5-72 所示。

第 8 步 选择 R3:R33 单元格区域，输入公式"=IF(B3="","",N3*$R$2)"，按快捷键 Ctrl+Enter，即可计算出所有员工的公积金金额，如图 5-73 所示。

第 9 步 选择 S3:S33 单元格区域，输入公式"=M3-O3-P3-Q3-R3"，按快捷键 Ctrl+Enter，即可计算出所有员工的应纳税工资，如图 5-74 所示。

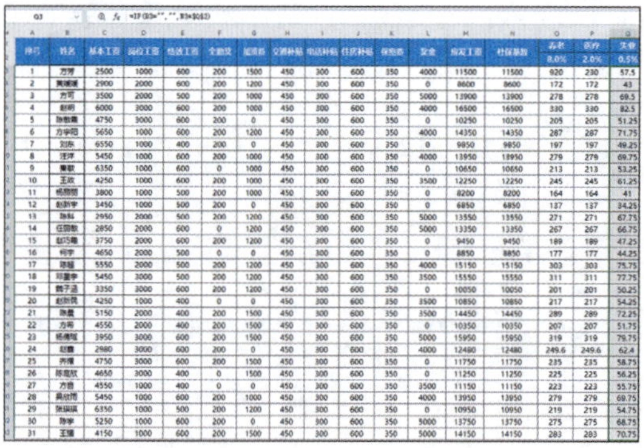

图 5-72　计算失业保险金额

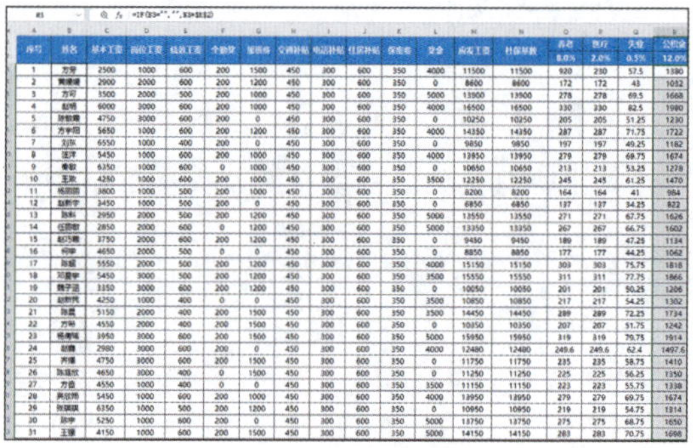

图 5-73　计算公积金金额

第 **10** 步　选择 T3:T33 单元格区域，输入公式 "=IF(C3="","",ROUND(MAX((S3-3500)*{3,10, 20,25,30,35,45}%-{0,21,111,201,551,1101,2701}*5,0),2))"，按快捷键 Ctrl+Enter，即可计算出所有员工的个人所得税，如图 5-75 所示。

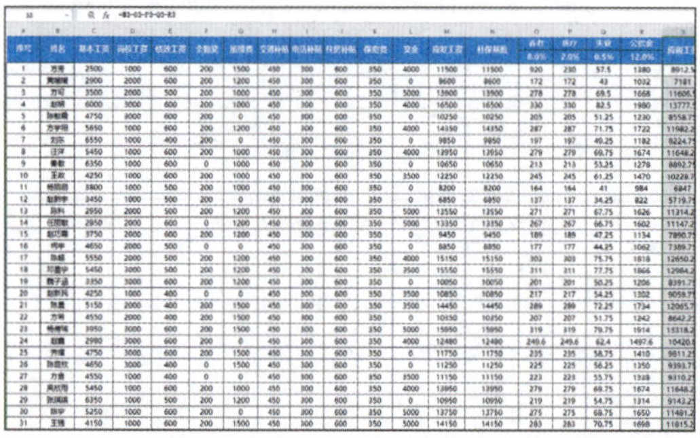

图 5-74　计算应纳税工资

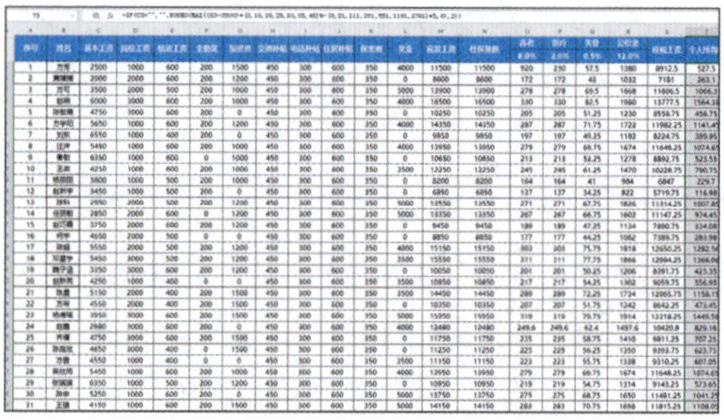

图 5-75　计算个人所得税

第 **11** 步　选择 U3:U33 单元格区域，输入公式 "=IF(C3="","",S3-T3)"，按快捷键 Ctrl+Enter，即可计算出所有员工的实发工资，如图 5-76 所示。

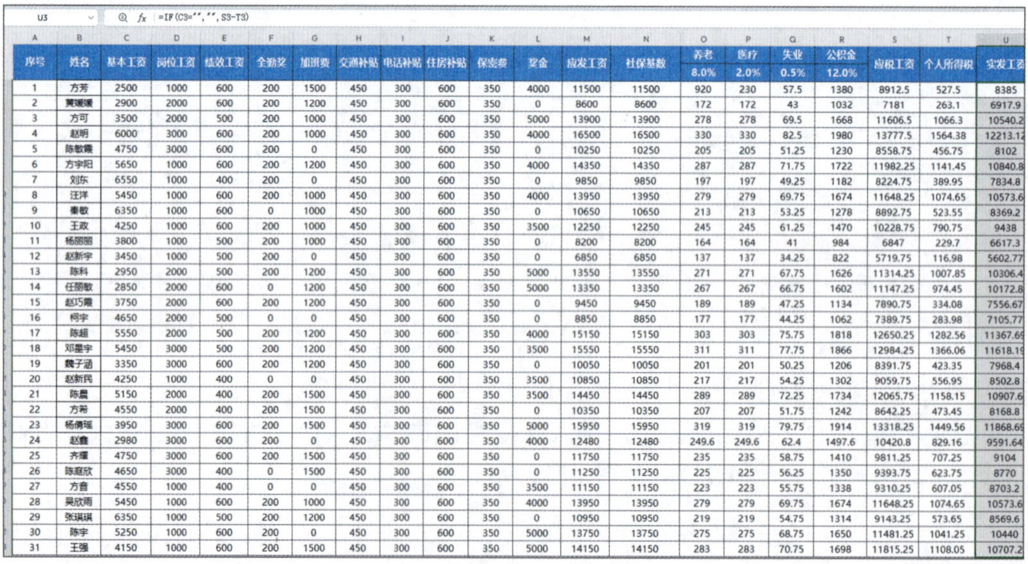

序号	姓名	基本工资	岗位工资	绩效工资	全勤奖	加班费	交通补贴	电话补贴	住房补贴	保密费	奖金	应发工资	社保基数	养老 8.0%	医疗 2.0%	失业 0.5%	公积金 12.0%	应税工资	个人所得税	实发工资
1	方芳	2500	1000	600	200	1500	450	300	600	350	4000	11500	11500	920	230	57.5	1380	8912.5	527.5	8385
2	黄暖暖	2900	2000	600	200	1200	450	300	600	350		8600	8600	172	172	43	1032	7181	263.1	6917.9
3	方可	3500	2000	500	200	1000	450	300	600	350	5000	13900	13900	278	278	69.5	1668	11606.5	1066.3	10540.2
4	赵刚	6000	3000	600	200	1000	450	300	600	350	4000	16500	16500	330	330	82.5	1980	13777.5	1564.38	12213.12
5	陈敏倩	4750	3000	600	200	0	450	300	600	350		10250	10250	205	205	51.25	1230	8558.75	456.75	8102
6	方宇阳	5650	1000	600	200	1200	450	300	600	350	4000	14350	14350	287	287	71.75	1722	11982.25	1141.45	10840.8
7	刘东	6550	1000	400	200	1000	450	300	600	350		9850	9850	197	197	49.25	1182	8224.75	389.95	7834.8
8	汪洋	5450	1000	600	200	1000	450	300	600	350	4000	13950	13950	279	279	69.75	1674	11648.25	1074.65	10573.6
9	秦敏	6350	1000	600	0	1000	450	300	600	350		10650	10650	213	213	53.25	1278	8892.75	523.55	8369.2
10	王政	4250	1000	600	200	1000	450	300	600	350	3500	12250	12250	245	245	61.25	1470	10228.75	790.75	9438
11	杨丽丽	3800	1000	600	200	0	450	300	600	350		8200	8200	164	164	41	984	6847	229.7	6617.3
12	赵宇宇	3450	1000	600	200	0	450	300	600	350		6850	6850	137	137	34.25	822	5719.75	116.98	5602.77
13	赵科	2950	2000	600	200	1200	450	300	600	350	5000	13550	13550	271	271	67.75	1626	11314.25	1007.85	10306.4
14	任丽散	2850	2000	600	200	1200	450	300	600	350	5000	13350	13350	267	267	66.75	1602	11147.25	974.45	10172.8
15	赵巧慧	3750	1000	600	200	1200	450	300	600	350		9450	9450	189	189	47.25	1134	7890.75	334.08	7556.67
16	柯宇	4650	2000	600	0	0	450	300	600	350		8850	8850	177	177	44.25	1062	7389.75	283.98	7105.77
17	陈超	5550	1000	600	200	1200	450	300	600	350	4000	15150	15150	303	303	75.75	1818	12650.25	1282.56	11367.69
18	邓慧宇	5450	1000	600	200	1000	450	300	600	350	3500	15150	15150	311	311	77.75	1866	12984.25	1366.06	11618.19
19	魏子涵	3350	3000	600	200	1200	450	300	600	350		10050	10050	201	201	50.25	1206	8391.75	423.35	7968.4
20	赵新民	4250	1000	600	200	1500	450	300	600	350	3500	10850	10850	217	217	54.25	1302	9059.75	556.95	8502.8
21	陈磊	5150	1000	600	200	1000	450	300	600	350	3500	14450	14450	289	289	72.25	1734	12065.75	1158.15	10907.6
22	方帝	4550	1000	600	200	1500	450	300	600	350		10350	10350	207	207	51.75	1242	8642.25	473.45	8168.8
23	杨倩瑶	3950	3000	600	200	1500	450	300	600	350	5000	15950	15950	319	319	79.75	1914	13318.25	1449.56	11868.69
24	赵鑫	2980	1000	600	200	0	450	300	600	350	4000	12480	12480	249.6	249.6	62.4	1497.6	10420.8	829.16	9591.64
25	齐璀	4750	3000	600	200	0	450	300	600	350		11750	11750	235	235	58.75	1410	9811.25	707.25	9104
26	陈庭欣	4650	1000	600	200	0	450	300	600	350		11250	11250	225	225	56.25	1350	9393.75	623.75	8770
27	方鑫	4650	1000	400	200	0	450	300	600	350	3500	11150	11150	223	223	55.75	1338	9310.25	607.05	8703.2
28	吴欣雨	5450	1000	600	200	1000	450	300	600	350	4000	13950	13950	279	279	69.75	1674	11648.25	1074.65	10573.6
29	张琪琪	6350	1000	600	200	1000	450	300	600	350		10950	10950	219	219	54.75	1314	9143.25	573.65	8569.6
30	陈宇	5250	1000	500	200	1200	450	300	600	350	5000	13750	13750	275	275	68.75	1650	11481.25	1041.25	10440
31	王强	4150	1000	600	200	1500	450	300	600	350	5000	14150	14150	283	283	70.75	1698	11815.25	1108.05	10707.2

图 5-76　计算实发工资

子任务 5.3.3　制作员工工资条

工资条通常包括员工的基本信息、工资标准、各项补贴、扣款以及最终实发工资等。在编制工资条前，应与公司薪酬制度相对应，确保内容的准确性和完整性。利用 WPS 中的 Index、Vlookup 等函数，根据员工信息自动生成工资条。这种方法灵活性高，但需要熟悉 Excel 函数的使用。下面详细讲解制作员工工资条的具体操作方法。

第 1 步　选择 Sheet1 工作表标签，右击，在弹出的快捷菜单中，选择"插入工作表"命令，如图 5-77 所示。

第 2 步　打开"插入工作表"对话框，修改"插入数目"为 1，如图 5-78 所示。

图 5-77　选择"插入工作表"命令　　　　　图 5-78　修改参数值

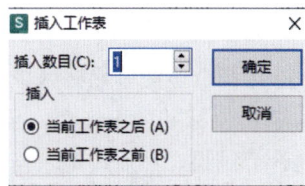

第 3 步　单击"确定"按钮，即可插入一张工作表，并修改工作表名称为"工资条"，如图 5-79 所示。

第 4 步　选择 Sheet1 工作表中的标题文本，按快捷键 Ctrl+C，复制文本，切换至"工资条"工作表中，按快捷键 Ctrl+V，粘贴文本，并对粘贴后的文本进行编辑与删除等操作，如图 5-80 所示。

图 5-79　插入工作表　　　　　　　　　图 5-80　复制文本

第 5 步　选择 B3 单元格，输入公式"=VLOOKUP(A3,Sheet1!\$A\$3:\$U\$33,2)"，按 Enter 键确定，显示出计算结果，如图 5-81 所示。

第6步 选择C3单元格，输入公式“=VLOOKUP(A3,Sheet1!$A$3:$U$33,3)”，按Enter键确定，显示出计算结果，如图5-82所示。

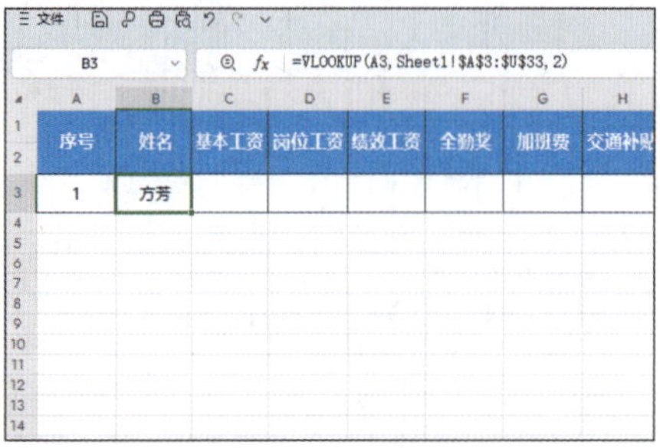

图5-81 显示计算结果

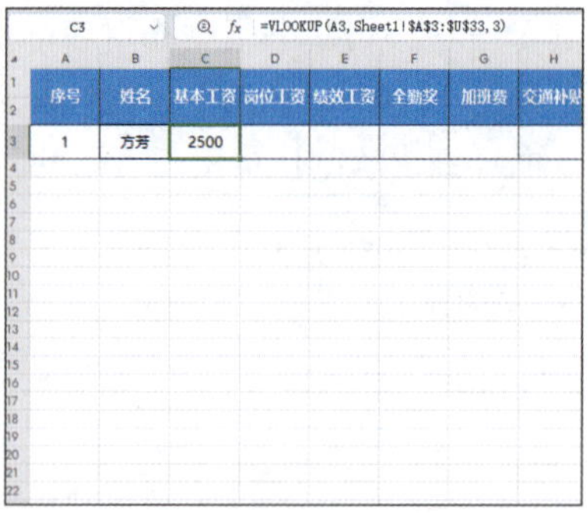

图5-82 显示计算结果

第7步 照上述方法，引用Sheet1工作表中的数据，计算出其他项目，如图5-83所示。

序号	姓名	基本工资	岗位工资	绩效工资	全勤奖	加班费	交通补贴	电话补贴	住房补贴	保密费	奖金	应发工资	社保基数	养老 8.0%	医疗 2.0%	失业 0.5%	公积金 12.0%	应税工资	个人所得税	实发工
1	方芳	2500	1000	600	200	1500	450	300	600	350	4000	11500	11500	920	230	57.5	1380	8912.5	527.5	8385

图5-83 计算其他项目

第8步 选择合适的单元格区域，将鼠标放置在单元格的右下角处，此时鼠标指针呈黑色十字形状，单击鼠标并向下拖曳，至A93单元格后，释放鼠标，则自动填充其他单元格中的公式，得到计算结果，然后调整表格的行高，如图5-84所示。

序号	姓名	基本工资	岗位工资	绩效工资	全勤奖	加班费	交通补贴	电话补贴	住房补贴	保密费	奖金	应发工资	社保基数	养老 8.0%	医疗 2.0%	失业 0.5%	公积金 12.0%	应税工资	个人所得税	实发工资
1	方芳	2500	1000	600	200	1500	450	300	600	350	4000	11500	11500	920	230	57.5	1380	8912.5	527.5	8385
序号	姓名	基本工资	岗位工资	绩效工资	全勤奖	加班费	交通补贴	电话补贴	住房补贴	保密费	奖金	应发工资	社保基数	养老 108.0%	医疗 102.0%	失业 100.5%	公积金 112.0%	应税工资	个人所得税	实发工资
2	黄媛媛	2900	2000	600	200	1200	450	300	600	350	0	8600	8600	172	172	43	1032	7181	263.1	6917.9
序号	姓名	基本工资	岗位工资	绩效工资	全勤奖	加班费	交通补贴	电话补贴	住房补贴	保密费	奖金	应发工资	社保基数	养老 208.0%	医疗 202.0%	失业 200.5%	公积金 212.0%	应税工资	个人所得税	实发工资
3	方可	3500	2000	500	200	1000	450	300	600	350	5000	13900	13900	278	278	69.5	1668	11606.5	1066.3	10540.2
序号	姓名	基本工资	岗位工资	绩效工资	全勤奖	加班费	交通补贴	电话补贴	住房补贴	保密费	奖金	应发工资	社保基数	养老 308.0%	医疗 302.0%	失业 300.5%	公积金 312.0%	应税工资	个人所得税	实发工资
4	赵明	6000	3000	600	200	1000	450	300	600	350	4000	16500	16500	330	330	82.5	1980	13777.5	1564.38	12213.1
序号	姓名	基本工资	岗位工资	绩效工资	全勤奖	加班费	交通补贴	电话补贴	住房补贴	保密费	奖金	应发工资	社保基数	养老 408.0%	医疗 402.0%	失业 400.5%	公积金 412.0%	应税工资	个人所得税	实发工资
5	陈敏霞	4750	3000	600	200	0	450	300	600	350	0	10250	10250	205	205	51.25	1230	8558.75	456.75	8102
序号	姓名	基本工资	岗位工资	绩效工资	全勤奖	加班费	交通补贴	电话补贴	住房补贴	保密费	奖金	应发工资	社保基数	养老 508.0%	医疗 502.0%	失业 500.5%	公积金 512.0%	应税工资	个人所得税	实发工资
6	方宇阳	5650	1000	600	200	1200	450	300	600	350	4000	14350	14350	287	287	71.75	1722	11982.25	1141.45	10840.8
序号	姓名	基本工资	岗位工资	绩效工资	全勤奖	加班费	交通补贴	电话补贴	住房补贴	保密费	奖金	应发工资	社保基数	养老 608.0%	医疗 602.0%	失业 600.5%	公积金 612.0%	应税工资	个人所得税	实发工资
7	刘东	6550	1000	400	200	0	450	300	600	350	0	9850	9850	197	197	49.25	1182	8224.75	389.95	7834.8
序号	姓名	基本工资	岗位工资	绩效工资	全勤奖	加班费	交通补贴	电话补贴	住房补贴	保密费	奖金	应发工资	社保基数	养老 708.0%	医疗 702.0%	失业 700.5%	公积金 712.0%	应税工资	个人所得税	实发工资
8	汪洋	5450	1000	600	200	1000	450	300	600	350	4000	13950	13950	279	279	69.75	1674	11648.25	1074.65	10573.6
序号	姓名	基本工资	岗位工资	绩效工资	全勤奖	加班费	交通补贴	电话补贴	住房补贴	保密费	奖金	应发工资	社保基数	养老 808.0%	医疗 802.0%	失业 800.5%	公积金 812.0%	应税工资	个人所得税	实发工资
9	秦敏	6350	1000	600	0	1000	450	300	600	350	0	10650	10650	213	213	53.25	1278	8892.75	523.55	8369.2
序号	姓名	基本工资	岗位工资	绩效工资	全勤奖	加班费	交通补贴	电话补贴	住房补贴	保密费	奖金	应发工资	社保基数	养老 908.0%	医疗 902.0%	失业 900.5%	公积金 912.0%	应税工资	个人所得税	实发工资

图5-84 生成工资条

子任务5.3.4 打印员工工资条

观看视频

完成工资条的制作后，可以使用“打印”功能直接打印出工资条。下面详细讲解打印工资条的具体操作方法。

第1步 单击“文件”菜单按钮，展开列表框，选择“打印”→“打印”命令，如图5-85

所示。

第 **2** 步 打开"打印"对话框，在"名称"列表框中选择打印机类型，修改其他的打印参数，如图 5-86 所示，单击"确定"按钮，即可开始打印工资条。

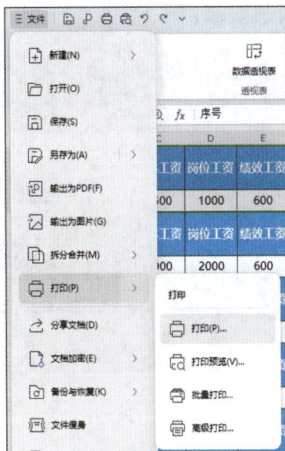

图 5-85　选择"打印"命令　　　　　　图 5-86　修改打印参数

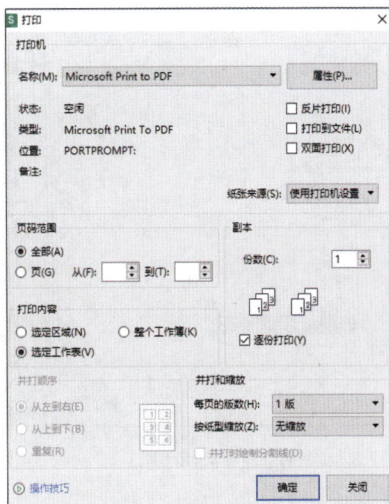

子任务 5.3.5　群发员工工资条

完成工资条的制作后，不仅可以通过"打印"纸质工资条的方式发放工资条，还可以通过"群发工资条"功能发放工资条。群发工资条是指将员工的薪资信息以批量、自动化的方式发送给每一位员工。这一过程通常通过特定的软件工具或内部系统来完成，以确保信息的准确性和保密性。工资条详细列出了员工的薪资构成，如基本工资、奖金、津贴、扣款等，有助于员工清晰了解自己的薪资状况。下面详细讲解群发工资条的具体操作方法。

观看视频

第 **1** 步 在"会员专享"选项卡的"表格特色"面板中，单击"群发工具"右侧的下拉按钮，展开列表框，选择"工资条群发"命令，如图 5-87 所示。

第 **2** 步 进入"工资条群发"界面，依次补充手机号，单击"下一步"按钮，如图 5-88 所示。

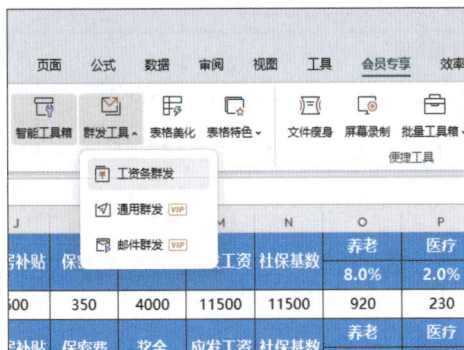

图 5-87　选择"工资条群发"命令　　　　　图 5-88　补充手机号

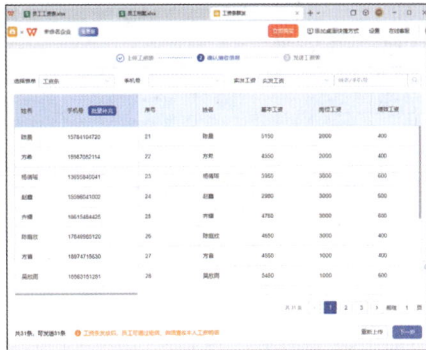

第 **3** 步 进入"发送工资表"界面，单击"立即群发"按钮，如图 5-89 所示。

第 4 步 开始群发工资条，稍后将打开提示对话框，提示成功发送工资条信息，如图 5-90 所示。单击"确定"按钮，返回"工资条群发"界面，在该界面中可以查看员工确认收到工资条和查看工资条的情况。

图 5-89　单击"立即群发"按钮

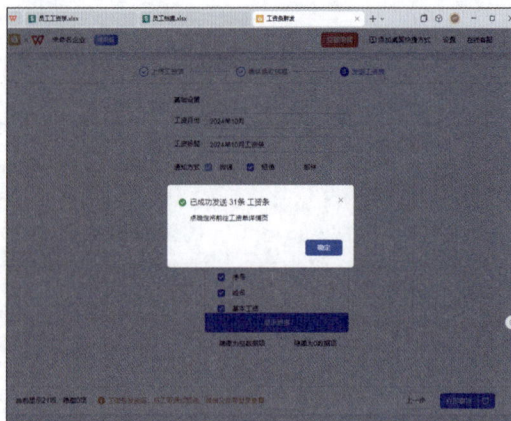

图 5-90　成功发送工资条

── AI 答疑与技巧点拨 ──

1. 设置条件格式防止重复录入数据

防止重复录入数据不仅可以使用"数据有效性"工具中的"自定义验证条件"设置公式实现；也可以使用"条件格式"功能设置条件和单元格格式。当录入重复数据并满足条件后，则所在单元格即可自动变换格式。下面详细讲解设置条件格式防止重复录入数据的步骤。

（1）打开本书提供的"素材 / 项目五 / 卫衣搜索数据表 .xlsx"工作簿，框选 C2:C16 单元格区域，在"开始"选项卡的"样式"面板中，单击"条件格式"右侧的下拉按钮，展开列表框，选择"突出显示单元格规则"→"重复值"命令，如图 5-91 所示。

（2）打开"重复值"对话框，在"设置为"列表框中选择"绿填充色深绿色文本"选项，如图 5-92 所示。

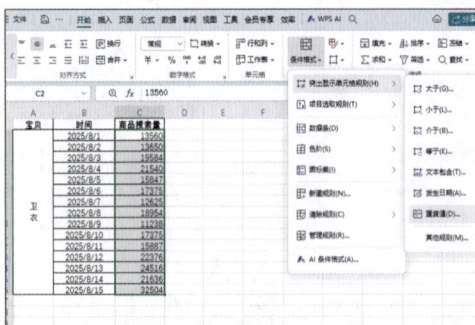

图 5-91　选择"重复值"命令

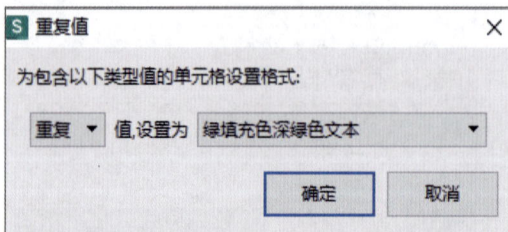

图 5-92　选择"绿填充色深绿色文本"选项

（3）单击"确定"按钮，完成条件格式规则的设置，则带重复值的单元格将自动变换格式，其效果如图 5-93 所示。

2. 使用 AI 条件格式将高于 25000 的产量标记出来

使用 AI 条件格式可以自动将高于 25000 的产量标记出来，其具体的操作步骤如下。

图 5-93　输入重复数据自动变换格式

（1）打开本书提供的"素材 / 项目五 / 车间产量统计表 .xlsx"工作簿，在"开始"选项卡的"样式"面板中，单击"条件格式"右侧的下拉按钮，展开列表框，选择"AI 条件格式"命令，如图 5-94 所示。

（2）打开"AI 条件格式"对话框，在文本框中输入条件格式，然后单击"发送"按钮，如图 5-95 所示。

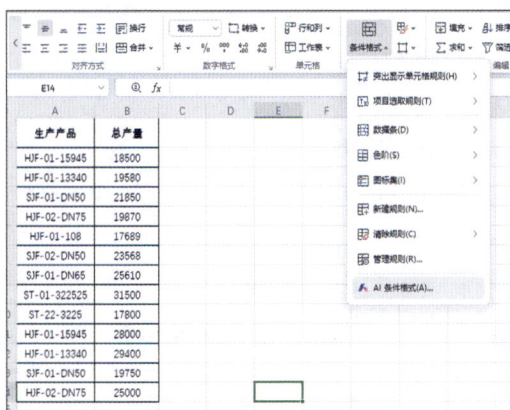

图 5-94　选择"AI 条件格式"命令

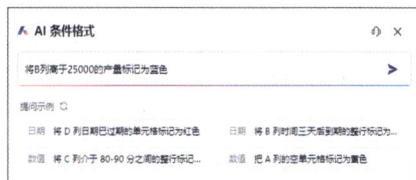

图 5-95　单击"发送"按钮

（3）自动生成条件规则和格式，然后修改"格式"的颜色，单击"完成"按钮，如图 5-96 所示。

（4）使用 AI 条件格式自动标记高于 25000 的产量的整行数据，其效果如图 5-97 所示。

图 5-96　自动生成条件规则和格式

图 5-97　标记高于 25000 产量的整行数据

3. 通过 AI 公式计算出提成率为 5% 的销售提成

WPS AI 公式能够自动理解用户的自然语言指令，并根据这些指令生成相应的公式。这种智能化特性使得用户无须手动编写复杂的公式，大大提高了工作效率。例如，使用 AI 公式可以基于年度总计数据，自动计算出个人占比数据，其具体的操作步骤如下。

（1）打开本书提供的"素材 / 项目五 / 可视化分析数据透视表 .xlsx"工作簿，选择 G4 单元格，在"公式"选项卡的"便捷函数"面板中，单击"AI 写公式"右侧的下拉按钮，展开列表框，选择"AI 写公式"命令，如图 5-98 所示。

（2）打开"AI 公式"对话框，在文本框中输入公式条件，然后单击"发送"按钮，如图 5-99 所示。

图 5-98　选择"AI 写公式"命令

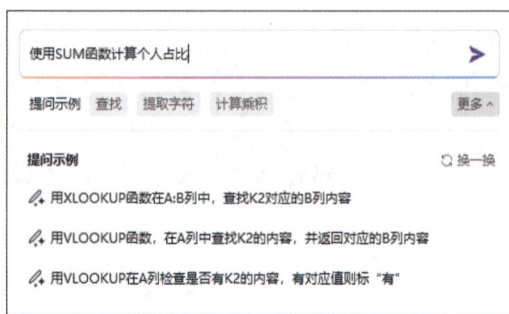

图 5-99　输入公式条件

（3）显示出自动编写的 AI 公式，单击"完成"按钮，如图 5-100 所示。

（4）使用 AI 公式自动计算出个人占比，并显示出计算结果，然后双击 G4 单元格，计算出其他员工的个人占比，如图 5-101 所示。

图 5-100　显示自动编写的 AI 公式

图 5-101　显示计算结果

4. 通过数据有效性指定数据输入范围

在 WPS 中通过数据有效性功能指定数据输入范围，从而确保数据的准确性和一致性。在实际应用中，可以根据具体需求灵活设置数据类型、范围、提示信息等参数。例如，要在公司收支表中指定数据的输入范围为 400 ~ 24000，则可以通过数据有效性功能实现。其具体的操作步骤如下。

（1）打开本书提供的"素材 / 项目五 / 公司收支表 .xlsx"工作簿，框选 C3:C20 单元格区域，在"数据"选项卡的"数据工具"面板中，单击"有效性"右侧的下拉按钮，展开列表框，选择"有效性"命令，如图 5-102 所示。

（2）打开"数据有效性"对话框，在"允许"列表框中选择"整数"选项，修改"最小值"为 400、"最大值"为 24000，如图 5-103 所示。

图 5-102　选择"有效性"命令 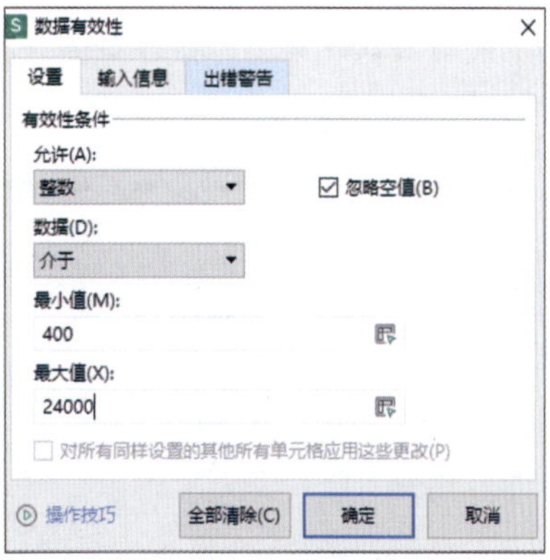　　　　　图 5-103　设置有效性条件

（3）单击"确定"按钮，完成数据输入范围的限制，在 C 列的空白单元格中输入指定范围以外的数据，则显示"错误提示"对话框，提示输入的内容不符合条件，需要重新输入指定范围内的数据才可以，如图 5-104 所示。

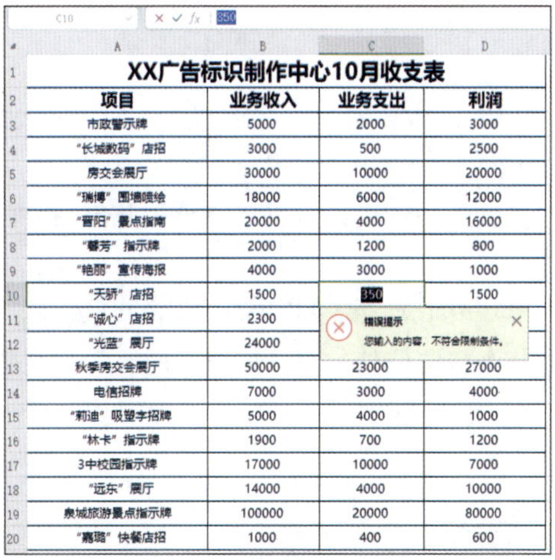

图 5-104　限制数据输入范围

上机实训：制作计件工资录入表

计件工资录入表是一种用于记录和计算员工基于完成的工作量（如产品数量、服务次数等）所获得的工资的工具。这种表格通常用于那些以计件方式支付工资的工作环境中，如制造业、装配线、快递配送、家政服务等。在本案例中，需要制作出计件工资录入表，并对工作表的单元格进行编辑与美化操作，最后通过公式计算出合计金额。下面详细讲解具体的操作步骤。

（1）启动 WPS Office 软件，新建一个空白工作簿，在工作簿中输入各种数据信息。

（2）选择 A1:K1 单元格区域，在"开始"选项卡的"对齐方式"面板中，单击"合并"按钮，合并单元格。

（3）修改字体格式为"宋体"和"黑体"，字号分别为 20、12、11，并加粗相应的文本，将数据居中对齐。

（4）使用鼠标拖曳，调整表格的行高和列宽，其效果如图 5-105 所示。

（5）为工作表添加边框和底纹颜色效果，并修改标题文本的字体颜色。

（6）使用公式计算出“合计金额”总数据，如图 5-106 所示。

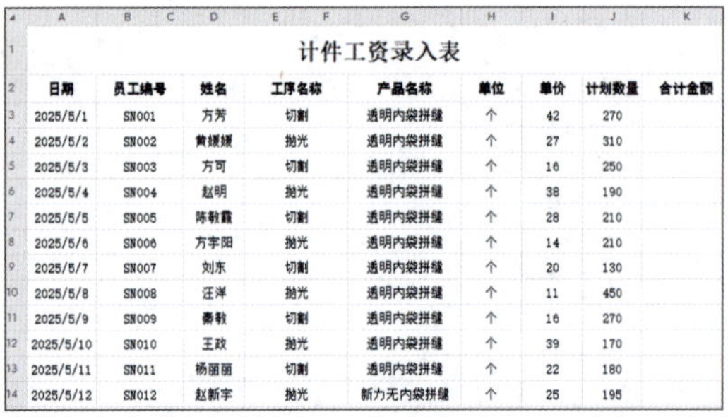

计件工资录入表								
日期	员工编号	姓名	工序名称	产品名称	单位	单价	计划数量	合计金额
2025/5/1	SN001	方芳	切割	透明内袋拼缝	个	42	270	
2025/5/2	SN002	黄媛媛	抛光	透明内袋拼缝	个	27	310	
2025/5/3	SN003	方可	切割	透明内袋拼缝	个	16	250	
2025/5/4	SN004	赵明	抛光	透明内袋拼缝	个	38	190	
2025/5/5	SN005	陈敏霞	切割	透明内袋拼缝	个	28	210	
2025/5/6	SN006	方宇阳	抛光	透明内袋拼缝	个	14	210	
2025/5/7	SN007	刘东	切割	透明内袋拼缝	个	20	130	
2025/5/8	SN008	汪洋	抛光	透明内袋拼缝	个	11	450	
2025/5/9	SN009	秦敏	切割	透明内袋拼缝	个	16	270	
2025/5/10	SN010	王政	抛光	透明内袋拼缝	个	39	170	
2025/5/11	SN011	杨丽丽	切割	透明内袋拼缝	个	22	180	
2025/5/12	SN012	赵新宇	抛光	新力无内袋拼缝	个	25	195	

图 5-105　输入与编辑工作表

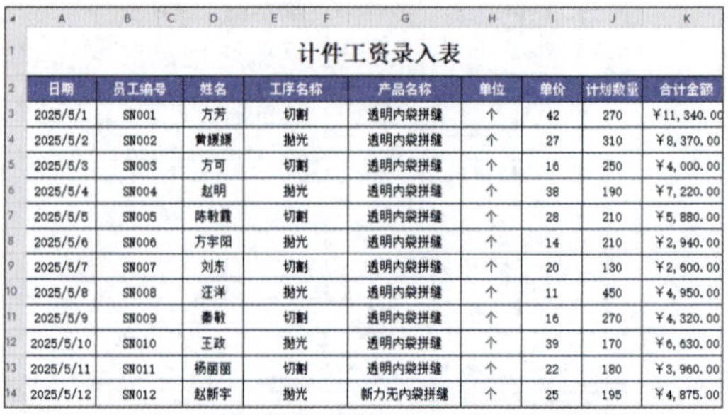

计件工资录入表								
日期	员工编号	姓名	工序名称	产品名称	单位	单价	计划数量	合计金额
2025/5/1	SN001	方芳	切割	透明内袋拼缝	个	42	270	￥11,340.00
2025/5/2	SN002	黄媛媛	抛光	透明内袋拼缝	个	27	310	￥8,370.00
2025/5/3	SN003	方可	切割	透明内袋拼缝	个	16	250	￥4,000.00
2025/5/4	SN004	赵明	抛光	透明内袋拼缝	个	38	190	￥7,220.00
2025/5/5	SN005	陈敏霞	切割	透明内袋拼缝	个	28	210	￥5,880.00
2025/5/6	SN006	方宇阳	抛光	透明内袋拼缝	个	14	210	￥2,940.00
2025/5/7	SN007	刘东	切割	透明内袋拼缝	个	20	130	￥2,600.00
2025/5/8	SN008	汪洋	抛光	透明内袋拼缝	个	11	450	￥4,950.00
2025/5/9	SN009	秦敏	切割	透明内袋拼缝	个	16	270	￥4,320.00
2025/5/10	SN010	王政	抛光	透明内袋拼缝	个	39	170	￥6,630.00
2025/5/11	SN011	杨丽丽	切割	透明内袋拼缝	个	22	180	￥3,960.00
2025/5/12	SN012	赵新宇	抛光	新力无内袋拼缝	个	25	195	￥4,875.00

图 5-106　最终案例效果

习题测试

1. 填空题

（1）在 WPS 表格中，一个工作簿默认包含______个工作表。

（2）输入公式时，必须以______开头。

（3）若要在单元格 A1 和 B1 的数值之间进行求和，应使用的公式是______。

（4）WPS 表格中的单元格引用分为相对引用、绝对引用和______引用。

（5）要将某一列的数据复制到另一列，可以选中该列数据后，使用快捷键______进行复制和粘贴。

（6）在 WPS 表格中，计算一列数据的平均值应使用的函数是______。

（7）若要查找数据表中某个特定值的位置，可以使用______函数。

（8）WPS 表格中的条件格式可以根据设定的______改变单元格的外观。

2. 选择题

（1）WPS 表格文件的扩展名是（　　）。

A. .txt　　B. .doc

C. .xlsx　　D. .jpg

（2）在 WPS 表格中，以下哪个符号用于表示单元格的绝对引用？（　　）

A. $　　B. #

C. %　　D. &

（3）下列哪个函数用于计算一组数据的最大值？（　　）

A. MAX　　B. MIN

C. SUM　　D. AVERAGE

（4）若要将 A1 单元格的内容复制到 B1 单元格，应使用哪种操作？（　　）

A. 单击并拖曳填充柄　　B. 使用“复制”和“粘贴”命令

C. 按 Ctrl+D 键　　D. 以上都可以

（5）下列哪个快捷键用于打开“查找和替换”对话框？（　　）

A. Ctrl+F　　B. Ctrl+H

C. Ctrl+R　　D. Ctrl+Z

3. 上机操作题

制作一个“费用明细图表”工作簿，其最终效果如图 5-107 所示。

（1）新建一个空白工作簿，在工作簿中输入各种数据。

（2）文字和段落格式：修改字体格式为微软雅黑，字号分别为 20、12 和 20。

（3）单元格编辑：使用“合并”功能合并单元格，并将数据居中对齐。

（4）工作表美化：为工作表添加边框效果。

（5）计算数据：使用“求和”功能计算各项目的总计数据。

	A	B	C	D	E	F
1	费用明细图表					
2	月份	办公用品费用	交通费用	广告牌费用	差旅费用	中餐费用
3	一月	1500	800	4300	1400	2100
4	二月	2000	500	4500	1300	2300
5	三月	3500	200	5600	1500	2200
6	四月	4500	400	6500	1900	2860
7	五月	5600	350	7800	2100	3100
8	六月	5500	260	11000	2300	1980
9	七月	5800	290	4000	2500	1880
10	八月	7800	360	3500	1850	1600
11	九月	1900	300	3900	1750	1700
12	十月	2300	295	3800	1680	900
13	十一月	2100	260	4650	1460	950
14	十二月	2200	300	4360	1360	1050
15	总计	44700	4315	63910	21100	22620

图 5-107　上机习题效果

项目 6　WPS 表格的排序、筛选与汇总

---○ **本章导读** ○---

在现代职场中，数据处理与分析已成为日常工作的重要组成部分。WPS 表格作为一款功能强大的电子表格软件，为我们提供了丰富的数据分析工具。本项目将介绍 WPS 表格中常用的基础数据分析方法——排序、筛选与分类汇总，帮助读者快速掌握这些技能，为后续的深入分析奠定坚实的基础。

---○ **学习目标** ○---

通过本章多个知识点的学习，读者朋友可以熟练掌握 WPS 表格中数据的排序、筛选、汇总和合并计算等操作。

---○ **知识要点** ○---

- 使用 AI 了解库存管理表
- 简单排序数据
- 按自定义排序数据
- 筛选数据
- 使用 AI 了解业绩销售表
- 按日期汇总业绩销售表
- 按部门汇总业绩销售表
- 合并计算多张表格的销售业绩

任务 6.1 制作"库存管理表"

库存管理表是对公司或个人的仓库中存储的物品数量和状态进行跟踪和记录的一种工具，它包含仓库中物品的种类、数量、存放位置、入库时间和出库时间等信息，是仓库管理的核心工具之一。

本次任务详细讲解制作"库存管理表"表格的相关操作，其内容包含熟悉库存管理表基础知识、排序数据、筛选数据等操作。

子任务 6.1.1 使用 AI 了解库存管理表

在制作库存管理表之前，需要先熟悉库存管理表的作用、内容和设计原则。下面通过 AI 工具"文心一言"查询库存管理表的设计原则是什么。

向文心一言提问：库存管理表的设计原则是什么？

📍**文心一言回复：**

库存管理表具有明确性、简洁性、易操作性和实时性 4 个设计原则。

▶ 明确性：确保表格中的每一项内容都清晰明确，避免产生歧义。

▶ 简洁性：尽量简化表格内容，避免冗余信息，提高管理效率。

▶ 易操作性：设计易于操作的表格格式，方便管理人员快速录入和查询数据。

▶ 实时性：确保库存管理表的数据实时更新，以反映最新的库存情况。

子任务 6.1.2 简单排序数据

WPS 排序是指在使用 WPS 这款办公软件时，对数据进行整理和组织的一种功能。具体来说，WPS 中的排序功能允许用户按照某个指定的属性或条件，将表格中的数据按照升序或降序进行排列。

观看视频

▶ 升序排列：是指按照某个属性或条件从小到大的顺序进行排列。例如，在包含数字的表格中，升序排列将按照数字从小到大的顺序来组织数据。

▶ 降序排列：是指按照某个属性或条件从大到小的顺序进行排列。同样地，在包含数字的表格中，降序排列将按照数字从大到小的顺序来组织数据。

下面详细讲解按单价和成本简单排序数据的具体操作方法。

第 1 步 打开本书提供的"素材 / 项目六 / 库存管理表 .xlsx"工作簿，切换至"简单排序"工作表，如图 6-1 所示。

第 2 步 选择 I 列中的任意单元格，在"数据"选项卡的"筛选排序"面板中，单击"排序"右侧的下拉按钮，展开列表框，选择"升序"命令，如图 6-2 所示。

第 3 步 将"单价"列按照"升序"命令从小到大排序数据，如图 6-3 所示。

第 4 步 选择 K 列中的任意单元格，在"数据"选项卡的"筛选排序"面板中，单击"排序"右侧的下拉按钮，展开列表框，选择"降序"命令，如图 6-4 所示。

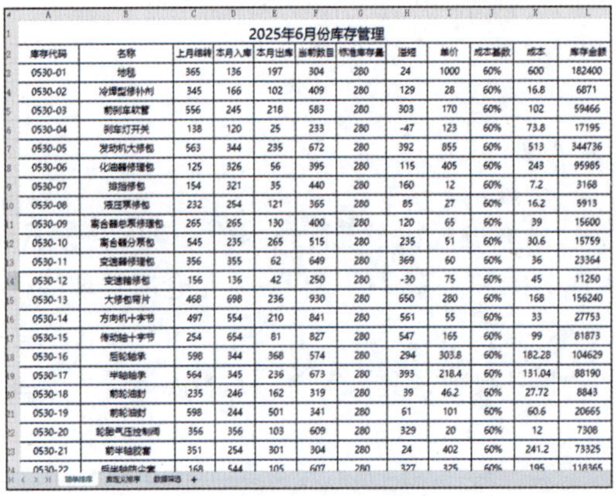

库存代码	名称	上月结转	本月入库	本月出库	当前数目	标准库存量	溢短	单价	成本基数	成本	库存金额
0530-01	地毯	365	136	197	304	280	24	1000	60%	600	182400
0530-02	冷焊型修补剂	345	166	102	409	280	129	28	60%	16.8	6871
0530-03	前刹车软管	556	245	218	583	280	303	170	60%	102	59466
0530-04	刹车灯开关	138	120	25	233	280	-47	123	60%	73.8	17195
0530-05	发动机大修包	563	344	235	672	280	392	855	60%	513	344736
0530-06	化油器修理包	125	326	56	395	280	115	405	60%	243	95985
0530-07	排挡修包	154	321	35	440	280	160	12	60%	7.2	3168
0530-08	液压泵修包	232	254	121	365	280	85	27	60%	16.2	5913
0530-09	离合器总泵修理包	265	265	130	400	280	120	65	60%	39	15600
0530-10	离合器分泵包	545	235	265	515	280	235	51	60%	30.6	15759
0530-11	变速器修理包	356	355	62	649	280	369	60	60%	36	23364
0530-12	变速箱修包	156	136	42	250	280	-30	75	60%	45	11250
0530-13	大修包带片	468	698	236	930	280	650	280	60%	168	156240
0530-14	方向机十字节	497	554	210	841	280	561	55	60%	33	27753
0530-15	传动轴十字节	254	654	81	827	280	547	165	60%	99	81873
0530-16	后轮轴承	598	344	368	574	280	294	303.8	60%	182.28	104629
0530-17	半轴轴承	564	345	236	673	280	393	218.4	60%	131.04	88190
0530-18	前轮油封	235	246	162	319	280	39	46.2	60%	27.72	8843
0530-19	前轮油封	598	244	501	341	280	61	101	60%	60.6	20665
0530-20	轮胎气压控制阀	356	356	103	609	280	329	20	60%	12	7308
0530-21	前半轴胶套	351	254	301	304	280	24	402	60%	241.2	73325
0530-22	后半轴防尘套	168	544	105	607	280	327	325	60%	195	118365

图 6-1　切换至“简单排序”工作表

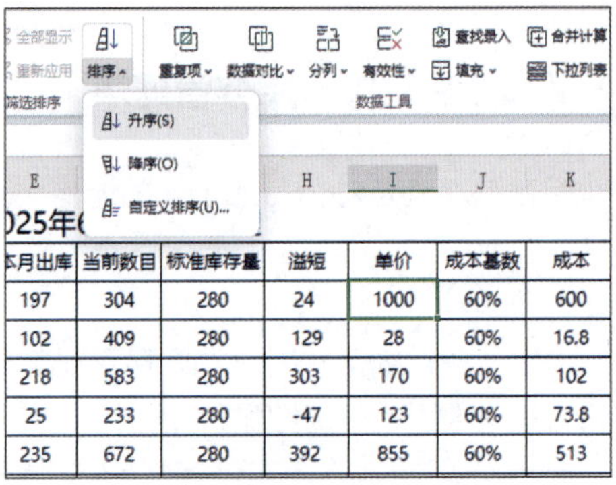

本月出库	当前数目	标准库存量	溢短	单价	成本基数	成本
197	304	280	24	1000	60%	600
102	409	280	129	28	60%	16.8
218	583	280	303	170	60%	102
25	233	280	-47	123	60%	73.8
235	672	280	392	855	60%	513

图 6-2　选择“升序”命令

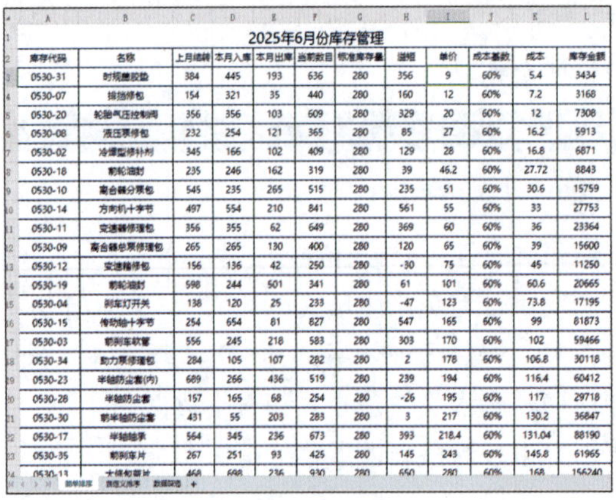

库存代码	名称	上月结转	本月入库	本月出库	当前数目	标准库存量	溢短	单价	成本基数	成本	库存金额
0530-31	时规皮胶垫	384	445	193	636	280	356	9	60%	5.4	3434
0530-07	排挡修包	154	321	35	440	280	160	12	60%	7.2	3168
0530-20	轮胎气压控制阀	356	356	103	609	280	329	20	60%	12	7308
0530-08	液压泵修包	232	254	121	365	280	85	27	60%	16.2	5913
0530-02	冷焊型修补剂	345	166	102	409	280	129	28	60%	16.8	6871
0530-18	前轮油封	235	246	162	319	280	39	46.2	60%	27.72	8843
0530-10	离合器分泵包	545	235	265	515	280	235	51	60%	30.6	15759
0530-14	方向机十字节	497	554	210	841	280	561	55	60%	33	27753
0530-11	变速器修理包	356	355	62	649	280	369	60	60%	36	23364
0530-09	离合器总泵修理包	265	265	130	400	280	120	65	60%	39	15600
0530-12	变速箱修包	156	136	42	250	280	-30	75	60%	45	11250
0530-19	前轮油封	598	244	501	341	280	61	101	60%	60.6	20665
0530-04	刹车灯开关	138	120	25	233	280	-47	123	60%	73.8	17195
0530-15	传动轴十字节	254	654	81	827	280	547	165	60%	99	81873
0530-03	前刹车软管	556	245	218	583	280	303	170	60%	102	59466
0530-34	助力泵修理包	284	105	107	282	280	2	178	60%	106.8	30118
0530-23	半轴防尘套(内)	689	266	436	519	280	239	194	60%	116.4	60412
0530-28	半轴防尘套	157	165	68	254	280	-26	195	60%	117	29718
0530-30	前半轴防尘套	431	55	203	283	280	3	217	60%	130.2	36847
0530-17	半轴轴承	564	345	236	673	280	393	218.4	60%	131.04	88190
0530-35	前刹车片	267	251	93	425	280	145	243	60%	145.8	61965
0530-13	大修包带片	468	698	236	930	280	650	280	60%	168	156240

图 6-3　升序排序数据

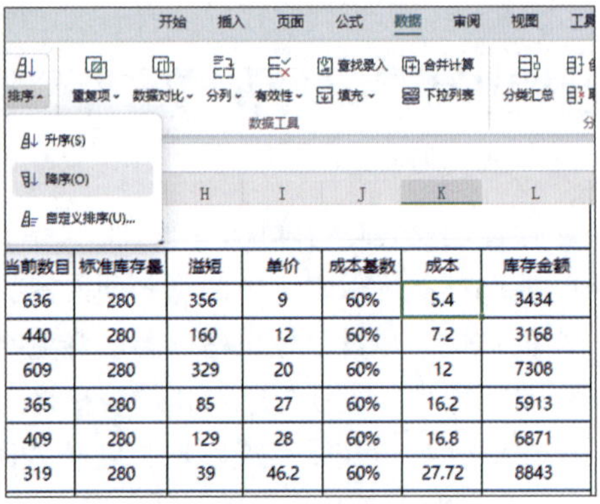

当前数目	标准库存量	溢短	单价	成本基数	成本	库存金额
636	280	356	9	60%	5.4	3434
440	280	160	12	60%	7.2	3168
609	280	329	20	60%	12	7308
365	280	85	27	60%	16.2	5913
409	280	129	28	60%	16.8	6871
319	280	39	46.2	60%	27.72	8843

图 6-4　选择“降序”命令

第5步 将“成本”列按照“降序”命令从大到小排序数据，如图 6-5 所示。

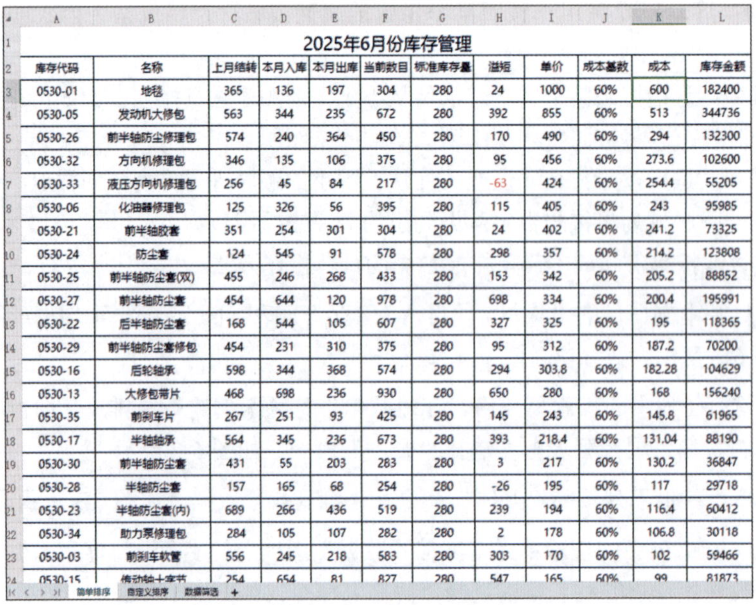

库存代码	名称	上月结转	本月入库	本月出库	当前数目	标准库存量	溢短	单价	成本基数	成本	库存金额
0530-01	地毯	365	136	197	304	280	24	1000	60%	600	182400
0530-05	发动机大修包	563	344	235	672	280	392	855	60%	513	344736
0530-26	前半轴防尘修理包	574	240	364	450	280	170	490	60%	294	132300
0530-32	方向机修理包	346	135	106	375	280	95	456	60%	273.6	102600
0530-33	液压方向机修理包	256	45	84	217	280	-63	424	60%	254.4	55205
0530-06	化油器修理包	125	326	56	395	280	115	405	60%	243	95985
0530-21	前半轴胶套	351	254	301	304	280	24	402	60%	241.2	73325
0530-24	防尘套	124	545	91	578	280	298	357	60%	214.2	123808
0530-25	前半轴防尘套(双)	455	246	268	433	280	153	342	60%	205.2	88852
0530-27	前半轴防尘套	454	644	120	978	280	698	334	60%	200.4	195991
0530-22	后半轴防尘套	168	544	105	607	280	327	325	60%	195	118365
0530-29	前半轴防尘套修包	454	231	310	375	280	95	312	60%	187.2	70200
0530-16	后轮轴承	598	344	368	574	280	294	303.8	60%	182.28	104629
0530-13	大修包带片	468	698	236	930	280	650	280	60%	168	156240
0530-35	前刹车片	267	251	93	425	280	145	243	60%	145.8	61965
0530-17	半轴轴承	564	345	236	673	280	393	218.4	60%	131.04	88190
0530-30	前半轴防尘套	431	55	203	283	280	3	217	60%	130.2	36847
0530-28	半轴防尘套	157	165	68	254	280	-26	195	60%	117	29718
0530-23	半轴防尘套(内)	689	266	436	519	280	239	194	60%	116.4	60412
0530-34	助力泵修理包	284	105	107	282	280	2	178	60%	106.8	30118
0530-03	前刹车软管	556	245	218	583	280	303	170	60%	102	59466
0530-15	传动轴十字节	254	654	81	827	280	547	165	60%	99	81873

图 6-5　降序排序数据

子任务 6.1.3　自定义排序数据

在 WPS 表格中，自定义排序数据是一个灵活且强大的功能，允许用户根据自己的需要设定特定的排序规则。下面详细讲解自定义排序数据的具体操作步骤。

观看视频

第❶步 在"库存管理表"工作簿中切换至"自定义排序"工作表，在工作表中任选一个单元格，在"数据"选项卡的"筛选排序"面板中，单击"排序"右侧的下拉按钮，展开列表框，选择"自定义排序"命令，如图 6-6 所示。

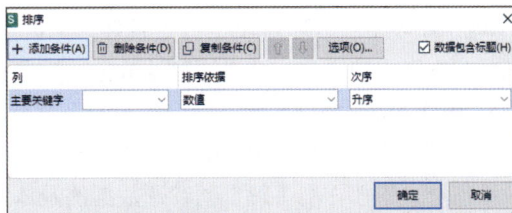

第❷步 打开"排序"对话框，单击"添加条件"按钮，如图 6-7 所示。

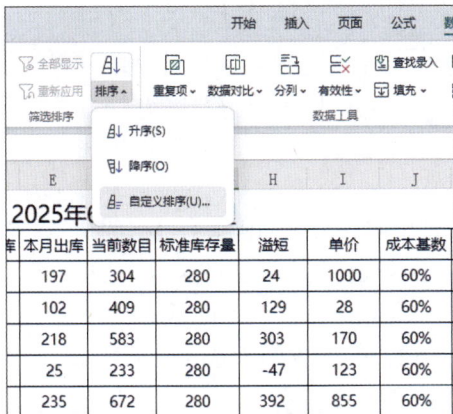

图 6-6　选择"自定义排序"命令　　　　　图 6-7　单击"添加条件"按钮

第❸步 添加一个"次要关键字"条件，使用同样的方法，再次添加一个"次要关键字"条件，如图 6-8 所示。

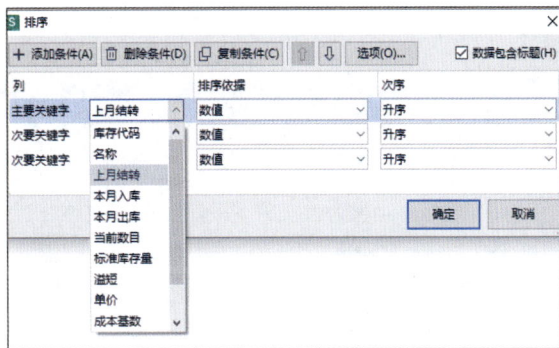

第❹步 单击"主要关键字"右侧的下拉按钮，展开列表框，选择"上月结转"选项，如图 6-9 所示。

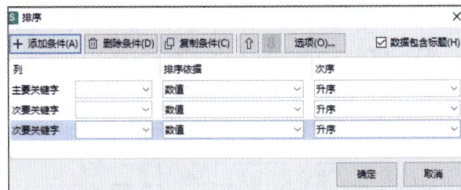

图 6-8　添加"次要关键字"条件　　　　　图 6-9　选择"上月结转"选项

第❺步 设置主要关键字的列条件，修改"次序"为"降序"，将第一个"次要关键字"的条件修改为"本月入库"、"次序"为"升序"；将第二个"次要关键字"的条件修改为"本月出库"、"次序"为"升序"，如图 6-10 所示。

第❻步 单击"确定"按钮，即可自定义排序数据，其效果如图 6-11 所示。

图 6-10　修改参数值

图 6-11　自定义排序数据

子任务 6.1.4　筛选数据

观看视频

WPS 筛选是一种通过设定特定条件，从大量数据中筛选出符合要求的数据的功能。它可帮助用户根据自定义的标准迅速过滤数据，以便在复杂的数据集中快速定位目标信息。

1. 自动筛选数据

自动筛选是 WPS 表格中最基础的筛选方式，主要是指通过文本筛选、数字筛选等方式进行数据筛选。下面详细讲解自动筛选数据的具体操作步骤。

第 1 步 在"库存管理表"工作簿中切换至"筛选数据"工作表，在工作表中任选一个单元格，在"数据"选项卡的"筛选排序"面板中，单击"筛选"右侧的下拉按钮，展开列表框，选择"筛选"命令，如图 6-12 所示。

第 2 步 开启"筛选"功能，单击 B2 单元格右侧的筛选下拉按钮，展开筛选框，单击"文本筛选"按钮，展开列表框，选择"包含"命令，如图 6-13 所示。

图 6-12　选择"筛选"命令

图 6-13　选择"包含"命令

第 3 步 打开"自定义自动筛选方式"对话框，在"包含"右侧的文本框中输入"半轴"，如图 6-14 所示。

第 4 步 单击"确定"按钮，即可筛选出包含"半轴"文本的数据，如图 6-15 所示。

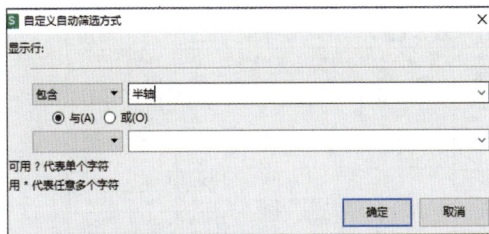

图 6-14 输入"半轴"

图 6-15 按文本筛选数据

第**5**步 单击 C2 单元格右侧的筛选下拉按钮,展开筛选框,单击"数字筛选"按钮,展开列表框,选择"大于"命令,如图 6-16 所示。

第**6**步 打开"自定义自动筛选方式"对话框,在"大于"右侧的文本框中输入 500,如图 6-17 所示。

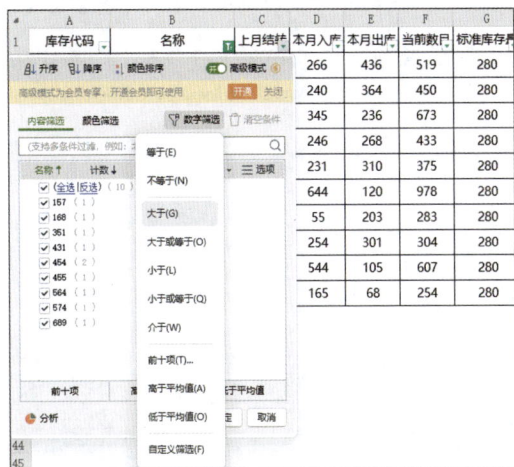

图 6-16 选择"大于"命令

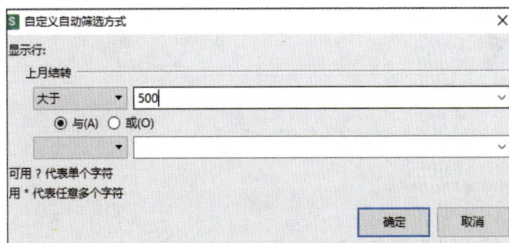

图 6-17 输入筛选条件

第**7**步 单击"确定"按钮,即可使用数字筛选自动筛选大于 500 的数据,如图 6-18 所示。

	A	B	C	D	E	F	G	H	I	J	K	L
1	库存代码	名称	上月结转	本月入库	本月出库	当前数	标准库存量	溢短	单价	成本基数	成本	库存金额
2	0530-23	半轴防尘套(内)	689	266	436	519	280	239	194	60%	116.4	60412
5	0530-26	前半轴防尘修理包	574	240	364	450	280	170	490	60%	294	132300
6	0530-17	半轴轴承	564	345	236	673	280	393	218.4	60%	131.04	88190

图 6-18 数字筛选数据

2. 自定义筛选数据

在自动筛选状态下,还可以进行自定义筛选。下面详细讲解自定义筛选数据的具体操作步骤。

第**1**步 在工作表中,依次单击相应单元格右侧的筛选按钮,展开筛选框,单击"清空条件"按钮,如图 6-19 所示,即可清除已经筛选的数据。

第**2**步 单击 I2 单元格右侧的筛选下拉按钮,展开筛选框,单击"数字筛选"按钮,展开列表框,选择"自定义筛选"命令,如图 6-20 所示。

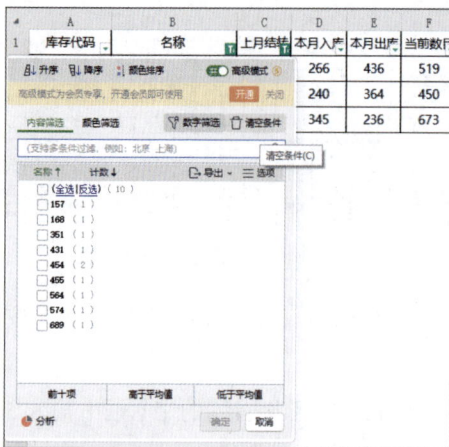

图 6-19　单击"清空条件"按钮

图 6-20　选择"自定义筛选"按钮

第 3 步　打开"自定义自动筛选方式"对话框，修改第一个筛选条件为"大于"和 390，第二个筛选条件为"小于"和 800，如图 6-21 所示。

第 4 步　单击"确定"按钮，即可使用自定义筛选方式筛选出大于 390、小于 800 的数据，其效果如图 6-22 所示。

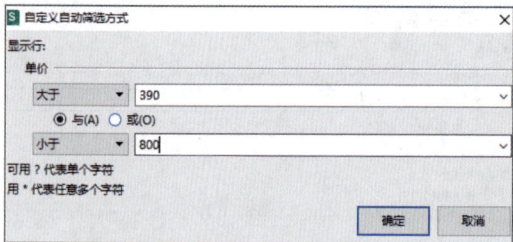

图 6-21　修改筛选条件

图 6-22　自定义筛选数据

3. 高级筛选数据

当需要基于多个条件进行筛选时，可以使用高级筛选功能。下面详细讲解高级筛选数据的具体操作步骤。

第 1 步　在工作表中，依次单击相应单元格右侧的筛选按钮，展开筛选框，单击"清空条件"按钮，即可清除已经筛选的数据。

第 2 步　选择 N1:P2 单元格区域，依次输入筛选条件，并修改其对齐方式为"居中对齐"，如图 6-23 所示。

第 3 步　在"数据"选项卡的"筛选排序"面板中，单击"筛选"右侧的下拉按钮，展开列表框，选择"高级筛选"命令，如图 6-24 所示。

图 6-23　输入筛选条件

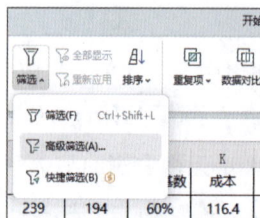

图 6-24　选择"高级筛选"命令

第**4**步 打开"高级筛选"对话框，选中"将筛选结果复制到其他位置"单选按钮，单击"列表区域"右侧的按钮，如图 6-25 所示。

第**5**步 打开工作表，在工作表中引用 A1:L36 单元格区域，如图 6-26 所示，单击相应的按钮，即可引用列表区域。

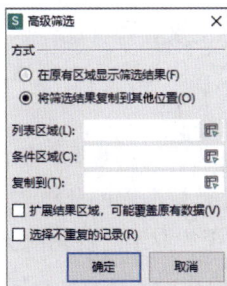

图 6-25　单击"列表区域"右侧的按钮

图 6-26　引用单元格区域

第**6**步 返回"高级筛选"对话框，依次引用条件区域和复制到区域，单击"确定"按钮，如图 6-27 所示。

第**7**步 使用"高级筛选"功能筛选数据，其效果如图 6-28 所示。

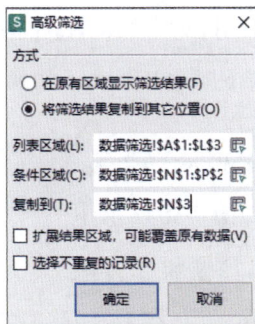

图 6-27　引用筛选区域

图 6-28　高级筛选数据

任务 6.2　制作"业绩销售表"

业绩销售表是一种以图表或表格形式展示销售数据和相关指标的报告。它通常包括销售额、销售量、销售渠道、销售区域等信息，以及与销售业绩相关的指标，如销售增长率、市场份额、客户满意度等。

本次任务详细讲解制作"业绩销售表"表格的相关操作，其内容包含熟悉业绩销售表的基础知识、汇总数据、合并计算多张工作表等操作。

子任务 6.2.1　使用 AI 了解业绩销售表

业绩销售表是一种重要的商业工具，用于评估销售团队或个人的销售表现。在制作业绩销售表之前，需要先通过 AI 工具 DeepSeek 了解业绩销售表的作用和内容，熟悉业绩销售表的制作方法与注意事项。

下面将通过 AI 工具 DeepSeek 搜索业绩销售表的制作技巧。

问 DeepSeek 提问：业绩销售表的制作技巧是什么？

DeepSeek 回复：

在制作业绩销售表时，可以采用以下 5 个制作技巧。

► 准备数据、整理表格：在制作表格前，需要准备并整理好相关数据。数据应准确、完整，并符合分析需求。同时，表格的格式应规范、清晰，方便查看和管理。

► 设置字体和颜色：为了提高表格的可读性，可以设置合适的字体和颜色。例如，标题行可以使用较大的字体和醒目的颜色，以突出显示。

► 添加辅助数据：在表格中添加辅助数据可以帮助用户更好地理解销售数据。例如，可以计算销售额的增长率、销售渠道的占比等辅助数据，以便进行更深入的分析。

► 使用图表展示：通过图表展示销售数据可以更加直观地了解销售业绩的变化情况。例如，可以使用柱状图、折线图等图表类型来展示销售额的变化趋势和销售渠道的占比情况。

► 保护数据安全：在制作和使用表格时，需要注意保护数据安全。可以设置密码或权限控制来防止未经授权的访问和修改。

子任务 6.2.2　按日期汇总业绩销售表

观看视频

WPS 分类汇总是 WPS 表格（即 WPS Excel）中的一项重要功能，它能帮助用户快速对大量数据进行分类并计算总和、平均值等统计信息。下面详细讲解按日期汇总业绩销售表的具体操作方法。

第 **1** 步　打开本书提供的"素材 / 项目六 / 业绩销售表 .xlsx"工作簿，切换至"按日期汇总数据"工作表，如图 6-29 所示。

第 **2** 步　选择 A 列中的任意单元格，在"数据"选项卡的"筛选排序"面板中，单击"排序"右侧的下拉按钮，展开列表框，选择"升序"命令，如图 6-30 所示。

图 6-29　切换工作表

图 6-30　选择"升序"命令

第 **3** 步　升序排序数据，其效果如图 6-31 所示。

第 4 步 选择工作表中的 A2:I46 单元格区域，在"数据"选项卡的"分类汇总"面板中，单击"分类汇总"按钮，如图 6-32 所示。

图 6-31 升序排序数据

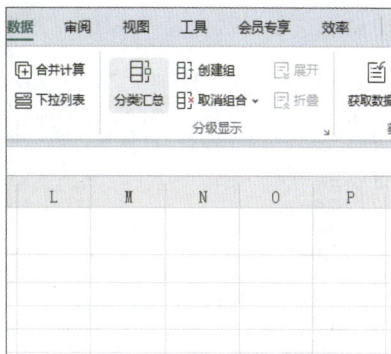

图 6-32 单击"分类汇总"按钮

第 5 步 打开"分类汇总"对话框，在"分类字段"列表框中选择"日期"选项，在"汇总方式"列表框中选择"求和"选项，在"选定汇总项"列表框中，勾选"一月份"复选框，如图 6-33 所示。

第 6 步 单击"确定"按钮，即可按照日期分类汇总一月份的业绩数据，其汇总结果如图 6-34 所示。

图 6-33 修改汇总参数

图 6-34 按日期汇总数据

子任务 6.2.3 按部门汇总业绩销售表

分类汇总通常用于需要对数据进行分组统计和分析的场景，例如按部门统计销售额、按产品类别统计成本等。下面详细讲解按部门汇总业绩销售表的具体操作方法。

观看视频

第 1 步 切换至"按部门汇总数据"工作表，将 C 列数据按升序排序，选择 A2:I46 单元格区域，在"数据"选项卡的"分类汇总"面板中，单击"分类汇总"按钮，打开"分类汇总"对话框，在"分类字段"列表框中选择"部门"选项，在"汇总方式"列表框中选择"求和"选项，在"选定汇总项"列表框中，勾选"六月份"复选框，如图 6-35 所示。

第2步 单击"确定"按钮，即可按部门汇总 6 月份的业绩数据，如图 6-36 所示。

图 6-35 修改汇总条件

图 6-36 按部门汇总数据

第3步 继续选择合适的单元格区域，在"数据"选项卡的"分类汇总"面板中，单击"分类汇总"按钮，打开"分类汇总"对话框，在"分类字段"列表框中选择"部门"选项，在"汇总方式"列表框中选择"计数"选项，在"选定汇总项"列表框中，勾选"部门"复选框，取消勾选"替换当前分类汇总"复选框，如图 6-37 所示。

第4步 单击"确定"按钮，即可按部门嵌套汇总数据，其效果如图 6-38 所示。

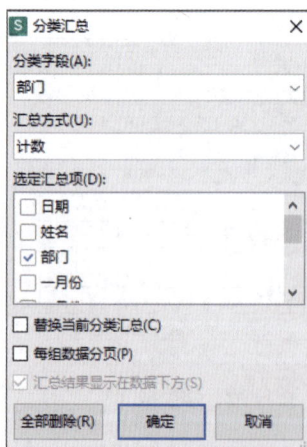

图 6-37 修改汇总参数

图 6-38 嵌套汇总数据

子任务 6.2.4 合并计算多张表格的销售业绩

在 WPS 表格中，合并计算数据是一项非常实用的功能，它可以帮助用户汇总一个或多个源区域中的数据，并将其显示在一张表中。下面详细讲解合并计算多张表格的销售业绩的具体操作方法。

第❶步 在"业绩销售表"工作簿中切换至"总业绩"工作表，选择 D2:D46 单元格区域，在"数据"选项卡的"数据工具"面板中，单击"合并计算"按钮，如图 6-39 所示。

第❷步 打开"合并计算"对话框，在"函数"列表框中选择"求和"选项，在"引用位置"文本框中，单击其右侧的按钮 🔡，如图 6-40 所示。

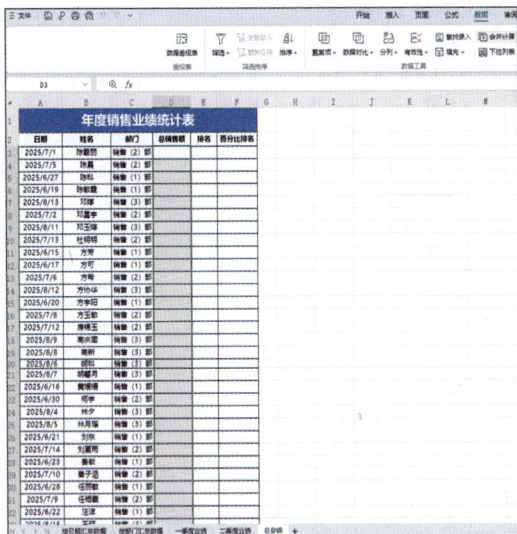

图 6-39　单击"合并计算"按钮

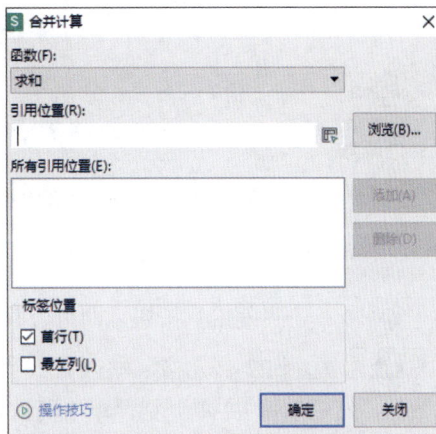

图 6-40　单击相应的按钮

第❸步 打开"合并计算 - 引用位置"对话框，切换至"一季度业绩"工作表，框选 D2:D46 单元格区域，单击相应的按钮 🔡，如图 6-41 所示。

第❹步 返回"合并计算"对话框，在"引用位置"文本框中显示引用的单元格区域，单击"添加"按钮，如图 6-42 所示。

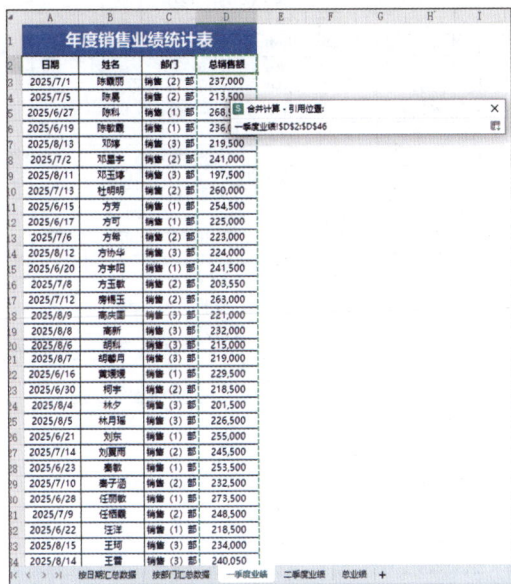

图 6-41　框选单元格区域

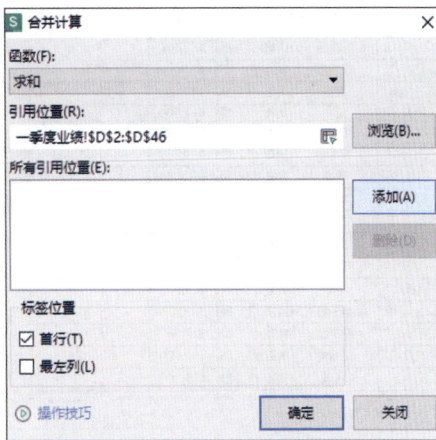

图 6-42　单击"添加"按钮

第 5 步 添加引用的位置，并在"所有引用位置"列表框中显示引用的位置，如图 6-43 所示。

第 6 步 使用同样的方法，引用"二季度业绩"工作表中的数据，并添加引用的位置，如图 6-44 所示。

图 6-43　显示引用的位置　　　　　　　　　　图 6-44　添加其他的引用位置

第 7 步 单击"确定"按钮，即可合并计算多张表格数据，如图 6-45 所示。

第 8 步 选择 E2 单元格，输入公式"=RANK(D3,D$3:D$46,0)"，按 Enter 键确定，排名计算数据，然后选择 E2 单元格，单击两次鼠标左键，填充公式，如图 6-46 所示。

图 6-45　合并计算数据　　　　　　　　　　　图 6-46　排名计算数据

第9步 选择 F2 单元格，输入公式“=PERCENTRANK(D$3:D$46,D3,2)”，按 Enter 键确定，即可计算百分比排名，如图 6-47 所示。

第10步 选择 F2 单元格，单击两次鼠标左键，填充公式，完成所有员工的百分比排名的计算，如图 6-48 所示。

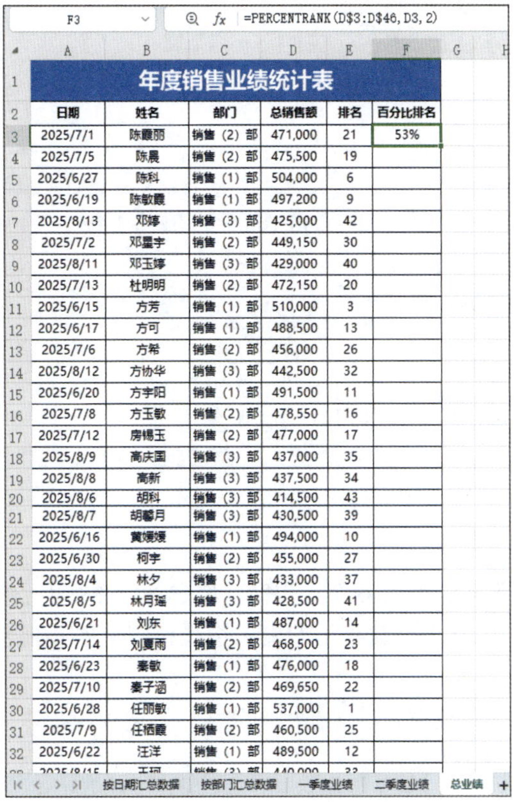

F3 =PERCENTRANK(D$3:D$46,D3,2)

年度销售业绩统计表					
日期	姓名	部门	总销售额	排名	百分比排名
2025/7/1	陈霞丽	销售（2）部	471,000	21	53%
2025/7/5	陈晨	销售（2）部	475,500	19	
2025/6/27	陈科	销售（1）部	504,000	6	
2025/6/19	陈敏霞	销售（1）部	497,200	9	
2025/8/13	邓婷	销售（3）部	425,000	42	
2025/7/2	邓星宇	销售（2）部	449,150	30	
2025/8/11	邓玉婷	销售（3）部	429,000	40	
2025/7/13	杜明明	销售（2）部	472,150	20	
2025/6/15	方芳	销售（1）部	510,000	3	
2025/6/17	方可	销售（1）部	488,500	13	
2025/7/6	方希	销售（2）部	456,000	26	
2025/8/12	方协华	销售（3）部	442,500	32	
2025/6/20	方宇阳	销售（1）部	491,500	11	
2025/7/8	方玉敏	销售（2）部	478,550	16	
2025/7/12	房锡玉	销售（2）部	477,000	17	
2025/8/9	高庆国	销售（3）部	437,000	35	
2025/8/8	高新	销售（3）部	437,500	34	
2025/8/6	胡科	销售（3）部	414,500	43	
2025/8/7	胡馨月	销售（3）部	430,500	39	
2025/6/16	黄媛媛	销售（1）部	494,000	10	
2025/6/30	柯宇	销售（2）部	455,000	27	
2025/8/4	林夕	销售（3）部	433,000	37	
2025/8/5	林月瑶	销售（3）部	428,500	41	
2025/6/21	刘东	销售（1）部	487,000	14	
2025/7/14	刘夏雨	销售（2）部	468,500	23	
2025/6/23	秦敏	销售（1）部	476,000	18	
2025/7/10	秦子涵	销售（2）部	469,650	22	
2025/6/28	任丽敏	销售（1）部	537,000	1	
2025/7/9	任栖霞	销售（2）部	460,500	25	
2025/6/22	汪洋	销售（1）部	489,500	12	

图 6-47　计算第一个员工的百分比排名

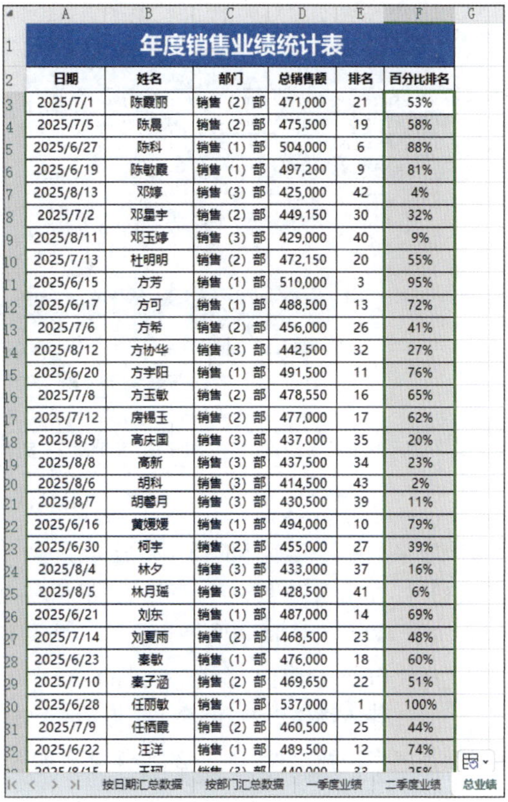

年度销售业绩统计表					
日期	姓名	部门	总销售额	排名	百分比排名
2025/7/1	陈霞丽	销售（2）部	471,000	21	53%
2025/7/5	陈晨	销售（2）部	475,500	19	58%
2025/6/27	陈科	销售（1）部	504,000	6	88%
2025/6/19	陈敏霞	销售（1）部	497,200	9	81%
2025/8/13	邓婷	销售（3）部	425,000	42	4%
2025/7/2	邓星宇	销售（2）部	449,150	30	32%
2025/8/11	邓玉婷	销售（3）部	429,000	40	9%
2025/7/13	杜明明	销售（2）部	472,150	20	55%
2025/6/15	方芳	销售（1）部	510,000	3	95%
2025/6/17	方可	销售（1）部	488,500	13	72%
2025/7/6	方希	销售（2）部	456,000	26	41%
2025/8/12	方协华	销售（3）部	442,500	32	27%
2025/6/20	方宇阳	销售（1）部	491,500	11	76%
2025/7/8	方玉敏	销售（2）部	478,550	16	65%
2025/7/12	房锡玉	销售（2）部	477,000	17	62%
2025/8/9	高庆国	销售（3）部	437,000	35	20%
2025/8/8	高新	销售（3）部	437,500	34	23%
2025/8/6	胡科	销售（3）部	414,500	43	2%
2025/8/7	胡馨月	销售（3）部	430,500	39	11%
2025/6/16	黄媛媛	销售（1）部	494,000	10	79%
2025/6/30	柯宇	销售（2）部	455,000	27	39%
2025/8/4	林夕	销售（3）部	433,000	37	16%
2025/8/5	林月瑶	销售（3）部	428,500	41	6%
2025/6/21	刘东	销售（1）部	487,000	14	69%
2025/7/14	刘夏雨	销售（2）部	468,500	23	48%
2025/6/23	秦敏	销售（1）部	476,000	18	60%
2025/7/10	秦子涵	销售（2）部	469,650	22	51%
2025/6/28	任丽敏	销售（1）部	537,000	1	100%
2025/7/9	任栖霞	销售（2）部	460,500	25	44%
2025/6/22	汪洋	销售（1）部	489,500	12	74%

图 6-48　计算其他员工的百分比排名

AI 答疑与技巧点拨

1. 快捷筛选低于平均值的销售额

快捷筛选是 WPS 表格中的一个功能，它允许用户通过简单地设置条件来快速筛选出满足这些条件的数据。这一功能在处理大量数据时尤为有用，可以显著提高数据处理的效率。

（1）打开本书提供的“素材 / 项目六 / 销售数据表 .xlsx”工作簿，选择 A1:G10 单元格区域，在“数据”选项卡的“筛选排序”面板中，单击“筛选”右侧的下拉按钮，展开列表框，选择“快捷筛选”命令，如图 6-49 所示。

（2）开启“快捷筛选”功能，单击“总金额”右侧的下拉按钮，展开筛选框，单击“低于平均值”按钮，如图 6-50 所示。

（3）快捷筛选出低于平均值的销售额数据，其筛选结果如图 6-51 所示。

2. 用自定义序列排序数据

在进行数据排序操作时，还可以使用自定义序列对数据进行排序。自定义序列允许按照特定的顺序（例如，月份名称的顺序、特定的项目顺序等）对数据进行排序，而不是按照默认的

图 6-49　选择"快捷筛选"命令

图 6-50　单击"低于平均值"按钮

图 6-51　筛选出低于平均值的销售额数据

字母或数字顺序，其具体的操作步骤如下。

（1）打开本书提供的"素材 / 项目六 / 销售数据清单 .xlsx"工作簿，框选 A1:H28 单元格区域，在"数据"选项卡的"筛选排序"面板中，单击"排序"右侧的下拉按钮，展开列表框，选择"自定义排序"命令，如图 6-52 所示。

（2）打开"排序"对话框，在"主要关键字"列表框中，选择"产品名称"选项，在"次序"列表框中选择"自定义序列"选项，如图 6-53 所示。

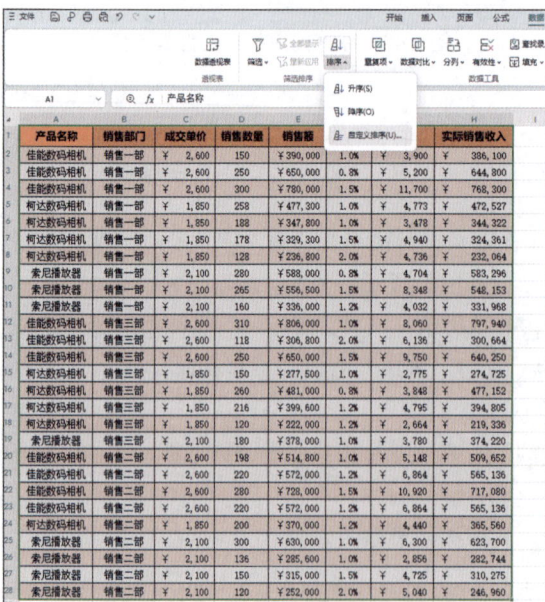

图 6-52　选择"自定义排序"命令

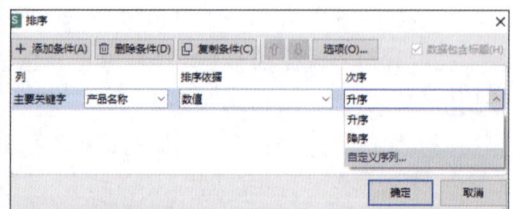

图 6-53　选择"自定义序列"选项

（3）打开"自定义序列"对话框，在"输入序列"文本框中依次输入序列文本，单击"添加"按钮，即可将输入的序列添加到"自定义序列"列表框中，如图 6-54 所示。

（4）单击"确定"按钮，返回"排序"对话框中，在"次序"列表框中选择自定义的序列，单击"确定"按钮，即可将工作表中的数据按照自定义的序列进行排序，其排序结果如图 6-55 所示。

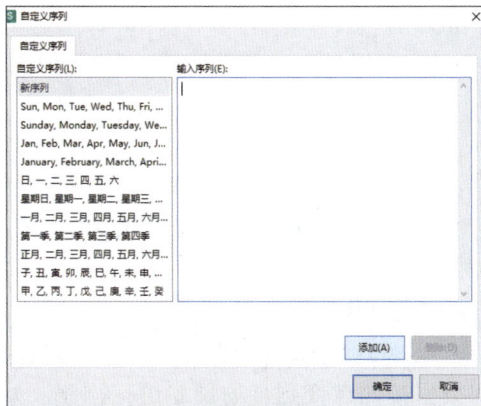

图 6-54　添加序列

图 6-55　自定义排序数据

3. 如何删除分类汇总

在工作表中进行数据分类汇总操作后，如果想将数据复原，应该怎么操作呢？下面详细讲解删除分类汇总的操作步骤。

（1）打开本书提供的"素材 / 项目六 / 办公用品领取登记表 .xlsx"工作簿，框选合适的单元格区域，在"数据"选项卡"分级显示"面板，单击"分类汇总"按钮，如图 6-56 所示。

（2）打开"分类汇总"对话框，单击"全部删除"按钮，如图 6-57 所示。

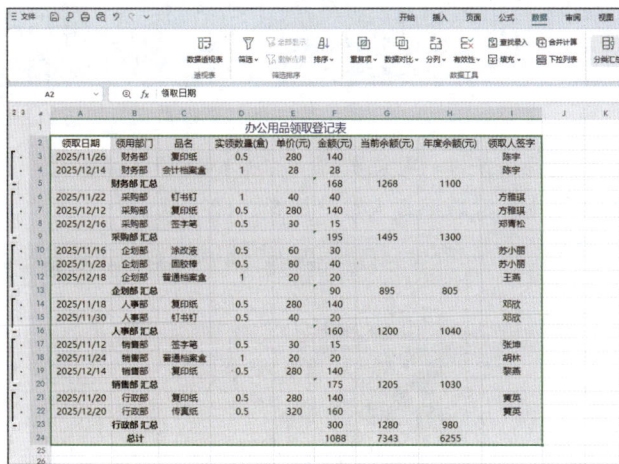

图 6-56　单击"分类汇总"按钮

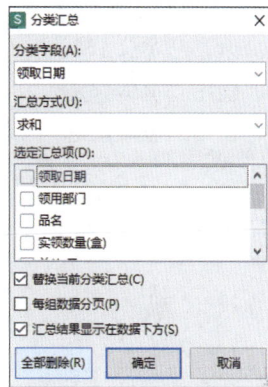

图 6-57　单击"全部删除"按钮

（3）删除分类汇总，其效果如图 6-58 所示。

	A	B	C	D	E	F	G	H	I
1	办公用品领取登记表								
2	领取日期	领用部门	品名	实领数量(盒)	单价(元)	金额(元)	当前余额(元)	年度余额(元)	领取人签字
3	2025/11/26	财务部	复印纸	0.5	280	140			陈宇
4	2025/12/14	财务部	会计档案盒	1	28	28			陈宇
5	2025/11/22	采购部	订书钉	1	40	40			方雅琪
6	2025/12/12	采购部	复印纸	0.5	280	140			方雅琪
7	2025/12/16	采购部	签字笔	0.5	30	15			郑青松
8	2025/11/16	企划部	涂改液	0.5	60	30			苏小丽
9	2025/11/28	企划部	固胶棒	0.5	80	40			苏小丽
10	2025/12/18	企划部	普通档案盒	1	20	20			王燕
11	2025/11/18	人事部	复印纸	0.5	280	140			邓欣
12	2025/11/30	人事部	订书钉	0.5	40	20			邓欣
13	2025/11/12	销售部	签字笔	0.5	30	15			张坤
14	2025/11/24	销售部	普通档案盒	1	20	20			胡林
15	2025/12/14	销售部	复印纸	0.5	280	140			黎燕
16	2025/11/20	行政部	复印纸	0.5	280	140			黄英
17	2025/12/20	行政部	传真纸	0.5	320	160			黄英

图 6-58　删除分类汇总

上机实训：制作“店铺日数据表”

观看视频

店铺日数据表用于汇总和展示店铺日常运营数据，旨在帮助经营者了解店铺每日的运营状况，包括销售、客流、库存等方面。通过这些数据，经营者可以及时发现店铺运营中的问题，并采取相应的措施进行调整和优化。在本案例中，需要制作出计件工资录入表，并对工作表中的数据进行筛选、排序和汇总等操作。下面详细讲解具体的操作步骤。

（1）启动 WPS Office 软件，打开本书提供的“素材 / 项目六 / 店铺日数据表 .xlsx”工作簿。

（2）使用“升序”命令，将 E 列中的“销量”数据按照从低到高的顺序进行排序，如图 6-59 所示。

（3）使用“筛选”功能筛选出大于或等于 21000 的销售额数据，如图 6-60 所示。

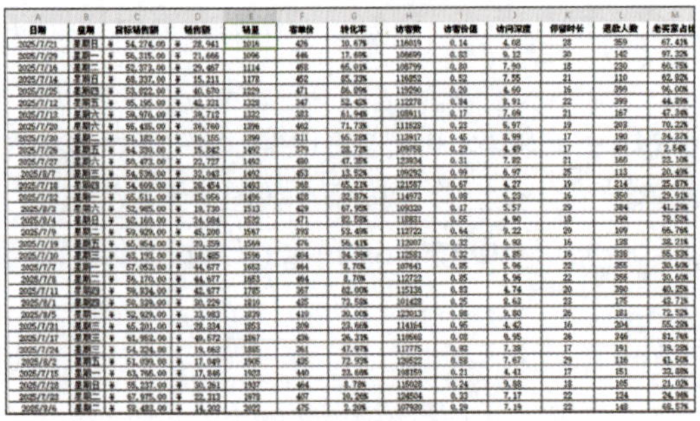

图 6-59　排序数据

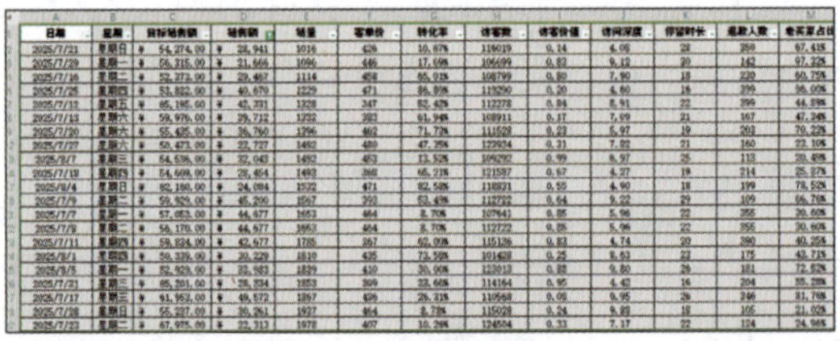

图 6-60　筛选数据

（4）使用“高级筛选”功能指定高级筛选条件，筛选数据，如图 6-61 所示。

（5）使用“分类汇总”功能，按“星期”汇总退款人数，如图 6-62 所示。

目标销售额	销售额	销量								
>55000	>22000	>1500								
目标销售额	销售额	销量	客单价	转化率	访客数	访客价值	访问深度	停留时长	退款人数	老买家占比
¥62,160.00	¥ 24,084	1532	471	82.58%	118831	0.55	4.90	18	199	78.52%
¥59,929.00	¥ 45,200	1567	393	53.49%	112722	0.64	9.22	29	109	66.76%
¥57,053.00	¥ 44,677	1653	464	8.70%	107641	0.85	5.96	22	355	30.60%
¥56,170.00	¥ 44,677	1653	464	8.70%	112722	0.85	5.96	22	355	30.60%
¥59,834.00	¥ 42,677	1785	367	62.00%	115136	0.83	4.74	20	390	40.25%
¥65,201.00	¥ 28,334	1853	309	23.66%	114164	0.95	4.42	16	204	55.28%
¥61,953.00	¥ 49,572	1867	436	26.31%	110568	0.08	9.95	26	346	81.76%
¥55,237.00	¥ 30,261	1937	464	8.78%	115028	0.24	9.88	18	105	21.02%
¥67,975.00	¥ 22,313	1978	407	10.26%	124504	0.33	7.17	22	124	24.96%

图 6-61　高级筛选

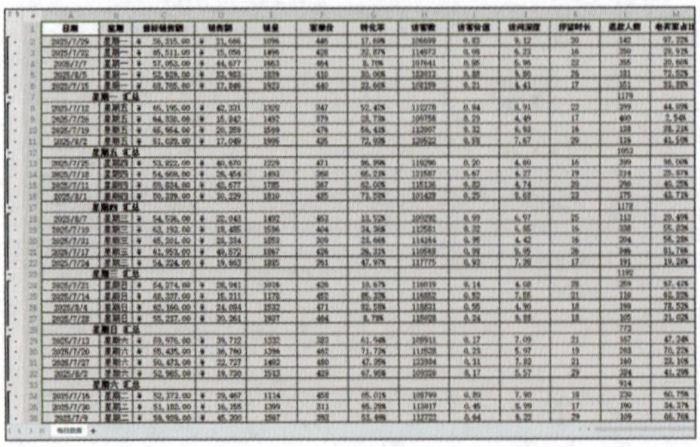

图 6-62　分类汇总数据

习题测试

1. 填空题

（1）在数据筛选中，筛选条件可以是______、数字、日期或文本。

（2）若要保护工作表中的数据不被修改，可以使用______功能。

（3）WPS 表格提供了强大的______功能，可以帮助用户快速整理和分析数据。

（4）在 WPS 表格中，若要对数据进行排序，可以通过______功能实现。

（5）在 WPS 表格中，筛选功能允许用户根据______对数据进行筛选。

（6）高级筛选功能在 WPS 表格中可以实现更复杂的数据筛选，包括______等。

2. 选择题

（1）在 WPS 表格中，若要对数据进行排序，应使用的功能是（　　）。

A. 数据筛选　　B. 数据排序

C. 高级筛选　　D. 数据格式

（2）以下哪个功能可以对选定的数据按条件进行筛选？（　　）

A. 数据筛选　　B. 数据排序

C. 高级筛选　　D. 数据格式

（3）在 WPS 表格中，若要对数据进行复杂的多条件筛选，应使用如下哪个功能？（　　）

A. 数据筛选　　B. 数据排序

C. 高级筛选　　D. 数据格式

（4）关于 WPS 表格的排序，以下哪个说法是正确的？（　　）。

A. 使用常用工具栏上的“升序”按钮和“降序”按钮可以按多关键字排序

B. 使用“数据”菜单的“排序”命令，在“排序”对话框中不可以按单关键字排序

C. 使用多关键字排序时，关键字个数可以无限

D. 在不选择排序区域时，WPS 表格以空白行或空白列作为排序操作的界限

（5）在进行数据排序时，默认情况下是按照什么顺序进行排序的？（　　）

A. 升序　　B. 降序　　C. 自定义顺序　　D. 无法确定

3. 上机操作题

制作一个“员工加班费用统计表”工作簿，其最终效果如图 6-63 所示。

（1）打开一个名称为“员工加班费用统计表”的工作簿，在工作簿中输入各种数据。

（2）计算加班金额：通过加班工时和加班单价计算出加班金额。

（3）排序数据：使用“升序”命令排序加班工时数据。

（4）筛选数据：使用“筛选”命令筛选最高加班金额的前 10 名员工。

（5）汇总数据：按照部门汇总员工加班人数。

	A	B	C	D	E	F	G
1	12月员工加班费用统计表						
2	月份	员工姓名	所属部门	加班事由	加班工时	加班单价	加班金额
3	12月	黄琳	行政部	新项目开发会议筹备 新产品销售策划	12	5	60
4	12月	黄应雄	销售部	筹备产品推广会议资料 公司新产品检测	13.5	5	67.5
5	12月	黎燕	行政部	筹备产品推广会议资料 公司新产品检测	9	5	45
6	12月	李秀君	行政部	新项目开发会议筹备 新产品销售策划	9	5	45
7	12月	田依雪	人事部	新项目开发会议筹备 新产品销售策划	12	5	60
8	12月	王安娜	行政部	筹备产品推广会议资料 公司新产品检测	13.5	5	67.5
9	12月	王琳琳	行政部	新项目开发会议筹备 新产品销售策划	24	5	120
10	12月	闫小兵	人事部	筹备产品推广会议资料 公司新产品检测	13.5	5	67.5
11	12月	张制雨	财务部	筹备产品推广会议资料 公司新产品检测	13.5	5	67.5
12	12月	张坤	行政部	筹备产品推广会议资料 公司新产品检测	12	5	60
13	12月	张欣桐	技术部	新项目开发会议筹备 新产品销售策划	12	5	60
14	12月	张雨寒	行政部	筹备产品推广会议资料 公司新产品检测	13.5	5	67.5
15	12月	郑海英	行政部	筹备产品推广会议资料 公司新产品检测	12	5	60
16	12月	郑择意	销售部	筹备产品推广会议资料 公司新产品检测	13.5	5	67.5

图 6-63　上机习题效果

项目 7　WPS 表格图表与透视表的应用

本章导读

WPS 表格中的图表与透视表是数据分析的重要工具，它们能够帮助用户更直观地理解数据、发现数据中的规律和趋势。本项目将介绍 WPS 表格中的图表、数据透视表、数据透视图以及切片器的添加与编辑方法，帮助读者快速掌握这些技能，为后续的深入分析奠定坚实基础。

学习目标

通过本章多个知识点的学习，读者朋友可以熟练掌握 WPS 表格中的图表、数据透视表的应用和编辑等操作。

知识要点

- 使用 AI 了解店铺商品销售统计图
- 创建店铺商品销售统计图
- 计算成本总金额和毛利
- 创建销售单价与成本单价对比图
- 创建各商品销售数量统计图
- 创建成交总金额及毛利对比图
- 使用 AI 了解网店销售数据透视表
- 按销售店铺分析商品销售情况
- 按销量和月份来分析商品
- 使用切片器分析数据透视表

任务 7.1　制作"店铺商品销售统计图"

店铺商品销售统计图是用于追踪和分析店铺销售数据的重要工具，它能够帮助店铺管理者更直观地了解销售情况，从而做出明智的决策。

本次任务详细讲解制作"店铺商品销售统计图"表格的相关操作，其内容包含熟悉店铺商品销售统计图的基础知识、计算成本总金额和毛利、创建各种图表等。

子任务 7.1.1　使用 AI 了解店铺商品销售统计图

在制作店铺商品销售统计图之前，需要先熟悉店铺商品销售统计图的作用、类型、制作步骤和注意事项。下面通过 AI 工具 Kimi 查询店铺商品销售统计图的制作步骤。

向 Kimi 提问：店铺商品销售统计图的制作步骤是什么？

◎ Kimi 回复：

制作销售统计图通常包括以下 5 个步骤，如图 7-1 所示。

图 7-1　制作销售统计图的步骤

- ▶ 收集数据：根据分析目的收集相关的销售数据，如销售额、销售量、客户数量等。
- ▶ 选择图表类型：根据数据类型和分析目的选择合适的图表类型。
- ▶ 创建图表：使用 Excel、九数云或其他数据分析工具创建图表，并设置图表的样式和布局。
- ▶ 添加标签和标题：为图表添加坐标轴标签、图例和标题，以便读者更好地理解图表内容。
- ▶ 分析图表：根据图表展示的数据进行分析和解读，提取有用的信息用于决策。

子任务 7.1.2　创建店铺商品销售统计表

店铺商品销售统计表是店铺管理者进行销售分析和决策的重要工具。通过制作出店铺商品销售统计表，可以进行后期的图表分析，进而帮助店铺管理者更好地了解销售情况并制定相应的销售策略。下面详细讲解创建店铺商品销售统计表的具体操作方法。

观看视频

第 1 步　新建一个空白的表格，在"数据"选项卡的"获取外部数据"面板中，单击"获取数据"右侧的下拉按钮，展开列表框，选择"导入数据"命令，如图 7-2 所示。

第 2 步　打开"第一步：选择数据源"对话框，选中"直接打开数据文件"单选按钮，单击"选择数据源"按钮，如图 7-3 所示。

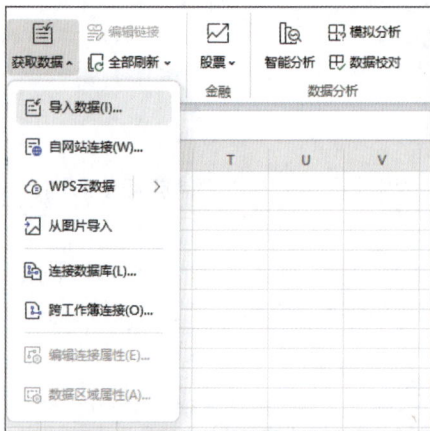

图 7-2　选择"导入数据"命令

图 7-3　单击"选择数据源"按钮

第 3 步 打开"打开"对话框，在"文件格式"列表框中，选择"文本文件 .txt"格式，然后在对应的文件夹中选择合适的文本文件，如图 7-4 所示。

第 4 步 打开"文件转换"对话框，保持默认参数设置，单击"下一步"按钮，如图 7-5 所示。

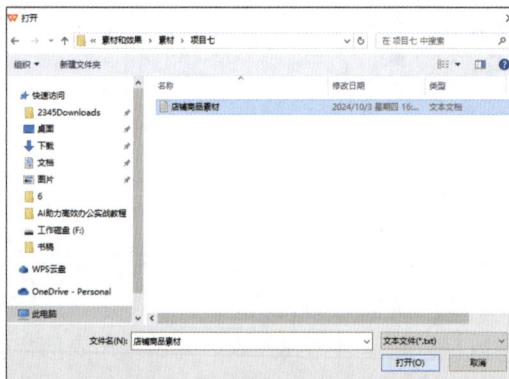

图 7-4　选择文本文件

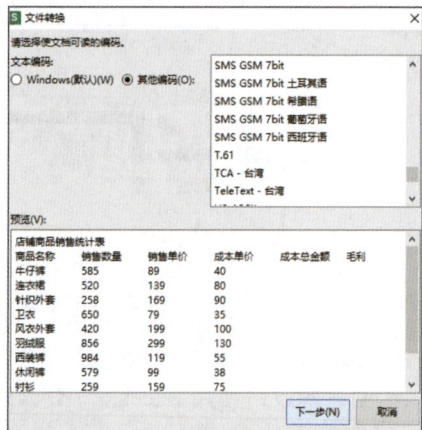

图 7-5　单击"下一步"按钮

第 5 步 打开"文本导入向导 -3 步骤之 1"对话框，选中"分隔符号"单选按钮，单击"下一步"按钮，如图 7-6 所示。

第 6 步 打开"文本导入向导 -3 步骤之 2"对话框，勾选"Tab 键"复选框，单击"下一步"按钮，如图 7-7 所示。

第 7 步 打开"文本导入向导 -3 步骤之 3"对话框，选中"常规"单选按钮，单击"完成"按钮，如图 7-8 所示。

第 8 步 导入文本文件中的数据，其效果如图 7-9 所示。

第 9 步 选择 A1:F1 单元格区域，在"开始"选项卡的"对齐方式"面板中，单击"合并"按钮，合并单元格，然后修改文本的字体格式为"微软雅黑"、"字号"为 18、加粗，其文本效果如图 7-10 所示。

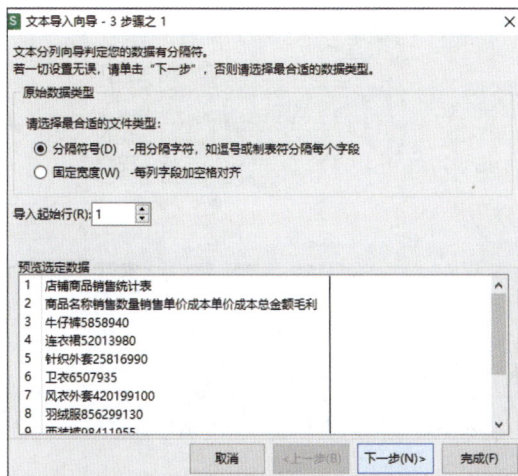

图 7-6　单击"下一步"按钮

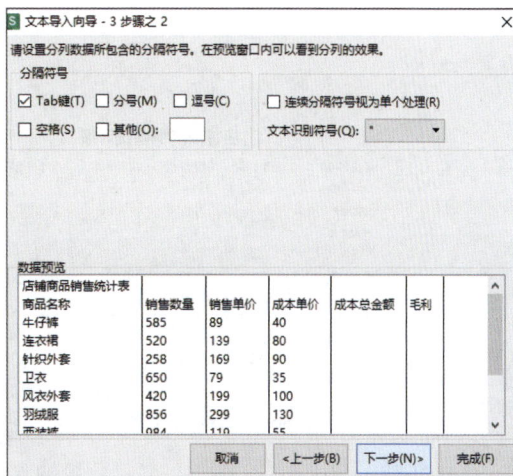

图 7-7　单击"下一步"按钮

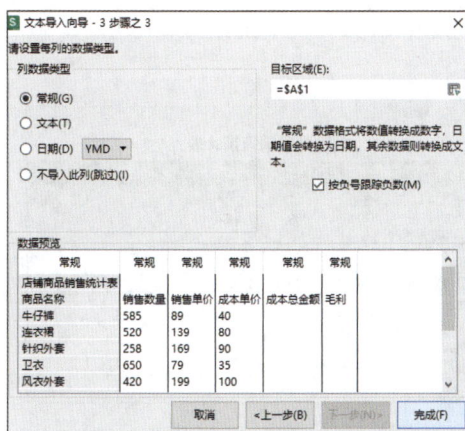

图 7-8　单击"完成"按钮

图 7-9　导入文本文件中的数据

第 10 步 选择 A2:F12 单元格区域，修改文本的字体格式为"微软雅黑"、"字号"为 12（上方的单元名称等文本）和 11（下方的数字等文本），然后将单元格文本进行居中对齐操作，如图 7-11 所示。

图 7-10　修改表头文本

图 7-11　修改字体和对齐格式

第 11 步 依次选择需要调整的行和列对象，调整表格的行高和列宽，如图 7-12 所示。

第 12 步 选择 A2:F12 单元格区域，在"开始"选项卡的"样式"面板中，单击"套用表格样式"右侧的下拉按钮，展开列表框，选择"主题颜色"为"绿色"，在"预设样式"选项区中选择"表样式 3"样式，如图 7-13 所示。

图 7-12 调整表格的行高和列宽

图 7-13 选择表格样式

第13步 打开"套用表格样式"对话框，并取消勾选"筛选按钮"复选框，如图 7-14 所示。

第14步 单击"确定"按钮，即可为工作表套用表格样式，其效果如图 7-15 所示。

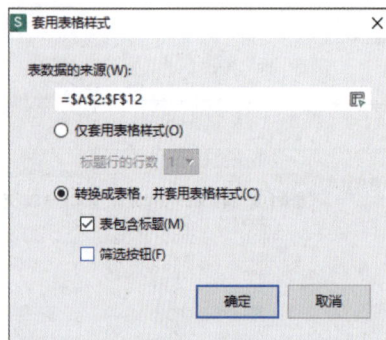

图 7-14 取消勾选"筛选按钮"复选框

图 7-15 套用表格样式

第15步 再次选择 A2:F12 单元格区域，在"开始"选项卡的"字体"面板中，单击"边框"右侧的下拉按钮，展开列表框，选择"所有框线"命令，即可为单元格区域添加边框效果，如图 7-16 所示。

图 7-16 添加边框效果

子任务 7.1.3 计算成本总金额和毛利

观看视频

在店铺商品销售统计表中，使用 IF 函数和 SUM 函数可以计算出销售产品的成本总金额和毛利。下面详细讲解计算成本总金额和毛利的具体操作步骤。

第1步 选择 E3 单元格，输入公式“=IF(D3="","",D3*B3)”，如图 7-17 所示。

第2步 按 Enter 键确定，即可计算出所有商品的成本总金额，如图 7-18 所示。

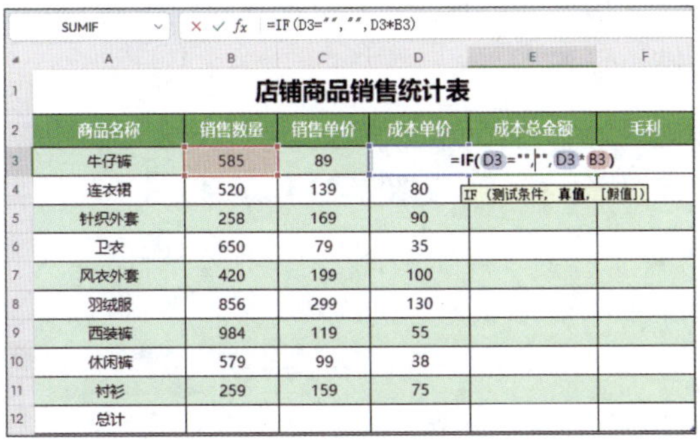

店铺商品销售统计表					
商品名称	销售数量	销售单价	成本单价	成本总金额	毛利
牛仔裤	585	89	=IF(D3="","",D3*B3)		
连衣裙	520	139	80		
针织外套	258	169	90		
卫衣	650	79	35		
风衣外套	420	199	100		
羽绒服	856	299	130		
西装裤	984	119	55		
休闲裤	579	99	38		
衬衫	259	159	75		
总计					

图 7-17 输入公式

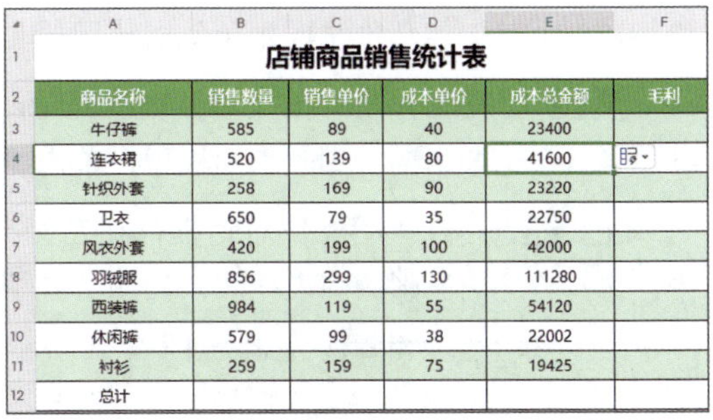

店铺商品销售统计表					
商品名称	销售数量	销售单价	成本单价	成本总金额	毛利
牛仔裤	585	89	40	23400	
连衣裙	520	139	80	41600	
针织外套	258	169	90	23220	
卫衣	650	79	35	22750	
风衣外套	420	199	100	42000	
羽绒服	856	299	130	111280	
西装裤	984	119	55	54120	
休闲裤	579	99	38	22002	
衬衫	259	159	75	19425	
总计					

图 7-18 计算成本总金额

第3步 选择 E3 单元格，输入公式“=IF(E3="","",B3*(C3-D3))”，如图 7-19 所示。

第4步 按 Enter 键确定，即可计算出所有商品的毛利，如图 7-20 所示。

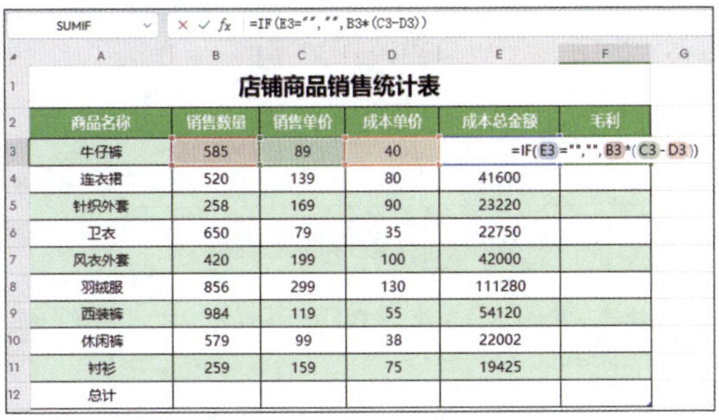

店铺商品销售统计表					
商品名称	销售数量	销售单价	成本单价	成本总金额	毛利
牛仔裤	585	89	40	=IF(E3="","",B3*(C3-D3))	
连衣裙	520	139	80	41600	
针织外套	258	169	90	23220	
卫衣	650	79	35	22750	
风衣外套	420	199	100	42000	
羽绒服	856	299	130	111280	
西装裤	984	119	55	54120	
休闲裤	579	99	38	22002	
衬衫	259	159	75	19425	
总计					

图 7-19 输入公式

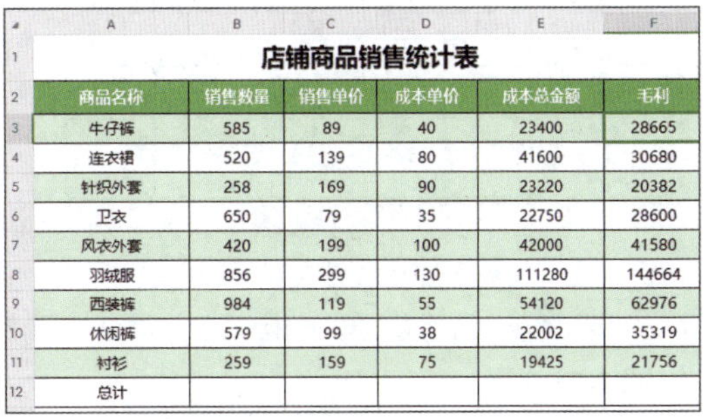

店铺商品销售统计表					
商品名称	销售数量	销售单价	成本单价	成本总金额	毛利
牛仔裤	585	89	40	23400	28665
连衣裙	520	139	80	41600	30680
针织外套	258	169	90	23220	20382
卫衣	650	79	35	22750	28600
风衣外套	420	199	100	42000	41580
羽绒服	856	299	130	111280	144664
西装裤	984	119	55	54120	62976
休闲裤	579	99	38	22002	35319
衬衫	259	159	75	19425	21756
总计					

图 7-20 计算商品毛利

第5步 选择 E12 单元格，输入公式“=SUM(E3:E11)”，按 Enter 键确定，即可计算出总计的成本总金额，如图 7-21 所示。

第6步 选择 E12 单元格，将鼠标移至单元格的右下角，按住鼠标左键并向右拖曳，至 F12 单元格后，释放鼠标左键，即可填充公式，并计算出总计的毛利金额，如图 7-22 所示。

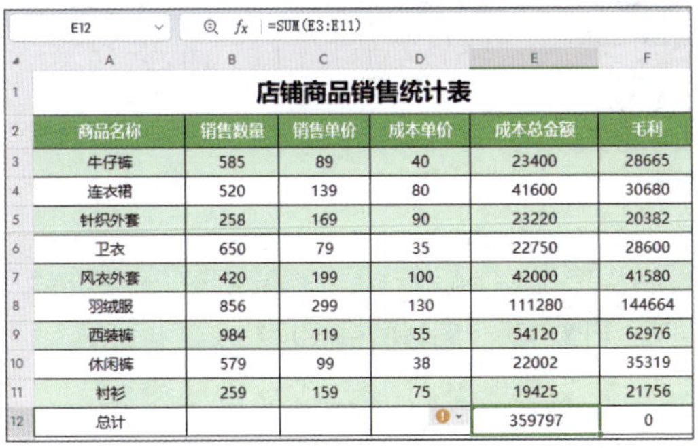

店铺商品销售统计表					
商品名称	销售数量	销售单价	成本单价	成本总金额	毛利
牛仔裤	585	89	40	23400	28665
连衣裙	520	139	80	41600	30680
针织外套	258	169	90	23220	20382
卫衣	650	79	35	22750	28600
风衣外套	420	199	100	42000	41580
羽绒服	856	299	130	111280	144664
西装裤	984	119	55	54120	62976
休闲裤	579	99	38	22002	35319
衬衫	259	159	75	19425	21756
总计				359797	0

图 7-21 计算总计的成本总金额

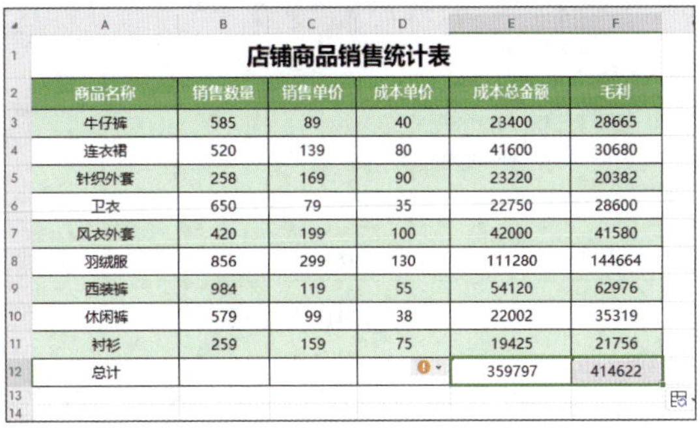

店铺商品销售统计表					
商品名称	销售数量	销售单价	成本单价	成本总金额	毛利
牛仔裤	585	89	40	23400	28665
连衣裙	520	139	80	41600	30680
针织外套	258	169	90	23220	20382
卫衣	650	79	35	22750	28600
风衣外套	420	199	100	42000	41580
羽绒服	856	299	130	111280	144664
西装裤	984	119	55	54120	62976
休闲裤	579	99	38	22002	35319
衬衫	259	159	75	19425	21756
总计				359797	414622

图 7-22 计算总计的毛利金额

子任务 7.1.4　创建销售单价与成本单价对比图

在创建销售单价与成本单价对比图时，一般用条形图（也称为柱状图）展示。条形图是一种常用的图表类型，它通过不同长度的条形来表示数据的差异。每个条形通常代表一个类别，而条形的长度则代表该类别的数值大小。条形图非常适合展示不同类别之间的对比关系。下面详细讲解创建销售单价与成本单价对比图的具体操作步骤。

第 1 步　在工作表中按住 Ctrl 键的同时，框选 A2:A11 单元格区域和 C2:D11 单元格区域，在"插入"选项卡的"图表"面板中，单击"全部图表"按钮，如图 7-23 所示。

第 2 步　打开"图表"对话框，在左侧列表框中，选择"条形图"选项，在右侧选项区中，选择合适的条形图图表样式，如图 7-24 所示。

图 7-23　单击"全部图表"按钮

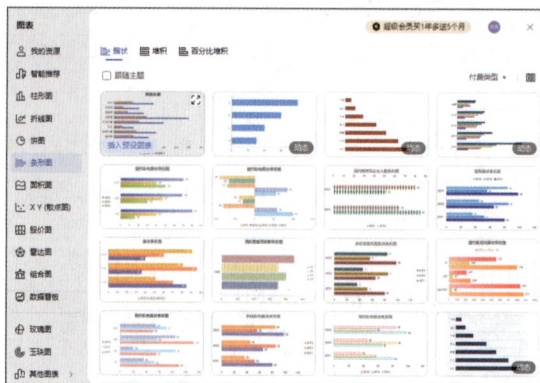

图 7-24　选择条形图图表样式

第 3 步　创建出条形图图表，调整图表的大小和位置，然后选择图表标题，修改其标题，如图 7-25 所示。

第 4 步　选择图表对象，在图表右侧，单击"图表元素"按钮 ，展开列表框，取消勾选"网格线"复选框，即可删除网格线元素，如图 7-26 所示。

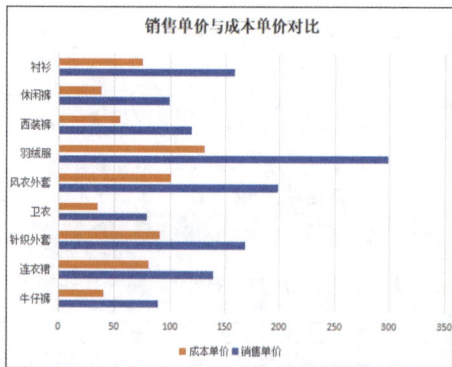

图 7-25　创建与编辑图表

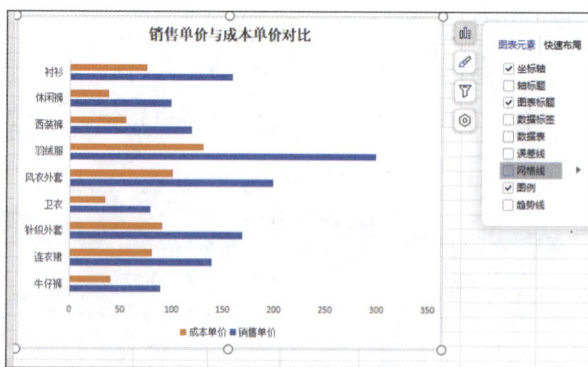

图 7-26　删除网格线元素

第 5 步　选择图表对象，在"绘图工具"选项卡的"形状样式"面板中，单击"填充"右侧的下拉按钮，展开列表框，选择"浅绿，着色 4，浅色 40%"颜色，如图 7-27 所示。

第 6 步　更改图表的背景填充颜色，其效果如图 7-28 所示。

图 7-27 选择填充颜色

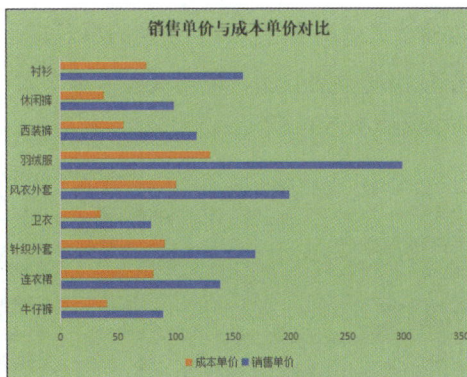

图 7-28 更改图表背景填充颜色

第 7 步 选择图表中的标题、图例和坐标轴等文本，修改其字体格式为"微软雅黑"，并加粗标题文本，如图 7-29 所示。

第 8 步 选择图表中的"成本单价"系列图形，右击，在弹出的快捷菜单中，选择"设置数据系列格式"命令，如图 7-30 所示。

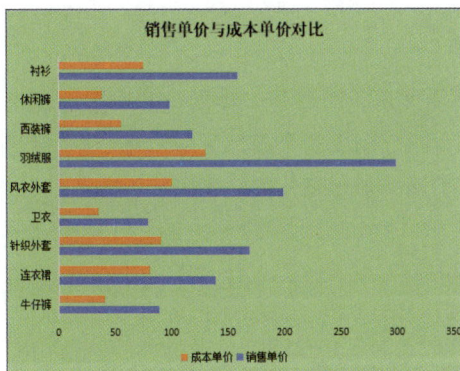

图 7-29 修改图表文本字体格式

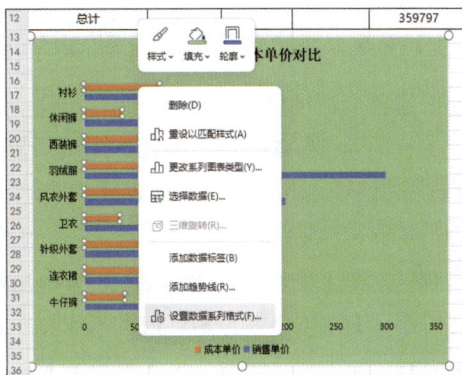

图 7-30 选择"设置数据系列格式"命令

第 9 步 打开"属性"任务窗格，在"系列选项"下的"填充"选项区中，选中"纯色填充"单选按钮，修改其填充颜色的 RGB 分别为 249、13、175，如图 7-31 所示。

第 10 步 切换至"系列"选项区，修改"系列重叠"为 -17%，"分类间距"为 48%，如图 7-32 所示。

图 7-31 选择填充颜色

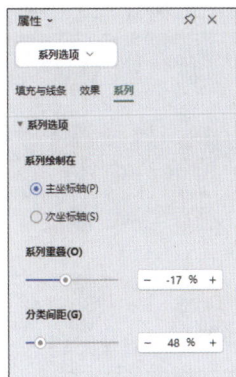

图 7-32 修改系列参数

第11步 修改"成本单价"数据系列的填充颜色和间距，其效果如图 7-33 所示。

第12步 使用同样的方法，将"销售单价"系列图形的填充颜色的 RGB 分别修改为 15、49、242，其效果如图 7-34 所示。

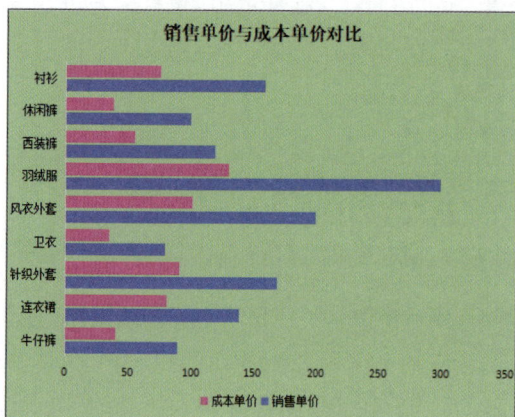

图 7-33　修改系列图形

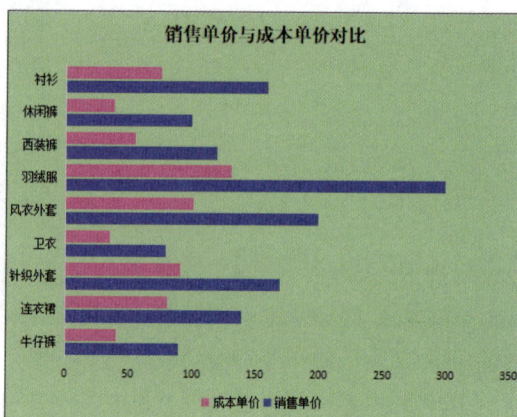

图 7-34　修改系列图形颜色

子任务 7.1.5　创建各商品销售数量统计图

在创建各商品销售数量统计图时，一般用饼图展示。饼图是一种常用的数据可视化工具，用于展示各部分在整体中所占的比例。饼图将一个圆分割成多个扇形区域，每个区域代表一个数据类别，区域的大小（即扇形的角度）则反映了该类别在整体中的比例。下面详细讲解创建各商品销售数量统计图的具体操作步骤。

第1步 在工作表中，框选 A1:B11 单元格区域，在"插入"选项卡的"图表"面板中，单击"饼图"右侧的下拉按钮，展开列表框，选择饼图样式，如图 7-35 所示。

第2步 创建饼图图表，并调整其大小和位置，修改图表标题，如图 7-36 所示。

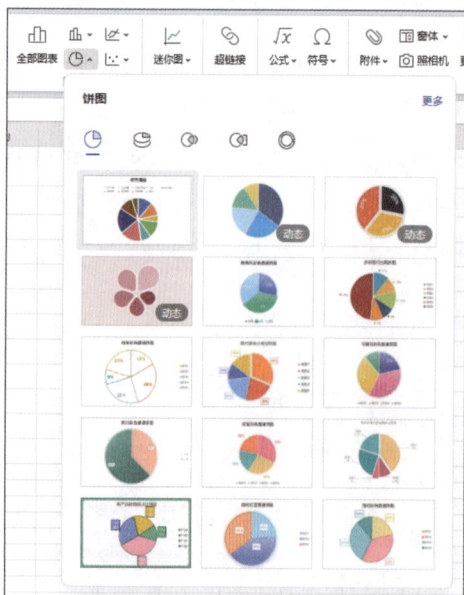

图 7-35　选择饼图样式

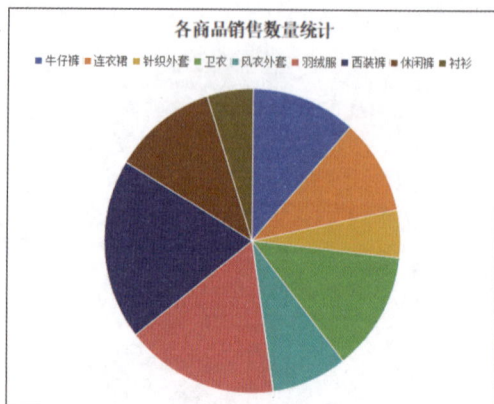

图 7-36　创建与编辑图表

第③步 选择饼图图表，在"图表工具"选项卡的"图表布局"面板中，单击"添加元素"右侧的下拉按钮，展开列表框，选择"图例"→"右侧"命令，如图 7-37 所示。

第④步 调整图例的位置，其效果如图 7-38 所示。

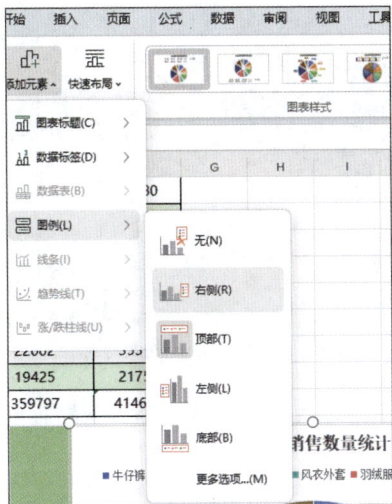

图 7-37　选择"右侧"命令

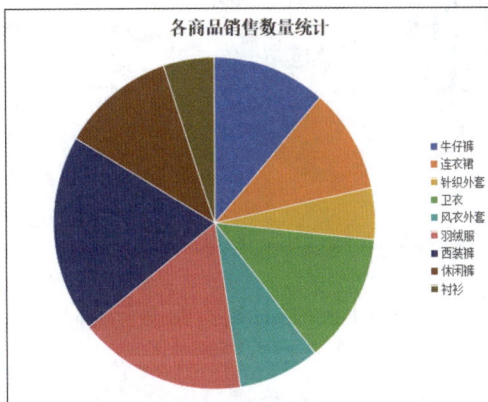

图 7-38　选择图例位置

第⑤步 选择饼图图表，在"图表工具"选项卡的"图表布局"面板中，单击"添加元素"右侧的下拉按钮，展开列表框，选择"数据标签"→"更多选项"命令，如图 7-39 所示。

第⑥步 打开"属性"任务窗格，在"标签"选项下的"标签选项"选项区中，勾选"类别名称""百分比"和"显示引导线"复选框，在"标签位置"选项区中，选中"数据标签外"单选按钮，如图 7-40 所示。

图 7-39　选择"更多选项"命令

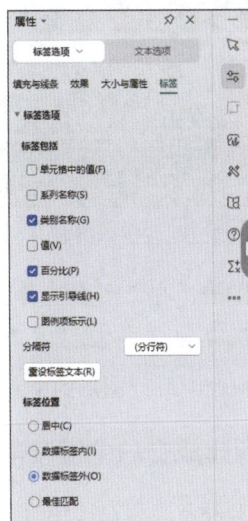

图 7-40　修改参数值

第⑦步 更改图表的数据标签元素，然后调整各数据标签的位置，其效果如图 7-41 所示。

第⑧步 选择饼图图表，在"绘图工具"选项卡的"形状样式"面板中，单击"填充"右侧的下拉按钮，展开列表框，选择"浅绿，着色 4，浅色 40%"颜色，即可更改图表的背景颜色，如图 7-42 所示。

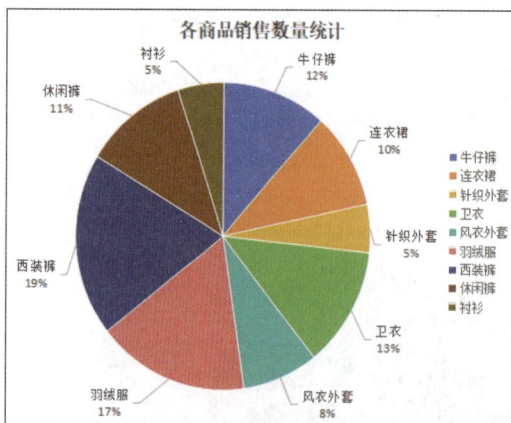

图 7-41　调整数据标签

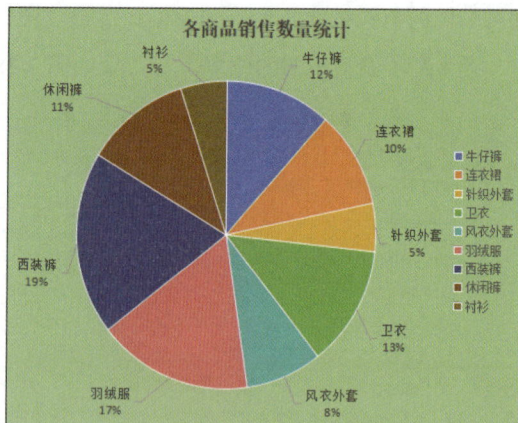

图 7-42　更改图表的背景颜色

第 **9** 步　选择图表中的标题、图例和坐标轴等文本，修改其字体格式为"微软雅黑"，并加粗标题文本，修改字体颜色为"黑色"，如图 7-43 所示。

第 **10** 步　选择标签中的引导线图形，在"绘图工具"选项卡的"形状样式"面板中，修改"轮廓颜色"为"猩红，着色 6"颜色、"轮廓宽度"为"1.5 磅"，效果如图 7-44 所示。

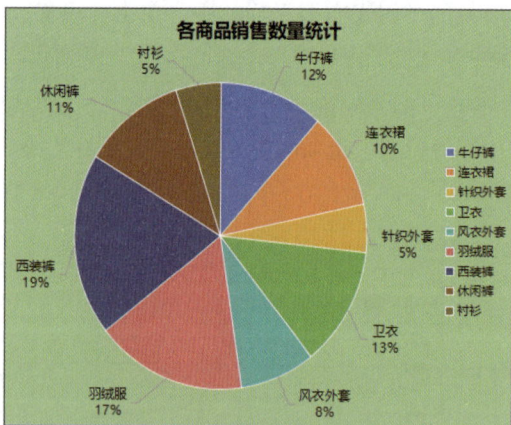

图 7-43　修改图表字体格式

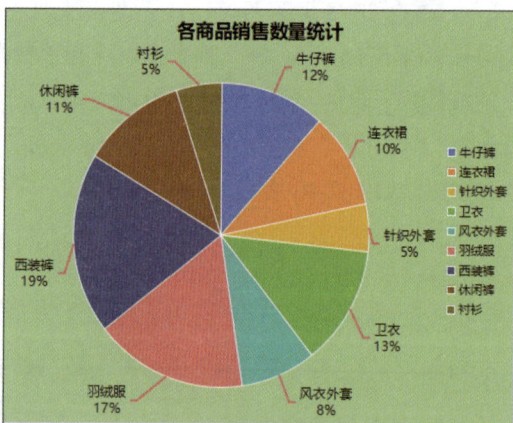

图 7-44　更改引导线图形

第 **11** 步　选择图表，在"图表工具"选项卡的"图表样式"面板中，单击"其他"按钮，展开列表框，在"选择预设系列配色"列表框中选择合适的彩色颜色，如图 7-45 所示。

第 **12** 步　更改图表中系列图形的配色，其效果如图 7-46 所示。

子任务 7.1.6　创建成交总金额及毛利对比图

在创建成交总金额及毛利对比图时，一般用堆积面积图和簇状柱形图的组合图表展示。组合图表是一种在单个图表中结合使用多种图表类型来展示数据的可视化工具。这种图表可以充分利用不同图表类型的优势，更全面地展示数据的特征和趋势。下面详细讲解创建成交总金额及毛利对比的具体操作步骤。

第 **1** 步　在工作表中按住 Ctrl 键的同时，框选 A2:A11 单元格区域和 E2:F11 单元格区域，

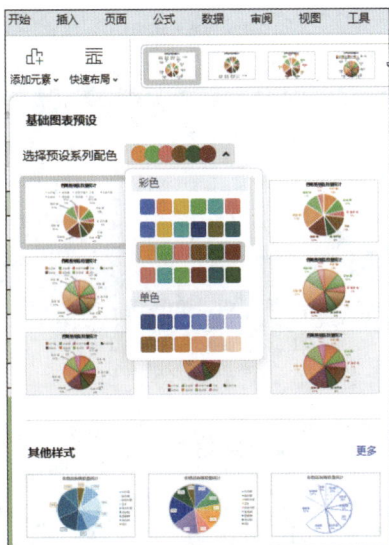

图 7-45　选择彩色颜色

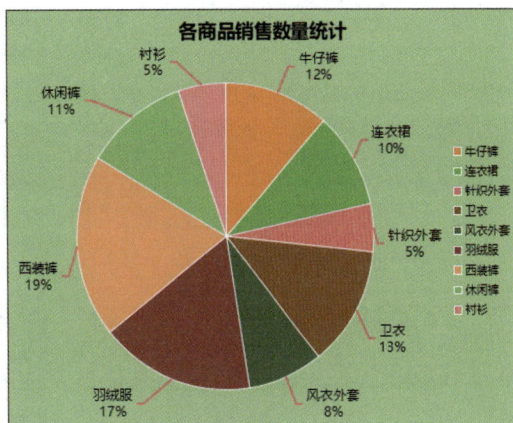

图 7-46　更改图形配色

在"插入"选项卡的"图表"面板中，单击"全部图表"按钮，打开"图表"对话框，在左侧列表框中选择"组合图"选项，在右侧选项区中，单击"堆积面积 - 簇状柱形图"按钮，选择合适的图表样式，然后单击"插入图表"按钮，如图 7-47 所示。

第 2 步 插入组合图图表，调整图表的大小和位置，并修改图表的标题，如图 7-48 所示。

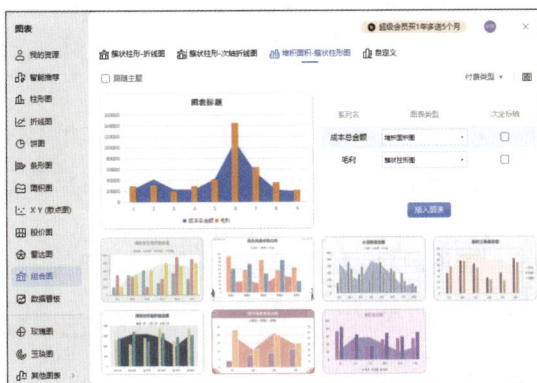

图 7-47　选择图表样式

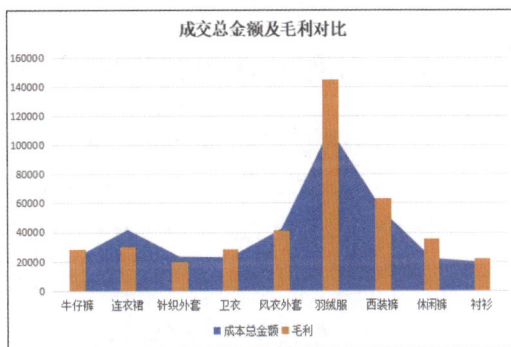

图 7-48　插入组合图图表

第 3 步 选择组合图图表，在"绘图工具"选项卡的"形状样式"面板中，单击"填充"右侧的下拉按钮，展开列表框，选择"浅绿，着色 4，浅色 40%"颜色，即可更改图表的背景颜色，如图 7-49 所示。

第 4 步 选择图表中的标题、图例和坐标轴等文本，修改其字体格式为"微软雅黑"，并加粗标题文本，修改字体颜色为"黑色"，如图 7-50 所示。

第 5 步 选择图表中的系列图形，修改柱形系列图形的 RGB 分别为 249、13、175，修改面积系列图形的 RGB 分别为 15、49、242，其效果如图 7-51 所示。

第 6 步 选择图表对象，在图表右侧，单击"图表元素"按钮，展开列表框，取消勾选"网格线"复选框，即可删除网格线元素，如图 7-52 所示。

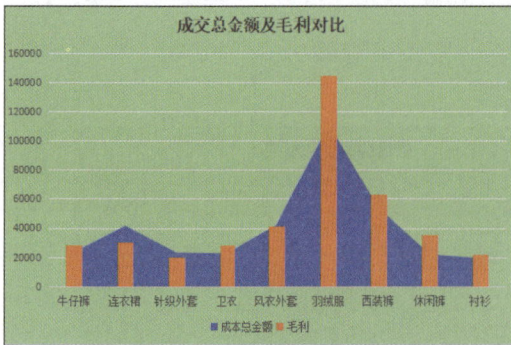

图 7-49　更改图表的背景颜色

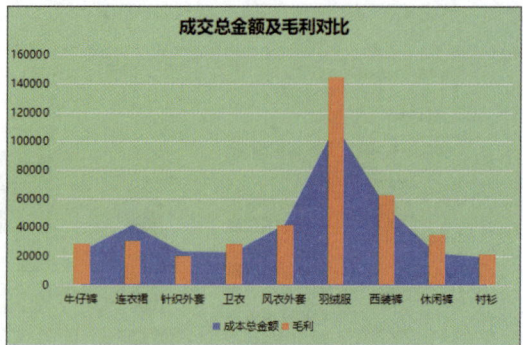

图 7-50　修改图表的字体格式

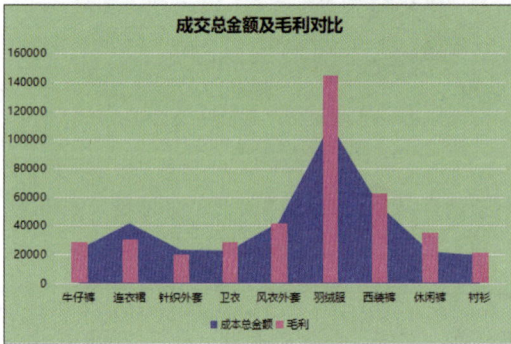

图 7-51　修改系列图形的颜色

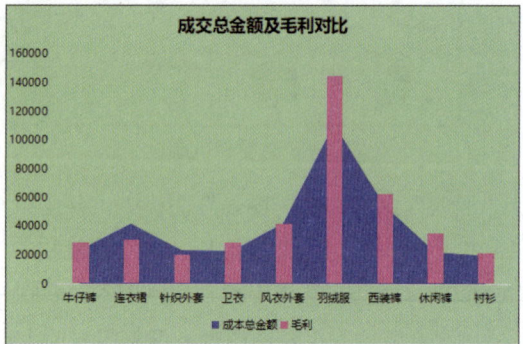

图 7-52　删除网格线元素

任务 7.2　制作"网店销售数据透视表"

数据透视表是数据分析领域的一种强大工具，它能够帮助电商企业或个人网店快速汇总、分析大量的销售数据，从而更好地理解销售情况、发现趋势，并据此做出优化决策。

本次任务详细讲解制作"网店销售数据透视表"表格的相关操作，其内容包含熟悉网店销售数据透视表的基础知识、创建数据透视表和透视图来分析数据等。

子任务 7.2.1　使用 AI 了解网店销售数据透视表

在制作网店销售数据透视表之前，需要先通过 AI 工具"讯飞星火"了解网店销售数据透视表中所包含的内容，熟悉数据透视表的应用场景。

下面通过 AI 工具"讯飞星火"搜索网店销售数据透视表所包含内容。

向讯飞星火提问：网店销售数据透视表所包含的内容是什么？

讯飞星火回复：

数据透视表是一种交互式的表，可以自由选择多个字段的不同组合，用于快速汇总、分析大量数据中字段与字段之间的关联关系。它能够对数值数据进行快速分类汇总，按分类和子分类查看数据信息，展开或折叠所关注的数据，快速查看摘要数据的明细信息。

在网店销售数据透视表中，可以对大量销售数据进行汇总、分类和分析，其包含的内容有以下 6 种，如图 7-53 所示。

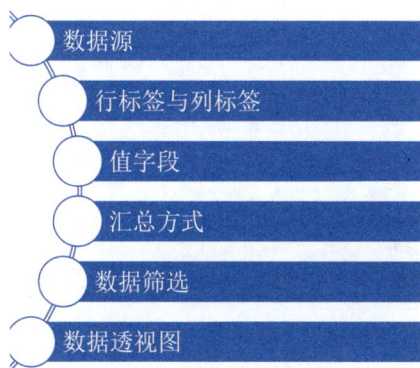

图 7-53　网店销售数据透视表包含的内容

▶ 数据源：数据源是数据透视表的基础，通常来源于一个包含多个字段（列）的电子表格，这些字段代表了不同的数据类型，如销售日期、地点、产品类型等。

▶ 行标签与列标签：通过行标签和列标签，可以定义数据透视表的分组和分类方式。行标签用于对数据进行水平方向的分组，而列标签则用于垂直方向的分组。

▶ 值字段：值字段是需要进行汇总和分析的数据字段，如销售金额或数量。数据透视表可以对值字段进行求和、平均值、最大值、最小值等多种数值汇总。

▶ 汇总方式：数据透视表提供了多种汇总方式，包括求和、计数、平均值、最大值、最小值等，以适应不同的分析需求。

▶ 数据筛选：可以根据特定条件对数据进行筛选，也可以使用切片器筛选，以便更好地分析数据并发现业务洞察。

▶ 数据透视图：数据透视图是数据透视表生成的结果，以交叉表格的形式展示数据的交叉分析结果。它允许用户从不同角度查看和分析数据，从而揭示数据中的规律和趋势。

子任务 7.2.2　按销售店铺分析商品销售情况

通过对不同店铺的商品销售情况进行细致分析，网店商家能够精准定位市场需求，制定更有效的销售策略，从而在激烈的市场竞争中脱颖而出。下面详细讲解按销售店铺分析商品销售情况的具体操作方法。

第 1 步 打开本书提供的"素材 / 项目七 / 网店销售数据透视表 .xlsx"工作簿，在"插入"选项卡的"表格"面板中，单击"数据透视表"按钮，如图 7-54 所示。

第 2 步 打开"创建数据透视表"对话框，选择单元格区域，然后选中"新工作表"单选按钮，如图 7-55 所示。

第 3 步 单击"确定"按钮，即可创建数据透视表，其效果如图 7-56 所示。

第 4 步 在"数据透视表"任务窗格的"字段列表"列表框中，勾选"广州分店""深圳分店""北京分店"和"上海分店"复选框，如图 7-57 所示。

第 5 步 在数据透视表中添加字段，其效果如图 7-58 所示。

第 6 步 选择数据透视表中的任意字段，在"设计"选项卡的"数据透视表样式"面板中，单击"其他"按钮，展开列表框，选择"主题颜色"为"橙色"，在"预设样式"选项区中，选择"数据透视表样式 3"样式，即可更改数据透视表的样式，如图 7-59 所示。

图 7-54　单击"数据透视表"按钮

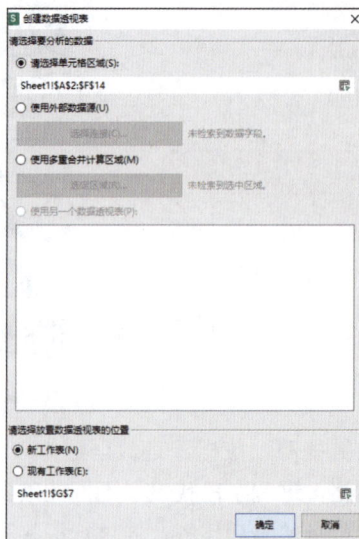

图 7-55　修改参数值

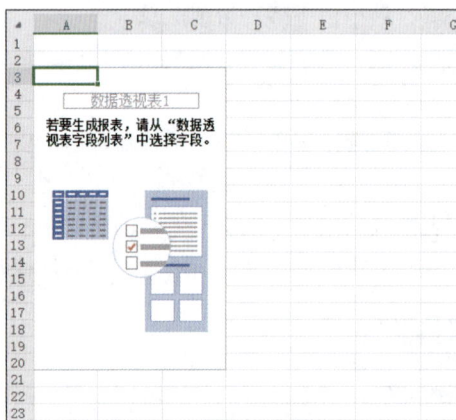

图 7-56　创建数据透视表

图 7-57　勾选复选框

图 7-58　添加字段

第 7 步　选择数据透视表中的任意字段，在"分析"选项卡的"工具"面板中，单击"数据透视图"按钮，如图 7-60 所示。

第 8 步　打开"图表"对话框，在左侧列表框中，选择"柱形图"选项，在右侧选项区中，选择第一个柱形图样式，如图 7-61 所示。

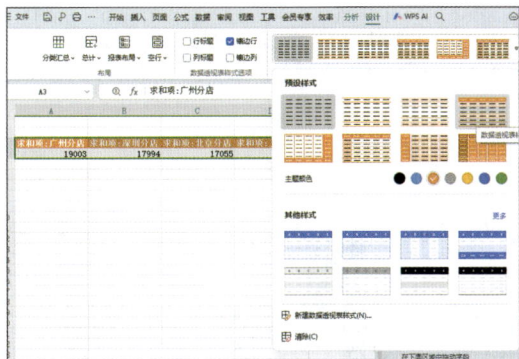

图 7-59　选择并修改数据透视表样式

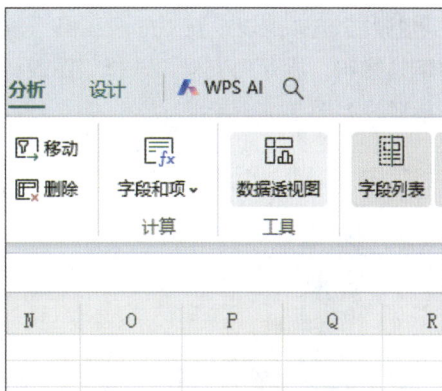

图 7-60　单击"数据透视图"按钮

第9步 创建柱形图图表，并调整图表的大小和位置，其效果如图 7-62 所示。

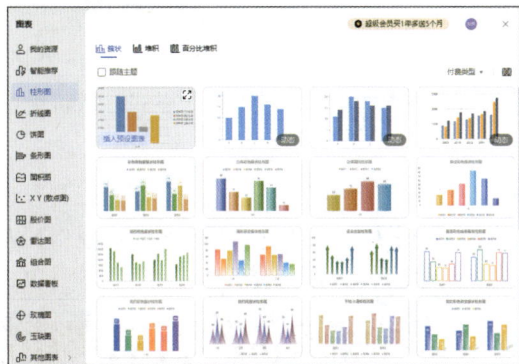

图 7-61　选择柱形图样式

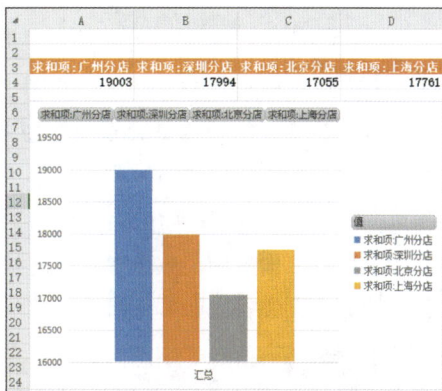

图 7-62　创建柱形图图表

第10步 选择图表上的字段按钮，右击，在弹出的快捷菜单中，选择"隐藏图表上的所有字段按钮"命令，如图 7-63 所示。

第11步 隐藏图表中的字段按钮，其效果如图 7-64 所示。

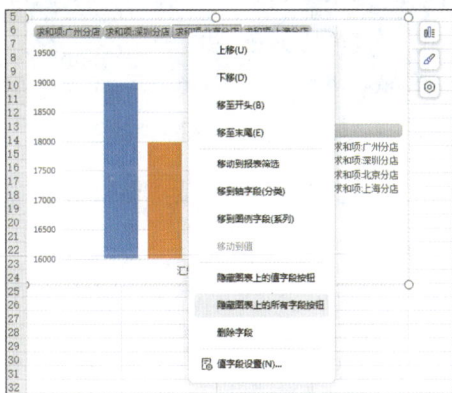

图 7-63　选择相应的命令

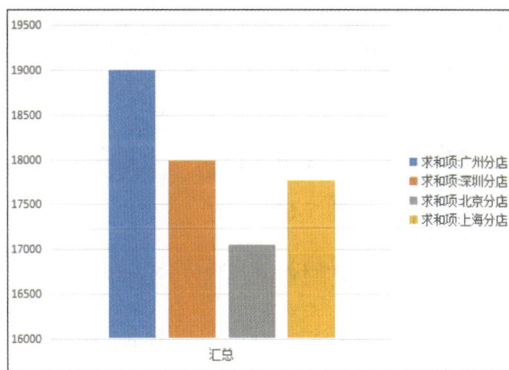

图 7-64　隐藏字段按钮

第12步 选择图表，在"图表工具"选项卡的"图表布局"面板中，单击"添加元素"右侧的下拉按钮，展开列表框，选择"图例"→"顶部"命令，调整图例位置，如图 7-65 所示。

第13步 选择图表，在"图表工具"选项卡的"图表布局"面板中，单击"添加元素"右侧的下拉按钮，展开列表框，选择"图表标题"→"图表上方"命令，添加图表标题，并修改图表标题，如图 7-66 所示。

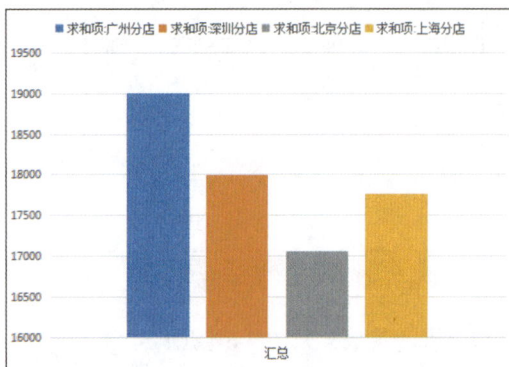

图 7-65　调整图例位置

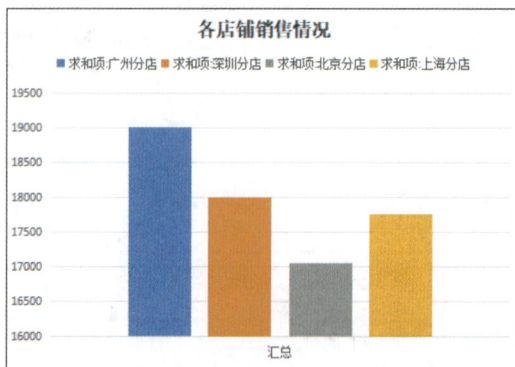

图 7-66　添加图表标题

第14步 选择柱形图图表，在"绘图工具"选项卡的"形状样式"面板中，单击"其他"按钮，展开列表框，选择"主题颜色"为"橙色"，选择"填充－无线条"样式，即可更改图表的背景颜色，如图 7-67 所示。

第15步 依次选择图表中的系列图形，修改各系列图形的填充颜色，在"图表工具"选项卡的"图表样式"面板中，单击"其他"按钮，展开列表框，在"选择预设系列配色"列表框中选择合适的渐变颜色，即可更改系列图形的颜色，如图 7-68 所示。

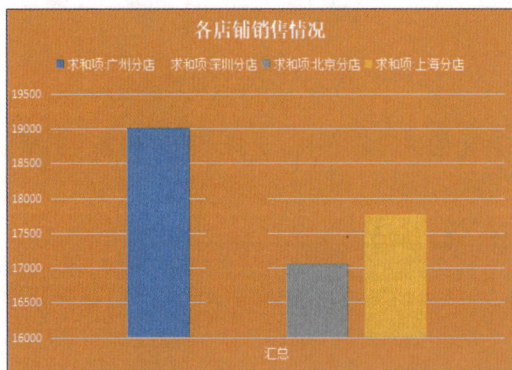

图 7-67　更改图表的背景颜色

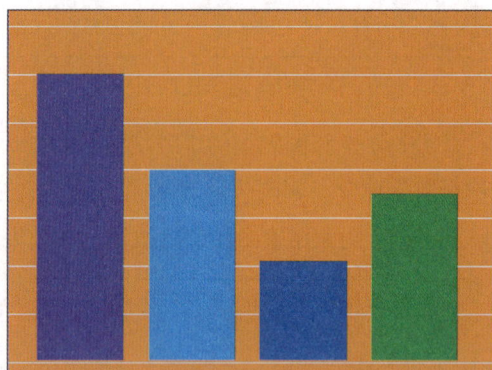

图 7-68　更改系列图形的颜色

第16步 选择图表中的标题、图例和坐标轴等文本，修改其字体格式为"微软雅黑"，并加粗标题文本，如图 7-69 所示。

子任务 7.2.3　按销量和月份分析商品

观看视频

通过数据透视表和透视图可以对商品销量和月份进行细致分析，从而让商家更好地把握市场动态，优化产品结构，提升销售业绩。下面详细讲解按销量和月份来分析商品的具体操作方法。

第1步 切换至 Sheet1 工作表，在"插入"选项卡的"表格"面板中，单击"数据透视表"按钮，打开"创建数据透视表"对话框，选择单元格区域，然后选中"现有工作表"单选

图 7-69　更改图表的字体格式

按钮，在 Sheet2 工作表中，选择 F2 单元格为放置位置，如图 7-70 所示。

第 2 步 单击"确定"按钮，即可再次创建一个数据透视表，其效果如图 7-71 所示。

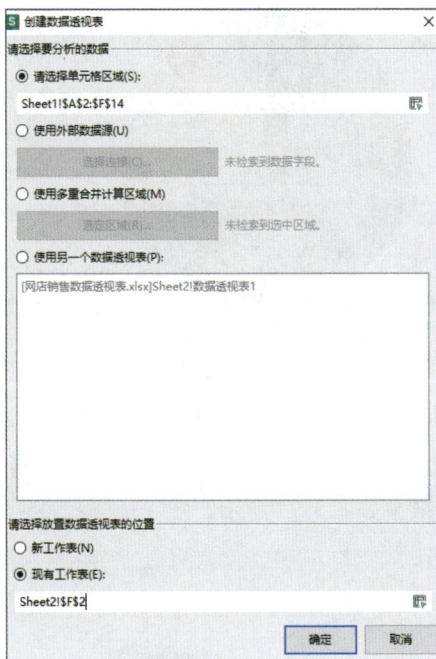

图 7-70　修改参数值

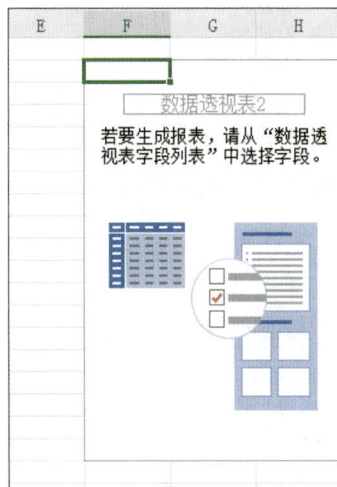

图 7-71　创建数据透视表

第 3 步 在"数据透视表"任务窗格的"字段列表"列表框中，勾选"月份"和"销售总额"复选框，如图 7-72 所示。

第 4 步 为新创建的数据透视表添加字段，其效果如图 7-73 所示。

第 5 步 选择数据透视表中的任意字段，在"设计"选项卡的"数据透视表样式"面板中，单击"其他"按钮，展开列表框，选择"主题颜色"为"橙色"，在"预设样式"选项区中，选择"数据透视表样式 5"样式，即可更改数据透视表的样式，如图 7-74 所示。

第 6 步 选择数据透视表中的任意字段，在"分析"选项卡的"工具"面板中，单击"数据透视图"按钮，打开"图表"对话框，在左侧列表框中，选择"饼图"选项，在右侧选项区中，选择第一个饼图样式，即可插入饼图图表，并调整其大小和位置，如图 7-75 所示。

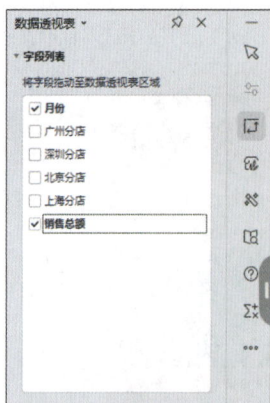

图 7-72　勾选复选框

图 7-73　添加字段

图 7-74　更改数据透视表的样式

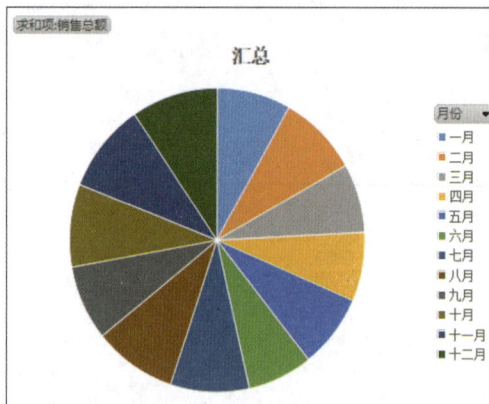

图 7-75　创建饼图图表

第 **7** 步 选择饼图图表，隐藏图表上的所有字段按钮，在"图表工具"选项卡的"图表样式"面板中，单击"其他"按钮，展开列表框，选择合适的图表样式，如图 7-76 所示。

第 **8** 步 使用图表样式一键优化图表，其效果如图 7-77 所示。

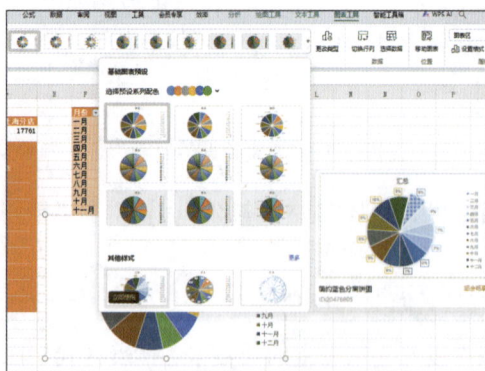

图 7-76　选择图表样式

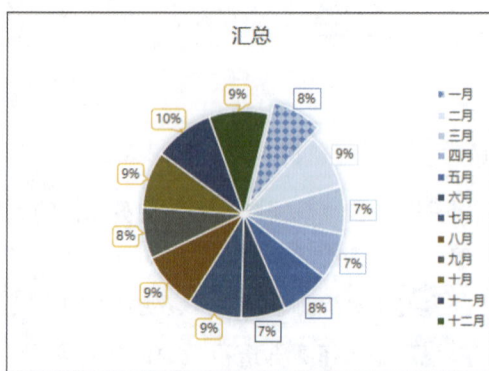

图 7-77　优化图表效果

第 **9** 步 继续选择饼图图表，然后修改其"填充"颜色为"巧克力黄，着色 2，深色 25%"颜色，如图 7-78 所示。

第**10**步 依次选择系列图形，修改其轮廓颜色、填充颜色和轮廓宽度，并为系列图形添加阴影效果，如图 7-79 所示。

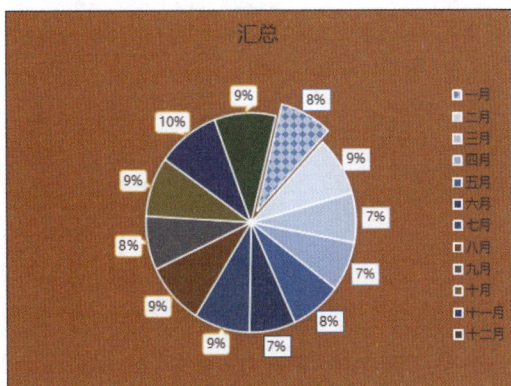

图 7-78　修改图表的背景颜色

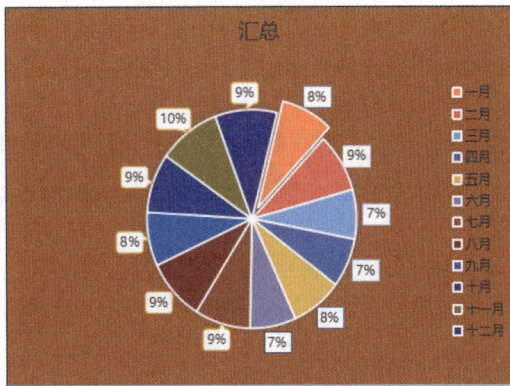

图 7-79　美化系列图形

第**11**步 修改图表中的标题、图例和坐标轴等文本的字体格式为"微软雅黑"，并加粗标题文本，如图 7-80 所示。

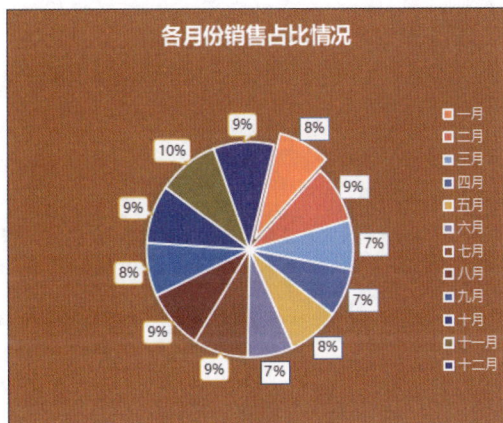

图 7-80　图表最终效果

子任务 7.2.4　使用切片器分析数据透视表

在数据透视表的应用中，切片器是一种筛选和分析数据的高效方法。切片器不仅使数据筛选变得直观易用，而且能够快速地对大量数据进行分段查看，从而帮助用户更深入地理解数据背后的趋势和模式。下面详细讲解使用切片器分析数据透视表的具体操作方法。

观看视频

第**1**步 选择任意数据透视表中的字段，在"分析"选项卡的"筛选"面板中，单击"插入切片器"按钮，如图 7-81 所示。

第**2**步 打开"插入切片器"对话框，勾选"月份"复选框，单击"确定"按钮，如图 7-82 所示。

第**3**步 插入切片器，并调整其大小和位置，如图 7-83 所示。

第**4**步 选择切片器，在"选项"选项卡的"样式"面板中，单击"其他"按钮，展开列表框，在"深"选项区中，选择"切片器样式深色 2"样式，如图 7-84 所示。

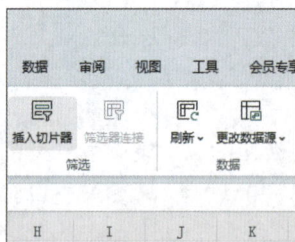

图 7-81　单击"插入切片器"按钮

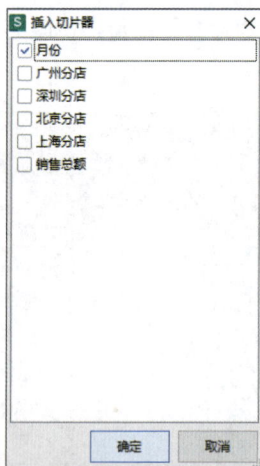

图 7-82　勾选"月份"复选框

图 7-83　插入切片器

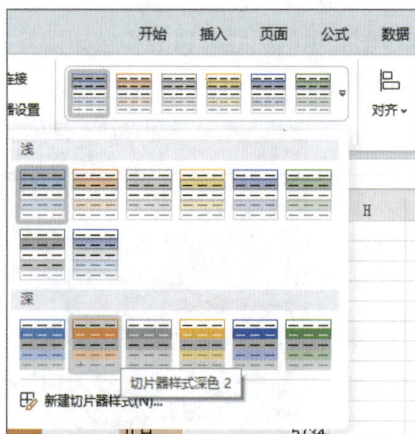

图 7-84　选择切片器样式

第 5 步　更改切片器的样式，其效果如图 7-85 所示。

第 6 步　选择切片器，在"选项"选项卡的"切片器"面板中，单击"报表连接"按钮，打开"数据透视表连接（月份）"对话框，勾选"数据透视表 1"和"数据透视表 2"复选框，如图 7-86 所示。

图 7-85　更改切片器的样式

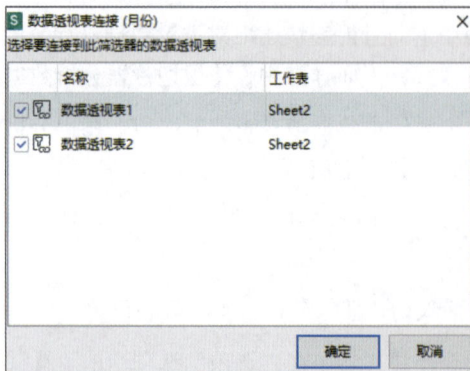

图 7-86　添加其他的引用位置

第 7 步 单击"确定"按钮，即可连接切片器和数据透视表，在切片器中选择对应的月份，则数据透视表和透视图中的数据也随之发生变化，如图 7-87 所示。

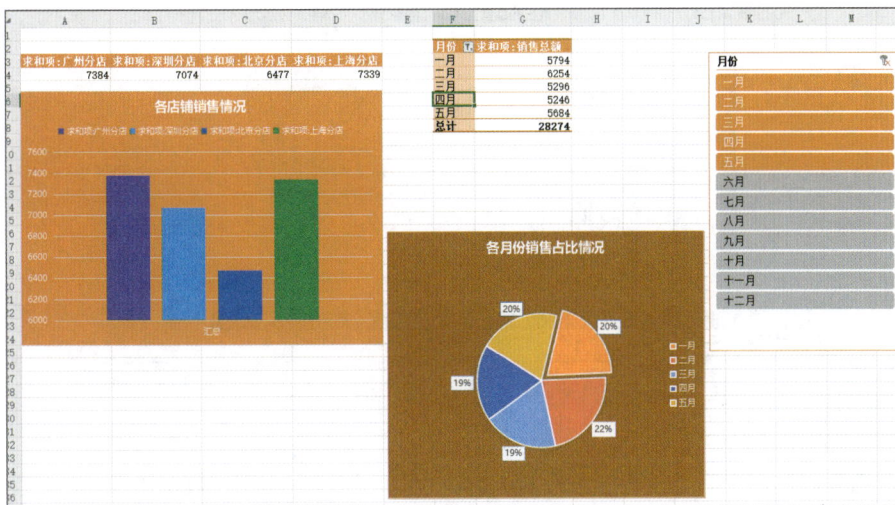

图 7-87　使用切片器查看与分析数据

─● AI 答疑与技巧点拨 ●─

1. 创建与分析智能图表

通过"智能分析"插入与分析图表，通常涉及一系列自动化和智能化的步骤，旨在帮助用户快速、准确地从数据中提取有价值的信息并以图表形式呈现。例如，使用"智能分析"功能可以对成本计算表中材料采购的成本进行分析计算，其具体的操作步骤如下。

（1）打开本书提供的"素材 / 项目七 / 凭证明细表 .xlsx"工作簿，框选 A2:I20 单元格区域，在"数据"选项卡的"数据分析"面板中，单击"智能分析"按钮，如图 7-88 所示。

（2）打开"数据解读"任务窗格，选择推荐的分析图表，单击"插入"按钮，如图 7-89 所示。

图 7-88　单击"智能分析"按钮

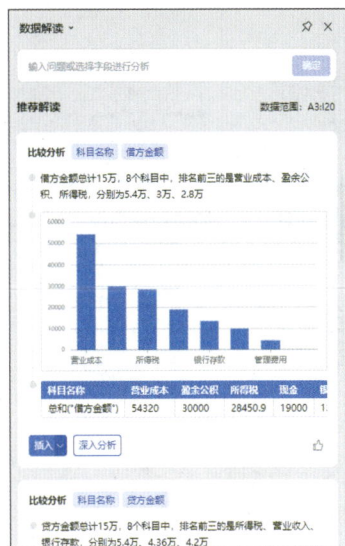

图 7-89　选择推荐的分析图表

（3）插入图表，并对图表进行分析，其效果如图 7-90 所示。

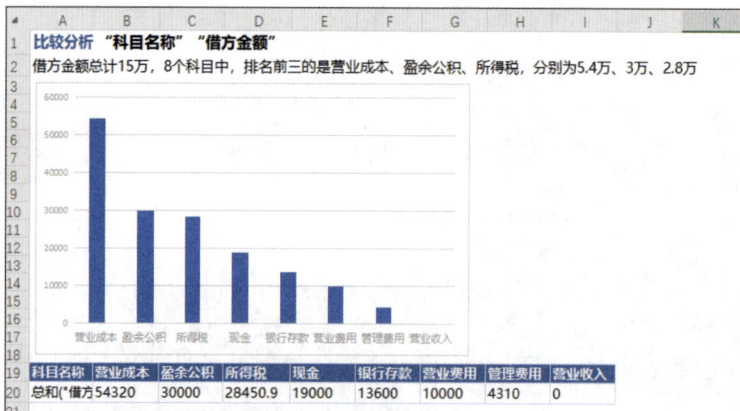

图 7-90　插入与分析图表

2. 如何将数据透视表自动刷新

在创建数据透视表后，当数据源中的数据更新时，需要手动刷新数据透视表，才能使其中的数据与数据源数据同步刷新。而在现实工作中，财务人员常常会忘记手动刷新全部数据透视表。

在 WPS 中，数据透视表的刷新和更改数据源是两个关键操作，它们确保了数据透视表能够反映最新的数据变化。WPS 数据透视表的自动刷新功能可以通过设置"打开文件时刷新数据"功能实现。下面详细讲解自动刷新数据透视表的具体操作步骤。

（1）打开本书提供的"素材 / 项目七 / 员工培训成绩表 .xlsx"工作簿，选择数据透视表中的任意单元格，在"分析"选项卡的"数据透视表"面板中，单击"选项"右侧的下拉按钮，展开列表框，选择"选项"命令，如图 7-91 所示。

（2）打开"数据透视表选项"对话框，勾选"打开文件时刷新数据"复选框，如图 7-92 所示，单击"确定"按钮，即可设置打开文件时自动刷新数据透视表。

图 7-91　选择"选项"命令

图 7-92　勾选复选框

3. 通过函数智能预测数据

WPS 表格内置了多种预测函数，如 FORECAST 和 TREND 等，可以基于已有数据预测未来的数据点。例如，根据已有的 2025 年上半年营业收入，通过 TREND 函数预测下半年的营业收入。下面详细讲解具体操作步骤。

（1）打开本书提供的"素材 / 项目七 / 营业收入预测 .xlsx"工作簿，选择 B13:B18 单元格区域，输入公式"=TREND(B4:B9,A4:A9,A13:A18)"，如图 7-93 所示。

（2）按快捷键 Ctrl+Shift+Enter，即可通过数组公式智能预测出下半年的营业收入数据，如图 7-94 所示。

图 7-93　输入函数公式

图 7-94　显示智能预测结果

4. 添加趋势线预测数据

通过在图表中添加趋势线，可以直观地看到数据的变化趋势。WPS 表格提供多种趋势线选项，如线性、对数、指数、移动平均等，可以根据数据的特性选择合适的趋势线。下面详细讲解具体的操作步骤。

（1）打开本书提供的"素材 / 项目七 / 股票涨跌幅图表 .xlsx"工作簿，选择图表对象，在"图表工具"选项卡的"图表布局"面板中，单击"添加元素"右侧的下拉按钮，展开列表框，选择"趋势线"→"线性"命令，如图 7-95 所示。

（2）在图表中添加线性趋势线，通过线性趋势线预测股票的涨跌情况，如图 7-96 所示。

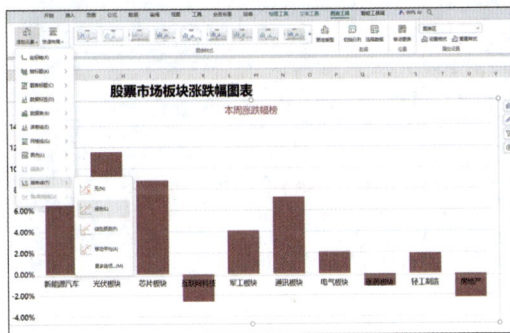

图 7-95　选择"线性"命令

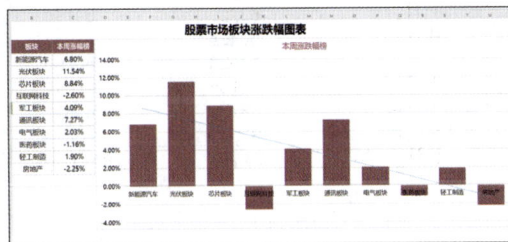

图 7-96　用趋势线预测数据

上机实训：制作"店铺运营成本统计表"

店铺运营成本统计表的汇总和展示用于店铺日常运营数据，旨在帮助经营者了解店铺每日

观看视频

的运营状况，包括销售、客流、库存等方面。通过这些数据，经营者可以及时发现店铺运营中的问题，并采取相应的措施进行调整和优化。在本案例中，需要制作出店铺运营成本统计表，并在工作表中创建出图表和数据透视表来分析数据。下面详细讲解具体的操作步骤。

（1）启动 WPS Office 软件，打开本书提供的"素材 / 项目七 / 店铺运营成本统计表 .xlsx"工作簿。

（2）使用"数据透视表"命令，创建第一个数据透视表，然后对数据透视表添加字段，并美化数据透视表，如图 7-97 所示。

（3）使用"数据透视图"命令，根据已经创建好的数据透视表创建出"折线图"数据透视图，并对数据透视图进行美化与编辑操作，如图 7-98 所示。

图 7-97 创建数据透视表 1

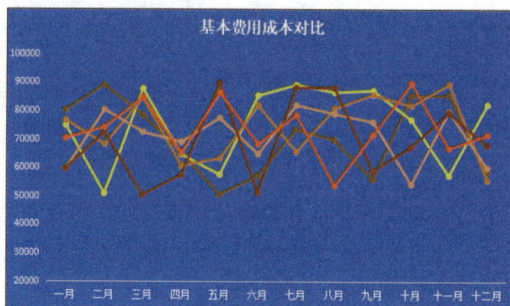

图 7-98 创建数据透视图 1

（4）使用"数据透视表"命令，创建第二个数据透视表，然后对数据透视表添加字段，并美化数据透视表，如图 7-99 所示。

（5）使用"数据透视图"命令，根据已经创建好的数据透视表创建出"条形图"数据透视图，并对数据透视图进行美化与编辑操作，如图 7-100 所示。

图 7-99 创建数据透视表 2

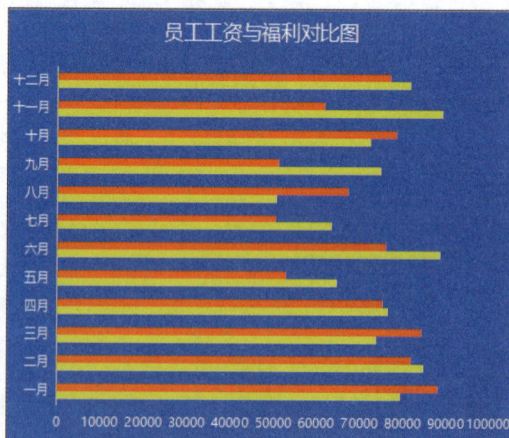

图 7-100 创建数据透视图 2

习题测试

1. 填空题

（1）在 WPS 表格中，图表主要分为_____、条形图、折线图、饼图、散点图等类型。

（2）创建图表时，用户可以通过选择数据区域，然后单击"插入"选项卡中的_____按钮来快速生成图表。

（3）在透视表中，数据区域被分为行标签、列标签、_____和值区域 4 部分。

（4）要对透视表进行筛选，可以在_____区域中选择要显示的项。

（5）透视表可以通过_____功能，将原始数据中的重复项合并，并计算其总和、平均值等统计量。

（6）如果想在单元格中输入分数，例如 1/2，应该先输入_____和一个空格，然后输入分数。

2. 选择题

（1）下列哪个选项不是数据透视表的功能？（　　　）

A. 数据汇总　　　　　　　　　　　B. 数据筛选

C. 数据排序　　　　　　　　　　　D. 数据预测

（2）在 WPS 表格中，如果想将一个单元格的内容复制到另一个单元格，可以使用哪种方法？（　　　）

A. 直接拖曳单元格边框

B. 使用快捷键 Ctrl+C 和 Ctrl+V

C. 右击并选择"复制"和"粘贴"

D. 以上都可以

（3）下列哪种类型的图表最适合展示数据的比例关系？（　　　）

A. 柱状图　　　　　　　　　　　　B. 条形图

C. 折线图　　　　　　　　　　　　D. 饼图

（4）在 WPS 表格中，创建图表后，如果想要修改图表的数据源，应该通过（　　　）进行操作。

A. 直接在图表上修改数据

B. 通过"图表工具"选项卡中的"选择数据"按钮

C. 重新创建图表

D. 无法修改数据源

（5）透视表中的数据可以按照用户指定的字段进行（　　　）。

A. 排序　　　　　　　　　　　　　B. 筛选

C. 分组　　　　　　　　　　　　　D. 以上都可以

（6）在透视表中，如果想要计算某个字段的平均值，应该在（　　　）中进行设置。

A. 行标签　　　　　　　　　　　　B. 列标签

C. 筛选器　　　　　　　　　　　　D. 值字段设置

（7）下列关于透视表的说法，错误的是（　　　）。

A. 透视表可以动态地更新数据

B. 透视表中的数据可以进行排序和筛选

C. 透视表只能用于展示数据，不能进行数据分析

D. 透视表可以将原始数据中的重复项合并并计算统计量

3. 上机操作题

制作一个"中考成绩表"工作簿，其最终效果如图 7-101 所示。

（1）打开一个名称为"中考成绩表"的工作簿。

（2）创建数据透视表：使用"数据透视表"命令创建数据透视表。

（3）创建数据透视图：通过各科成绩创建出每个班的数据透视图。

（4）切片器：插入切片器筛选数据。

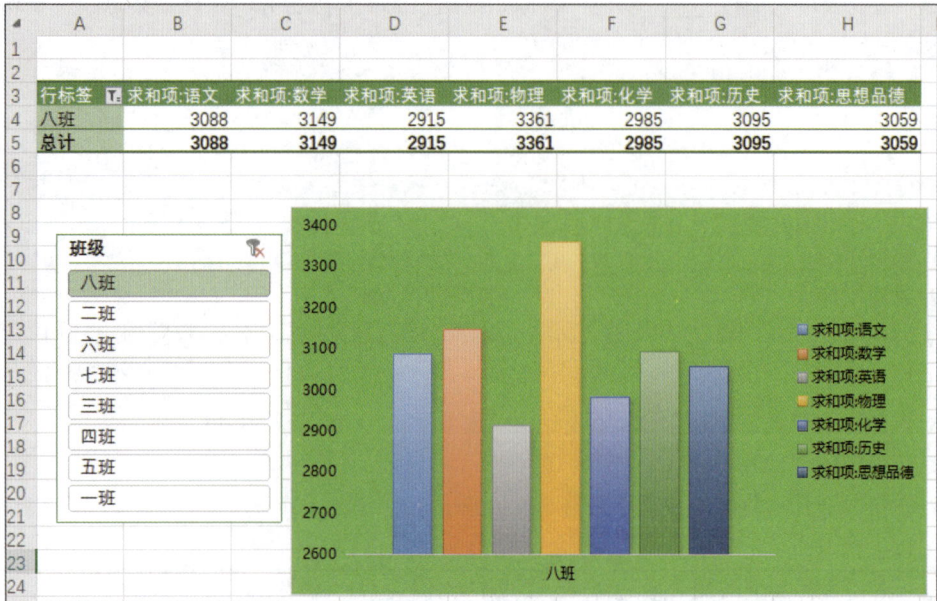

图 7-101　上机习题效果

项目 8　WPS 演示的编辑与设计

本章导读

在编辑和设计 WPS 演示时，可以对幻灯片内容进行添加、修改、删除和格式化等操作，并侧重于整体布局、配色方案、母版与占位符、设计方案等方面的规划和设置。本项目将介绍在 WPS 演示中创建并保存演示文稿、编辑幻灯片、浏览幻灯片、设置幻灯片主题和模板等操作，帮助读者快速掌握这些技能，为后续的深入分析奠定坚实的基础。

学习目标

通过本章多个知识点的学习，读者朋友可以熟练掌握 WPS 演示的制作、编辑与设计等操作。

知识要点

- 使用 AI 了解工作汇报演示文稿
- 使用 AI 写作工作汇报
- 创建并保存演示文稿
- 编辑幻灯片
- 输入和编辑演示文稿内容
- 使用视图浏览幻灯片
- 使用 AI 了解产品推广演示文稿
- 使用 AI 制作产品推广演示文稿
- 设置幻灯片主题
- 设置幻灯片母版
- 插入并编辑图片和表格
- 使用艺术字美化文本
- 设置幻灯片背景

任务 8.1 制作"工作汇报演示文稿"

工作汇报演示文稿是职场中常见的一种沟通工具，它能够帮助汇报者清晰地展示工作进展、成果及计划，对于提升工作效率和团队协作具有重要意义。

本次任务详细讲解制作"工作汇报"演示文稿的相关操作，其内容包含熟悉工作汇报的基础知识、创建并保存演示文稿、编辑幻灯片、插入和编辑演示文稿内容等操作。

子任务 8.1.1　使用 AI 了解工作汇报演示文稿

制作一份优秀的工作汇报演示文稿需要明确主题、简洁明了、重点突出、逻辑清晰以及视觉统一。同时，还需要掌握一些制作技巧和要点，以确保汇报的顺利进行和观众的满意度。因此，在制作"工作汇报"演示文稿之前，需要先熟悉演示文稿的基本结构、工作汇报的制作要点，了解"工作汇报"演示文稿的制作技巧和注意事项。下面通过 AI 工具"文心一言"查询"工作汇报"演示文稿的相关基础知识。

向文心一言提问："工作汇报"演示文稿的基本结构、内容要点、制作技巧和注意事项是什么？

◎ 文心一言回复：

1. 工作汇报演示文稿的基本结构

工作汇报演示文稿包含封面页、目录页、内容页、总结页和致谢页 5 个基本结构，如图 8-1 所示。

封面页 ➡ 目录页 ➡ 内容页 ➡ 总结页 ➡ 致谢页

图 8-1　工作汇报演示文稿的基本结构

▶ 封面页：包括汇报的主题、汇报人及日期等基本信息，是观众对汇报内容的第一印象。

▶ 目录页：列出汇报的主要内容和结构，便于观众了解汇报的整体框架。

▶ 内容页：详细展示工作进展、成果、问题及解决方案等内容，是汇报的核心部分。

▶ 总结页：对汇报内容进行简要总结，强调重点，并提出下一步的工作计划。

▶ 致谢页：感谢观众的聆听和参与，体现礼貌和尊重。

2. 工作汇报演示文稿的内容要点

工作汇报演示文稿的内容包含工作进展、成果展示、问题与挑战以及未来计划 4 个内容要点，如图 8-2 所示。

工作进展　成果展示　问题与挑战　未来计划

图 8-2　工作汇报演示文稿的内容要点

- ▶ 工作进展：详细描述当前工作的进展情况，包括已完成的任务、正在进行的任务以及下一步计划。
- ▶ 成果展示：通过数据和实例展示工作成果，突出成绩和亮点。
- ▶ 问题与挑战：客观分析工作中遇到的问题和挑战，并提出解决方案或建议。
- ▶ 未来计划：明确下一步工作计划和目标，展示对工作的前瞻性和规划能力。

3. 工作汇报演示文稿的制作技巧

在制作工作汇报演示文稿时，要使用以下 5 个制作技巧。

- ▶ 选择合适的模板：根据汇报内容和场合选择合适的模板，提高演示文稿的专业性和美观度。
- ▶ 使用图表和图片：通过图表和图片直观地展示数据和成果，增强说服力。
- ▶ 添加动画效果：适当添加动画效果，使演示文稿更加生动有趣，但避免过度使用导致分散注意力。
- ▶ 准备备注内容：为每页内容准备备注，以便在汇报时提供更多细节或解释。
- ▶ 进行演练：在正式汇报前进行多次演练，熟悉演示文稿内容和演讲节奏。

4. 制作演示文稿的注意事项

制作工作汇报演示文稿时需要注意以下 5 点，如图 8-3 所示。

图 8-3　制作演示文稿的注意事项

- ▶ 明确主题：确保演示文稿的主题清晰明确，与汇报内容紧密相关。
- ▶ 简洁明了：避免过多文字和复杂的图表，保持页面整洁、易于理解。
- ▶ 重点突出：通过字体、颜色、动画等方式突出重要内容，吸引观众的注意力。
- ▶ 逻辑清晰：合理安排内容顺序，确保逻辑连贯，便于观众理解和记忆。
- ▶ 视觉统一：保持演示文稿的整体风格一致，包括字体、颜色、布局等方面。

子任务 8.1.2　使用 AI 写作工作汇报

工作汇报是职场中非常重要的一环，它有助于上级了解下属的工作进展、成果、遇到的问题及需要的支持，同时也是员工展示自己能力和成果的机会。下面详细讲解使用 AI 写作工作汇报的具体操作方法。

观看视频

第 1 步 新建一个空白的文档，连续两次按住 Ctrl 键，启动 WPS AI 功能，在 AI 输入框中输入"工作汇报"，在展开的列表框中选择"工作汇报"选项，完善 AI 生成信息，单击"发送"按钮，如图 8-4 所示。

第 2 步 使用 AI 自动写作工作汇报，稍后将显示完成结果，单击"保留"按钮，即可保存工作汇报，如图 8-5 所示。

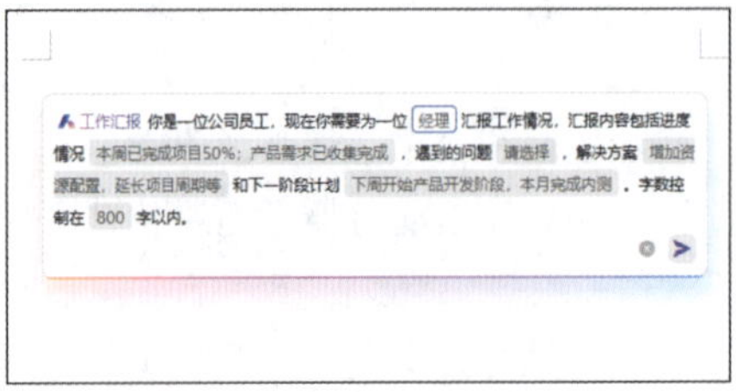

图 8-4　输入并完善 AI 生成信息

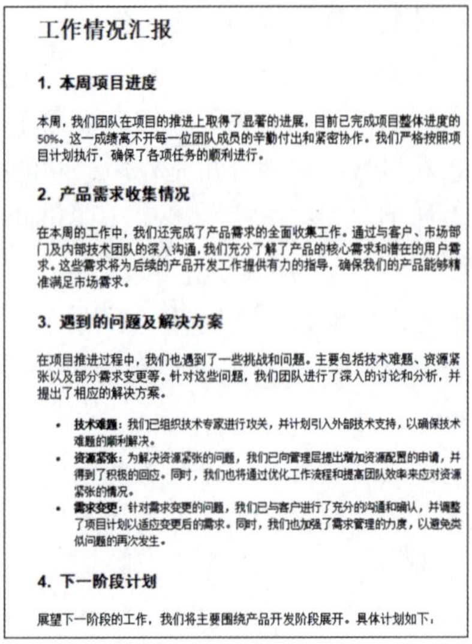

工作情况汇报

1. 本周项目进度

本周，我们团队在项目的推进上取得了显著的进展，目前已完成项目整体进度的50%。这一成绩离不开每一位团队成员的辛勤付出和紧密协作。我们严格按照项目计划执行，确保了各项任务的顺利进行。

2. 产品需求收集情况

在本周的工作中，我们还完成了产品需求的全面收集工作。通过与客户、市场部门及内部技术团队的深入沟通，我们充分了解了产品的核心需求和潜在的用户需求。这些需求将为后续的产品开发工作提供有力的指导，确保我们的产品能够精准满足市场需求。

3. 遇到的问题及解决方案

在项目推进过程中，我们也遇到了一些挑战和问题。主要包括技术难题、资源紧张以及部分需求变更等。针对这些问题，我们团队进行了深入的讨论和分析，并提出了相应的解决方案。

- **技术难题**：我们已组织技术专家进行攻关，并计划引入外部技术支持，以确保技术难题的顺利解决。
- **资源紧张**：为解决资源紧张的问题，我们已向管理层提出增加资源配置的申请，并得到了积极的回应。同时，我们也将通过优化工作流程和提高团队效率来应对资源紧张的情况。
- **需求变更**：针对需求变更的问题，我们已与客户进行了充分的沟通和确认，并调整了项目计划以适应变更后的需求。同时，我们也加强了需求管理的力度，以避免类似问题的再次发生。

4. 下一阶段计划

展望下一阶段的工作，我们将主要围绕产品开发阶段展开。具体计划如下：

图 8-5　生成工作汇报

子任务 8.1.3　创建并保存演示文稿

观看视频

在开始创建之前，明确演示文稿的目的（如教育、销售、报告等）和主要内容。首先列出要包含的关键点，并确定每个点的呈现方式（文字、图片、图表、视频等）。然后使用“保存”命令确定保存演示文稿的位置，如本地计算机、云存储或共享文件夹，并对其进行保存操作。下面详细讲解创建并保存演示文稿的具体操作步骤。

第1步 在 WPS Office 主界面中，单击“新建”按钮，打开“新建”对话框，单击“演示”按钮，如图 8-6 所示。

第2步 进入“新建演示文稿”界面，单击“智能创作”按钮，如图 8-7 所示。

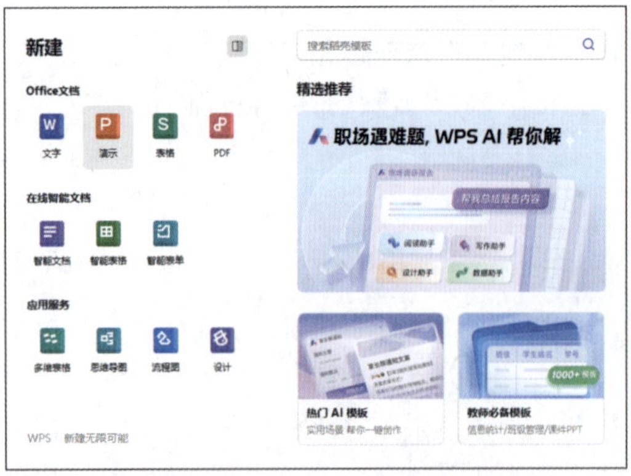

图 8-6　单击“演示”按钮

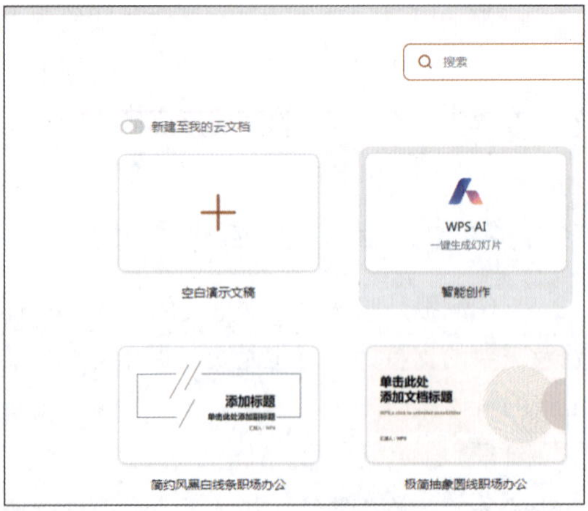

图 8-7　单击“智能创作”按钮

第3步 新建一个空白演示文稿，并自动显示 AI 输入框，将之前 AI 写作出的“工作汇报”文本内容复制并粘贴到输入框中，单击“生成大纲”按钮，如图 8-8 所示。

第4步 开始自动生成演示文稿大纲，稍后将显示生成结果，单击“生成幻灯片”按钮，如图 8-9 所示。

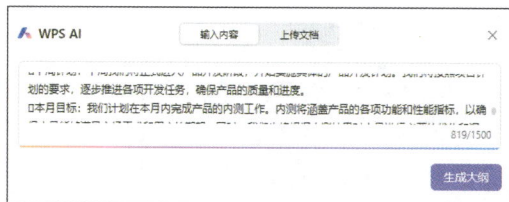

图 8-8　单击"生成大纲"按钮

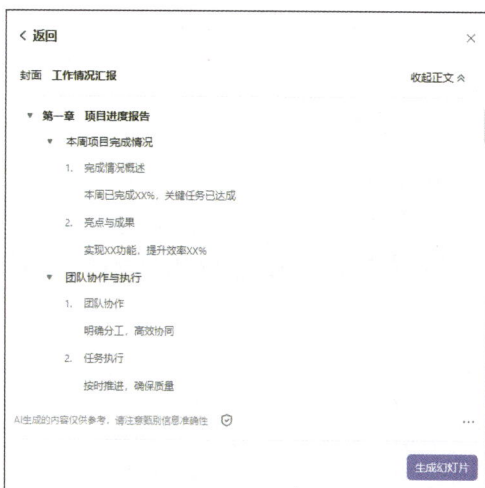

图 8-9　显示大纲生成结果

第⑤步 进入"选择幻灯片模板"对话框，选择第 1 个幻灯片模板，单击"创建幻灯片"按钮，如图 8-10 所示。

第⑥步 自动创建出多张幻灯片，其效果如图 8-11 所示。

图 8-10　单击"创建幻灯片"按钮

图 8-11　自动创建幻灯片

第⑦步 在软件界面的左上角位置，单击快速访问工具栏中的"保存"按钮，如图 8-12 所示。

第⑧步 打开"另存为"对话框，修改文件名和保存路径，单击"保存"按钮，如图 8-13 所示，即可保存演示文稿。

图 8-12　单击"保存"按钮

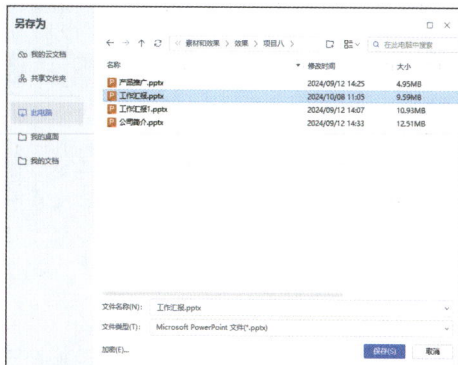

图 8-13　修改文件名和保存路径

子任务 8.1.4 编辑幻灯片

在完成演示文稿的新建与保存操作后，可以对幻灯片进行新建、复制、调整顺序等编辑操作。下面详细讲解编辑幻灯片的具体操作步骤。

第 1 步 在"幻灯片"任务窗格中选择第 15 张幻灯片，右击，在弹出的快捷菜单中，选择"复制幻灯片"命令，如图 8-14 所示。

第 2 步 复制出一张相同的幻灯片，其效果如图 8-15 所示。

图 8-14 选择"复制幻灯片"命令

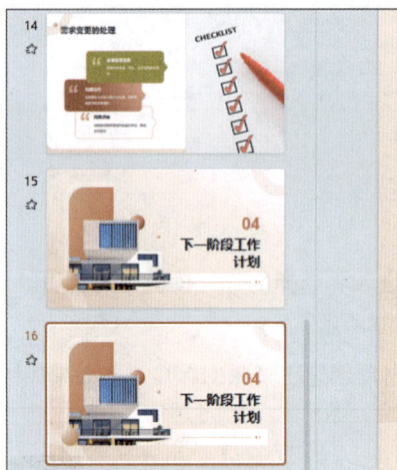

图 8-15 复制幻灯片

第 3 步 在"幻灯片"任务窗格中继续选择第 15 张幻灯片，右击，在弹出的快捷菜单中，选择"新建幻灯片"命令，如图 8-16 所示。

第 4 步 新建一个空白的幻灯片，其效果如图 8-17 所示。

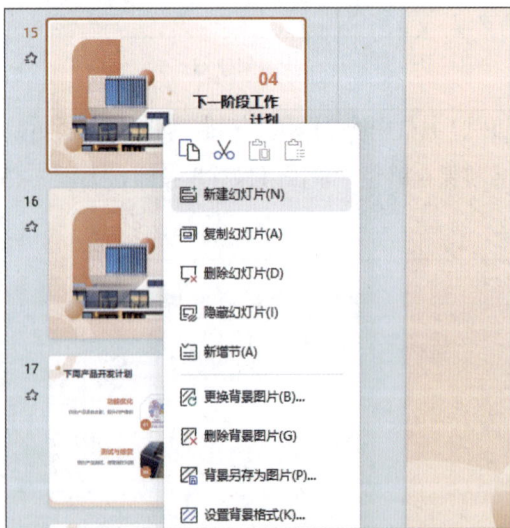

图 8-16 选择"新建幻灯片"命令

图 8-17 新建空白幻灯片

第 5 步 使用同样的方法，选择第 19 张和 20 张幻灯片，右击，在弹出的快捷菜单中，选择"复制幻灯片"命令，复制幻灯片，如图 8-18 所示。

第**6**步 选择第 21 和 22 张幻灯片，按住鼠标左键并拖曳至第 17 张幻灯片的下方，此时该幻灯片下方显示一条横线，如图 8-19 所示。

图 8-18　复制幻灯片

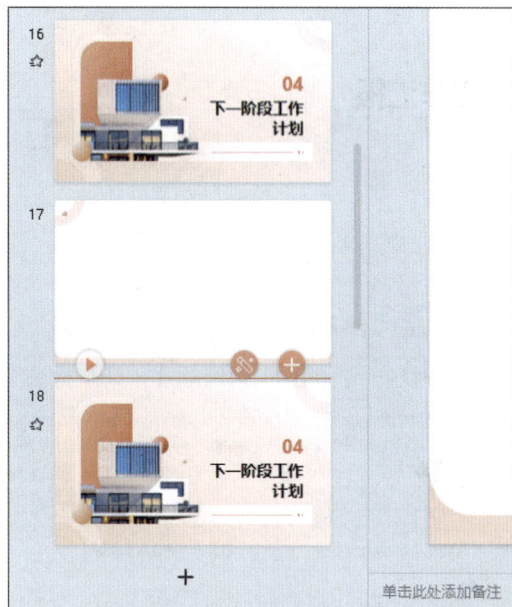

图 8-19　拖曳鼠标

第**7**步 释放鼠标左键，调整幻灯片的顺序，其效果如图 8-20 所示。

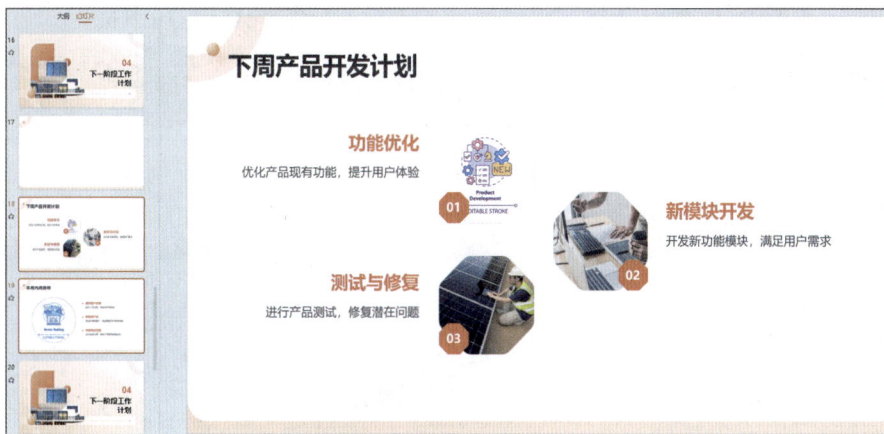

图 8-20　调整幻灯片顺序

子任务 8.1.5　输入和编辑演示文稿内容

在完成幻灯片的编辑操作后，可以在各个幻灯片中对演示文稿的内容进行编辑与修改。下面详细讲解输入和编辑演示文稿内容的具体操作步骤。

观看视频

第**1**步 选择第 1 张幻灯片，修改标题文本、副标题文本和其他占位符文本的内容，如图 8-21 所示。

第**2**步 选择第 2 张幻灯片中相应的文本和形状图形，在按住 Ctrl 键的同时，按住鼠标左

185

键并拖曳，复制文本和形状，如图 8-22 所示。

图 8-21　修改文本内容

图 8-22　复制文本和形状

第 3 步 然后依次修改目录文本和标号文本内容，如图 8-23 所示。

第 4 步 选择第 11 张幻灯片，调整标题文本框的大小和位置，如图 8-24 所示。

图 8-23　修改文本内容

图 8-24　调整图例位置

第 5 步 选择第 15 张幻灯片，修改标题和副标题文本的内容，如图 8-25 所示。

第 6 步 选择第 16 张幻灯片，在标题占位符文本框中单击，输入标题文本，然后删除副标题占位符文本框，在"插入"选项卡的"图形和图像"面板中，单击"形状"右侧的下拉按钮，展开列表框，选择"圆角矩形"形状，如图 8-26 所示。

图 8-25　修改文本内容

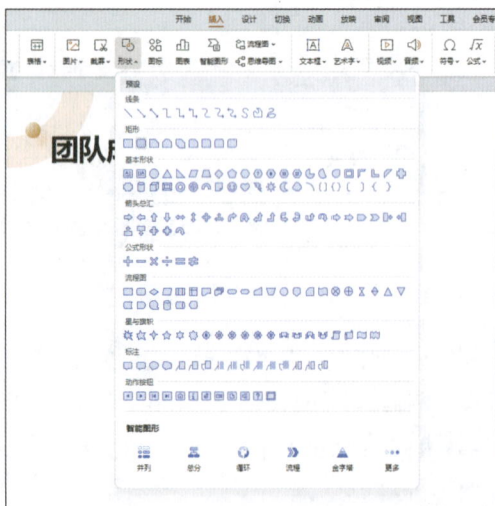

图 8-26　选择"圆角矩形"形状

第 **7** 步 当鼠标指针呈黑色十字形状时，按住鼠标左键并拖曳，绘制一个"形状高度"为 1、"形状宽度"为 5 的圆角矩形，如图 8-27 所示。

第 **8** 步 选择新绘制的圆角矩形，右击，在弹出的快捷菜单中，选择"编辑文字"命令，输入文字内容，并加粗文本，如图 8-28 所示。

图 8-27 绘制圆角矩形

图 8-28 添加图形文本

第 **9** 步 在"插入"选项卡的"文本"面板中，单击"文本框"右侧的下拉按钮，展开列表框，选择"正文"文本框，如图 8-29 所示。

第 **10** 步 在幻灯片中绘制一个横向文本框，并在文本框中输入文本内容，调整文本的大小和内容，如图 8-30 所示。

图 8-29 选择"正文"文本框

图 8-30 添加文本框文本

第 **11** 步 使用同样的方法，依次在幻灯片中添加其他的文本和图形，如图 8-31 所示。

第 **12** 步 使用同样的方法，依次修改第 17 张、18 张、19 张和 23 张幻灯片中的内容，其修改后的效果如图 8-32 所示。

图 8-31 添加其他的文本和图形

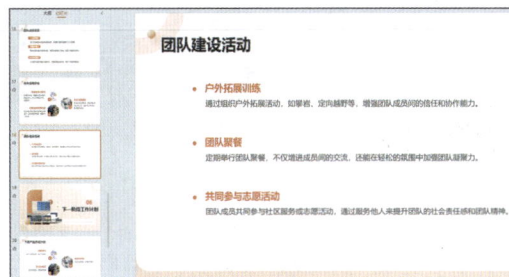

图 8-32 修改其他的幻灯片

子任务 8.1.6 使用视图浏览幻灯片

使用视图浏览幻灯片是指在幻灯片制作软件中（如 PowerPoint 或 WPS 演示等），通过不同的视图模式来查看和管理幻灯片的过程。常见的视图浏览模式有 6 种，幻灯片视图、大纲视图、幻灯片浏览视图、普通视图、备注页视图和阅读视图。下面分别进行介绍。

▶ 幻灯片视图：幻灯片视图允许用户逐张查看和编辑幻灯片的内容。在这个视图中，用户可以添加文本、图片、动画等元素，并对幻灯片进行排版和格式化。这是进行幻灯片制作的主要工作区域。

▶ 大纲视图：大纲视图主要显示幻灯片的文字大纲，可以帮助用户快速了解整个演示文稿的结构和内容。在这个视图中，用户可以插入新的大纲文件，或者对现有大纲进行编辑和调整。

▶ 幻灯片浏览视图：幻灯片浏览视图是一种非常有用的视图模式，它允许用户在屏幕上以缩略图形式查看演示文稿中的所有幻灯片。在这个视图中，用户可以轻松地添加、删除、移动和重新排列幻灯片，还可以定义幻灯片的切换方式。这种视图模式非常适合用于对幻灯片进行整体布局和规划。

▶ 普通视图：普通视图通常是系统默认的视图模式，它结合了幻灯片视图和大纲视图的特点。在普通视图中，用户可以在左侧的大纲窗格中查看和编辑幻灯片的大纲，同时在右侧的幻灯片窗格中查看和编辑具体的幻灯片内容。此外，普通视图还提供了备注窗格，方便用户为每张幻灯片添加备注信息。

▶ 备注页视图：备注页视图专门用于编辑和查看幻灯片的备注信息。在这个视图中，用户可以添加、编辑和删除备注信息，还可以检查演示文稿和备注页在打印时的外观。这对于需要打印幻灯片并在演讲时参考备注信息的用户来说非常有用。

▶ 阅读视图：阅读视图是一种全屏浏览模式，它允许用户在不需要切换到全屏放映的情况下查看幻灯片的动画和切换效果。在阅读视图中，用户可以逐张浏览幻灯片，并查看其在实际放映时的视觉效果。这对于测试和调整幻灯片的动画和切换效果非常有帮助。

下面详细讲解使用视图浏览幻灯片的具体操作步骤。

第1步 在"视图"选项卡的"演示文稿视图"面板中，单击"备注页"按钮，如图 8-33 所示。

第2步 使用"备注页"视图模式浏览选中的幻灯片，如图 8-34 所示。

图 8-33 单击"备注页"按钮

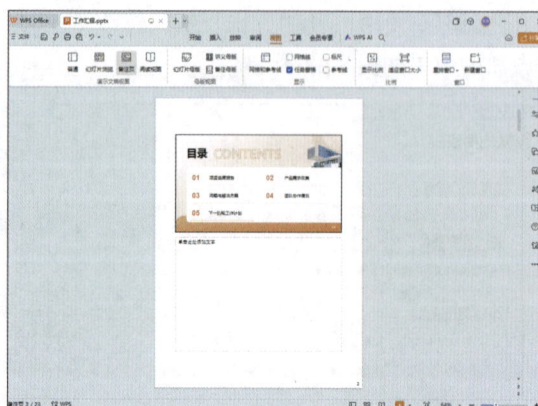

图 8-34 使用"备注页"视图模式查看

第3步 在"视图"选项卡的"演示文稿视图"面板中，单击"阅读视图"按钮，如图 8-35 所示。

第4步 使用"阅读视图"视图模式浏览幻灯片，如图 8-36 所示。

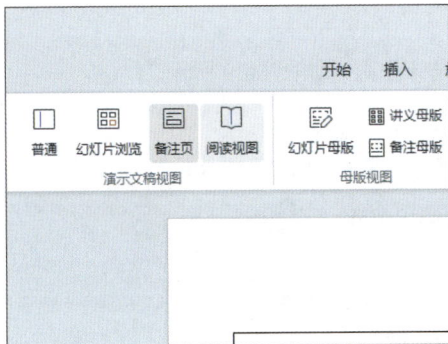

图 8-35　单击"阅读视图"按钮

图 8-36　使用"阅读视图"视图模式查看

第5步 在"视图"选项卡的"演示文稿视图"面板中，单击"幻灯片浏览"按钮，如图 8-37 所示。

第6步 使用"幻灯片浏览"视图模式浏览幻灯片，如图 8-38 所示。

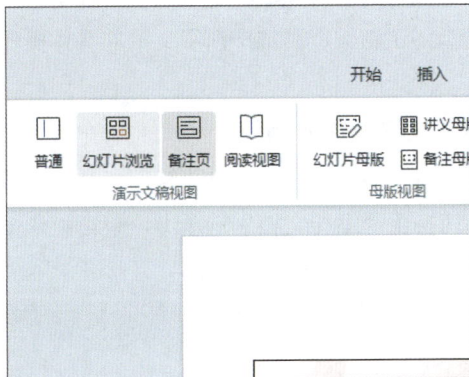

图 8-37　单击"幻灯片浏览"按钮

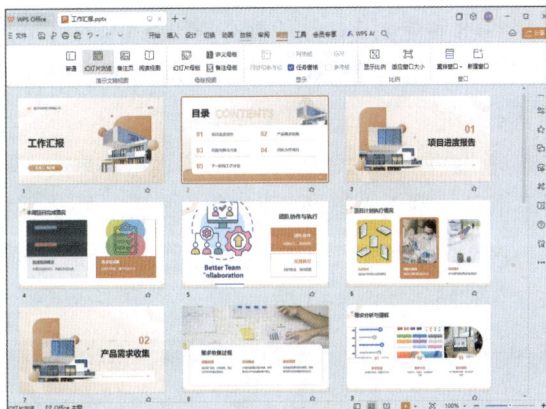

图 8-38　使用"幻灯片浏览"视图模式查看

任务 8.2　制作"产品推广演示文稿"

产品推广演示文稿是一种重要的营销工具，它通过整合文字、图像、声音、动画等多种元素，以直观、生动的方式向目标受众展示产品信息，旨在吸引潜在客户并促进产品销售。

本次任务详细讲解制作"产品推广"演示文稿的相关操作，其内容包含熟悉产品推广的相关基础知识、设置幻灯片主题和模板、插入并编辑图形和图表、使用艺术字美化文本等。

子任务 8.2.1　使用 AI 了解产品推广演示文稿

产品推广演示文稿是利用幻灯片制作的视觉呈现形式，旨在展示和推广产品。在制作产品推广演示文稿之前，需要先通过 AI 工具 Kimi 了解产品推广演示文稿的结构与内容，清楚该演示文稿的设计原则。

下面通过 AI 工具 Kimi 搜索产品推广演示文稿的设计原则。

向 Kimi 提问：产品推广演示文稿的设计原则是什么？

◎ Kimi 回复：

在制作产品推广演示文稿时，要遵循以下 4 个设计原则，如图 8-39 所示。

简洁明了	•避免使用过多的文字，着重呈现图像和关键点
一致性	•保持整个演示文稿的风格、色调和字体的一致性
易读性	•确保文字、图片和图表的大小、颜色和对比度适中，易于观众阅读和理解
专业性	•使用高质量的素材和模板，使演示文稿看起来更加专业和吸引人

图 8-39　产品推广演示文稿的设计原则

子任务 8.2.2　使用 AI 制作产品推广演示文稿

观看视频

WPS 智能创作功能的核心是智能写作助手，用户只需告诉 WPS AI 主题和页数，即可自动生成大纲，并一键生成完整的 PPT。下面详细讲解使用 AI 制作产品推广演示文稿的具体操作方法。

第1步 在 WPS Office 软件界面中，单击"新建"按钮，打开"新建"对话框，单击"演示"按钮，进入"新建演示文稿"界面，单击"智能创作"按钮，如图 8-40 所示。

第2步 新建一个演示文稿，打开 AI 输入框，切换至"上传文档"选项卡，单击"选择文档"按钮，如图 8-41 所示。

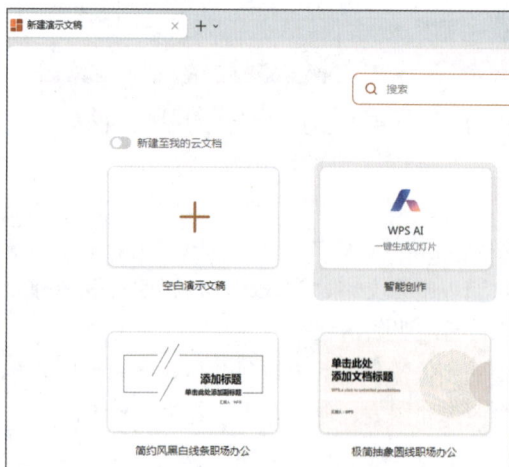

图 8-40　单击"智能创作"按钮

图 8-41　单击"选择文档"按钮

第3步 打开"打开文档"对话框，在对应的文件夹中，选择"化妆品产品推广方案"文档，单击"打开"按钮，如图 8-42 所示。

第**4**步 开始自动生成幻灯片大纲，稍后将显示自动生成结果，单击"生成幻灯片"按钮，如图 8-43 所示。

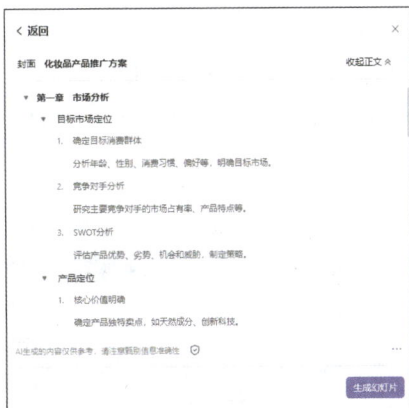

图 8-42　选择文档　　　　　　　　　图 8-43　单击"生成幻灯片"按钮

第**5**步 打开"选择幻灯片模板"对话框，选择第 1 个幻灯片模板，单击"创建幻灯片"按钮，如图 8-44 所示。

图 8-44　单击"创建幻灯片"按钮

第**6**步 使用 AI 制作产品推广演示文稿，修改相应的文本内容，其效果如图 8-45 所示。

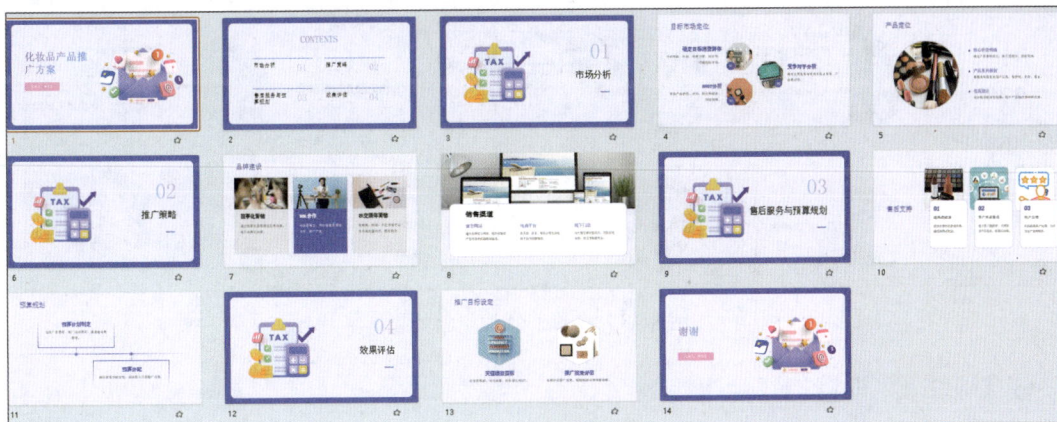

图 8-45　生成演示文稿

子任务 8.2.3　设置幻灯片主题

在 WPS 中设置幻灯片主题是一个简单而有效的过程，可以提升演示文稿的整体美观度和一致性。下面详细讲解设置幻灯片主题的具体操作方法。

第 1 步 在"设计"选项卡的"主题"面板中，单击"其他"按钮，展开列表框，单击"更多主题"命令，如图 8-46 所示。

第 2 步 打开"主题方案"对话框，在列表框中选择合适的主题模板，单击"立即使用"按钮，如图 8-47 所示。

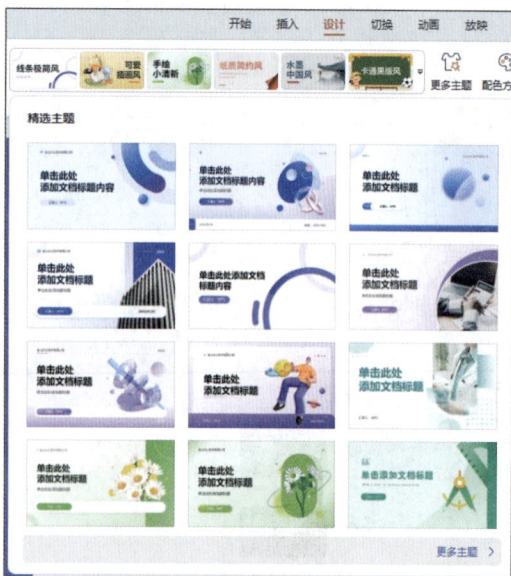

图 8-46　单击"更多主题"命令

图 8-47　选择主题模板

第 3 步 为幻灯片重新设置主题，然后依次修改相应幻灯片中的文本内容，其效果如图 8-48 所示。

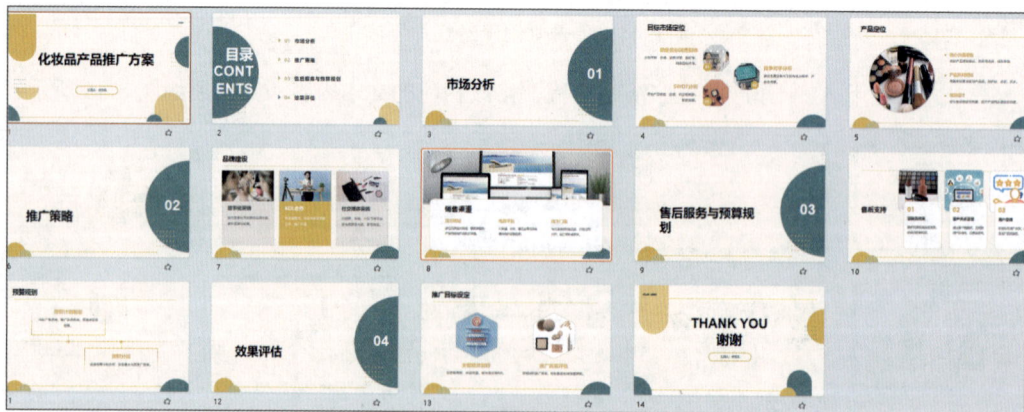

图 8-48　设置幻灯片主题效果

子任务 8.2.4　设置幻灯片母版

幻灯片母版是定义演示文稿中所有幻灯片或页面格式的幻灯片视图或页面。通过母版可以设置演示文稿中所有幻灯片或页面的字体、颜色、背景等样式，从而确保整个演示文稿的一致性和专业感。我们也可以在一个地方集中修改所有幻灯片的样式，而无须逐个幻灯片进行修改，大大提高了制作效率。下面详细讲解设置幻灯片母版的具体操作方法。

第 **1** 步 在"视图"选项卡的"母版视图"面板中，单击"幻灯片母版"按钮，如图 8-49 所示。

第 **2** 步 进入"幻灯片母版"视图，在"幻灯片"任务窗格中，选择"删除母版"命令，如图 8-50 所示，删除多余的母版。

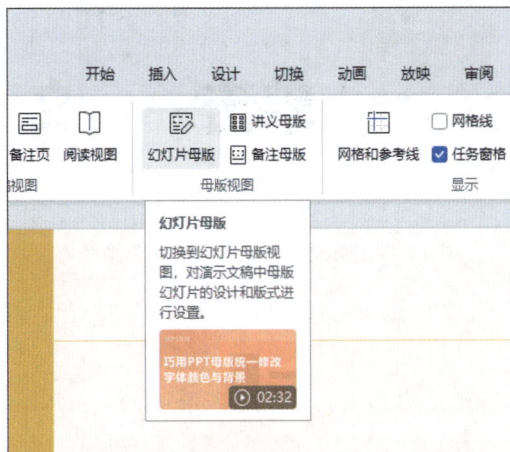

图 8-49 单击"幻灯片母版"按钮

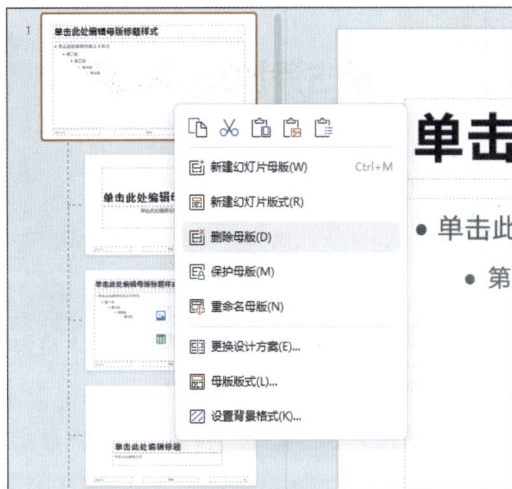

图 8-50 选择"删除母版"命令

第 **3** 步 在"插入"选项卡的"页眉页脚"面板中，单击"页眉页脚"右侧的下拉按钮，展开列表框，选择"幻灯片编号"命令，如图 8-51 所示。

第 **4** 步 打开"页眉和页脚"对话框，勾选"幻灯片编号""页脚""标题幻灯片不显示"复选框，在"页脚"下方的文本框中输入公司名称，如图 8-52 所示。

图 8-51 选择"幻灯片编号"命令

图 8-52 修改参数值

第 **5** 步 单击"全部应用"按钮，在幻灯片母版中插入编号和页脚内容，并在母版中显示，如图 8-53 所示。

第 6 步 选择幻灯片母版中合适的图形对象，在"绘图工具"选项卡的"图形样式"面板中，单击"填充"右侧的下拉按钮，展开列表框，选择"其他填充颜色"命令，如图 8-54 所示。

图 8-53　插入编号和页脚

图 8-54　选择"其他填充颜色"命令

第 7 步 打开"颜色"对话框，在"自定义"选项卡中，修改"红色"为 102、"绿色"为 81、"蓝色"为 229，如图 8-55 所示。

第 8 步 单击"确定"按钮，修改图形的填充颜色，其效果如图 8-56 所示。

图 8-55　修改颜色参数

图 8-56　修改图形的填充颜色

第 9 步 使用同样的方法，依次修改其他母版中的图形的颜色，其修改后效果如图 8-57 所示。

第 10 步 选择幻灯片母版中的页脚文本，修改其字体格式和字体颜色，并调整页脚文本的位置，其效果如图 8-58 所示。

第 11 步 选择幻灯片母版中的编号文本，调整其字体格式和位置，如图 8-59 所示。

第 12 步 在"幻灯片母版"选项卡的"关闭"面板中，单击"关闭"按钮，退出母版编辑状态，完成幻灯片母版的设置，其效果如图 8-60 所示。

第 6 步 选择插入后的图片，依次调整各图片的大小和位置，如图 8-66 所示。

图 8-65　插入图片

图 8-66　调整图片的大小和位置

第 7 步 选择第 9 张幻灯片，右击，在弹出的快捷菜单中，选择"复制幻灯片"命令，复制一张幻灯片，并删除幻灯片中多余的文本和图形对象，如图 8-67 所示。

第 8 步 在"插入"选项卡的"表格"面板中，单击"表格"右侧的下拉按钮，展开列表框，选择"插入表格"命令，如图 8-68 所示。

图 8-67　复制与编辑幻灯片

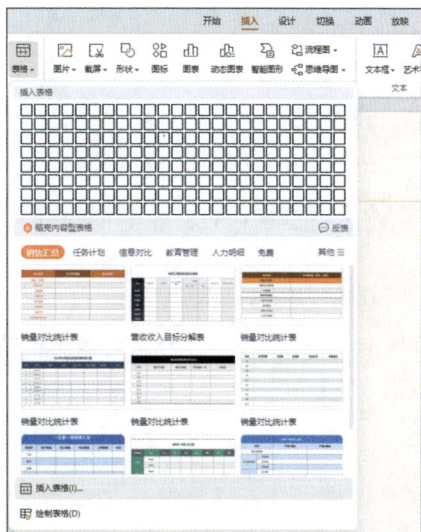

图 8-68　选择"插入表格"命令

第 9 步 打开"插入表格"对话框，修改"行数"为 11、"列数"为 5，单击"确定"按钮，如图 8-69 所示。

第 10 步 在指定的幻灯片中插入表格，其效果如图 8-70 所示。

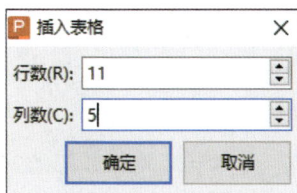

图 8-69　复制与编辑幻灯片

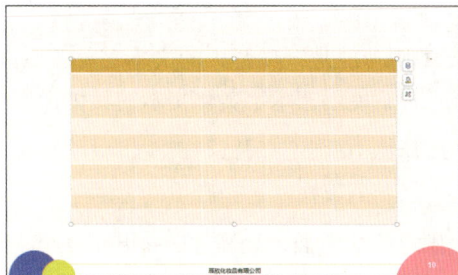

图 8-70　插入表格

第11步 在表格中依次输入文本，并修改文本的字体格式和对齐格式，其效果如图 8-71 所示。

第12步 选择新插入的表格，在"表格样式"选项卡的"表格样式"面板中，单击"其他"按钮，展开列表框，选择"中度样式 1- 强调 6"表格样式，如图 8-72 所示。

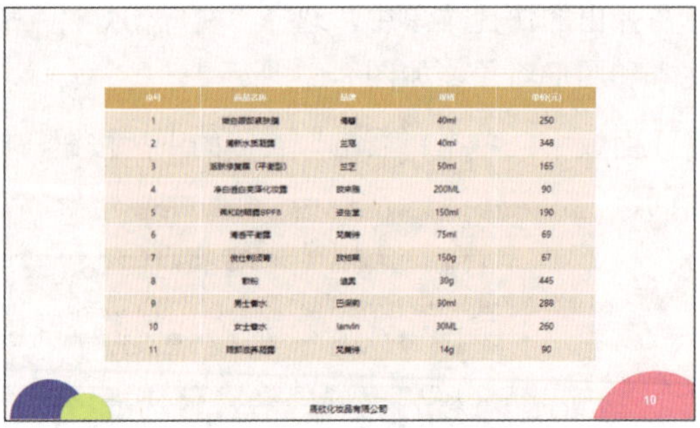

图 8-71　输入并编辑文本

图 8-72　选择表格样式

第13步 为新插入的表格套用表格样式，其效果如图 8-73 所示。

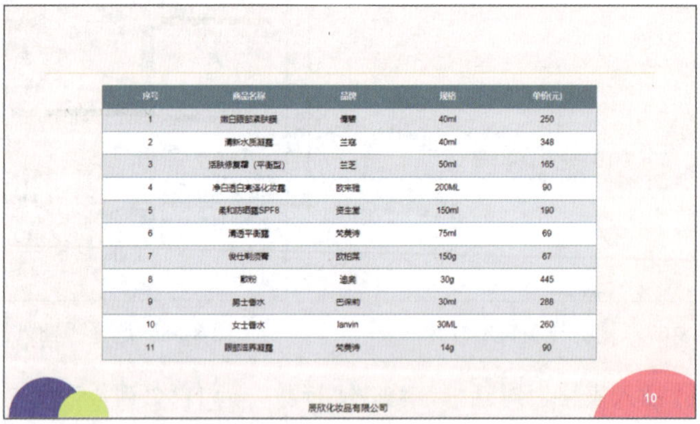

图 8-73　套用表格样式效果

子任务 8.2.6　使用艺术字美化文本

观看视频

WPS 的艺术字功能是一项强大的文本美化工具，允许用户创建独特且富有吸引力的文字效果。下面详细讲解使用艺术字美化文本的具体操作方法。

第1步 选择第 10 张幻灯片，在"插入"选项卡的"文本"面板中，单击"艺术字"右侧的下拉按钮，展开列表框，选择合适的艺术字样式，如图 8-74 所示。

第2步 在幻灯片中插入艺术字文本框，修改艺术字文本框文本，并修改文本的字体格式，如图 8-75 所示。

图 8-74　选择艺术字样式

图 8-75　插入艺术字文本

子任务 8.2.7　设置幻灯片背景

使用"背景"功能可以重新更改幻灯片的背景颜色。下面详细讲解设置幻灯片背景的具体操作方法。

观看视频

第 1 步 在"设计"选项卡的"背景版式"面板中，单击"背景"右侧的下拉按钮，展开列表框，选择"背景填充"命令，如图 8-76 所示。

第 2 步 打开"对象属性"任务窗格，在"填充"选项区中，选中"纯色填充"单选按钮，单击"颜色"右侧的颜色块，展开列表框，选择"更多颜色"命令，如图 8-77 所示。

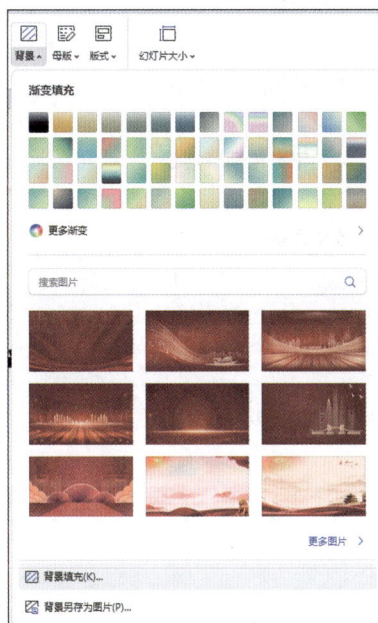

图 8-76　选择"背景填充"命令

图 8-77　选择"更多颜色"命令

第 3 步 打开"颜色"对话框，修改"红色"为 245、"绿色"为 244、"蓝色"为 252，如图 8-78 所示。

第 4 步 单击"确定"按钮，重新修改颜色，并在"对象属性"任务窗格的底部单击"全部应用"按钮，如图 8-79 所示。

图 8-78　修改颜色参数值　　　　　图 8-79　单击"全部应用"按钮

第5步 为所有的幻灯片应用新修改的背景颜色，其效果如图 8-80 所示。

图 8-80　设置幻灯片背景效果

AI 答疑与技巧点拨

1. 用 AI 生成单页幻灯片

使用 WPS 的 AI 功能生成单页幻灯片是一个高效且便捷的过程，能够快速根据指定内容生成单页幻灯片，其具体的操作步骤如下。

（1）新建一个空白演示文稿，单击 WPS AI 按钮，展开列表框，选择"AI 生成单页"命令，如图 8-81 所示。

（2）打开 AI 输入框，在文本框中输入"重阳节班会"，单击"智能生成"按钮，如图 8-82 所示。

图 8-81　选择"AI 生成单页"命令　　　　　图 8-82　输入内容

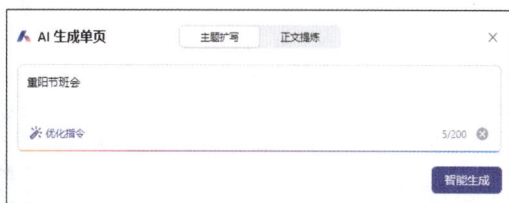

（3）打开"本页幻灯片内容"对话框，开始自动生成幻灯片内容，稍后将显示生成结果，单击"生成幻灯片"按钮，如图 8-83 所示。

（4）打开"推荐样式"对话框，保持默认样式，单击"启用此页"按钮，即可生成单页幻灯片，其效果如图 8-84 所示。

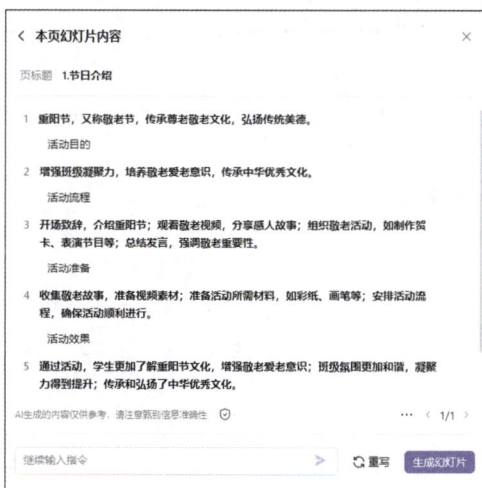

图 8-83　单击"生成幻灯片"按钮　　　　　图 8-84　生成单页幻灯片

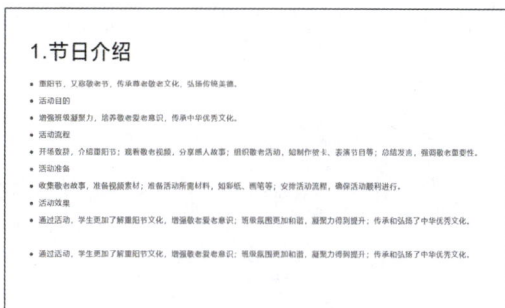

2. 统一幻灯片的字体和配色方案

在制作幻灯片效果后，有时幻灯片的整体文本效果不理想。此时，可以使用 WPS 的"统一字体"功能快速统一幻灯片的字体。

WPS 统一幻灯片的配色方案，指的是在 WPS 演示文稿（类似于 Microsoft PowerPoint）中，为整个演示文稿或特定幻灯片集设定一致的色彩搭配和色调。这个配色方案通常包括背景色、文本色、强调色、超链接色等，用于确保幻灯片在视觉上的一致性和专业性。

下面详细讲解统一幻灯片字体和配色方案的具体操作步骤。

（1）打开本书提供的"素材 / 项目八 / 人工智能 .pptx"演示文稿，幻灯片效果如图 8-85 所示。

（2）在"设计"选项卡的"主题"面板中，单击"统一字体"右侧的下拉按钮，展开列表框，选择"更多字体方案"命令，如图 8-86 所示。

图 8-85　打开演示文稿

图 8-86　选择"更多字体方案"命令

（3）打开"更换主题"任务窗格，在"字体方案"列表框中，选择合适的字体方案，单击"立即使用"按钮，如图 8-87 所示。

（4）统一更改幻灯片的字体，其幻灯片效果如图 8-88 所示。

图 8-87　选择字体方案

图 8-88　统一更改幻灯片字体

（5）在"设计"选项卡的"主题"面板，单击"配色方案"右侧的下拉按钮，展开列表框，选择"更多配色方案"命令，如图 8-89 所示。

（6）打开"配色方案"对话框，选择"科技霓虹蓝"配色方案，单击"立即使用"按钮，如图 8-90 所示。

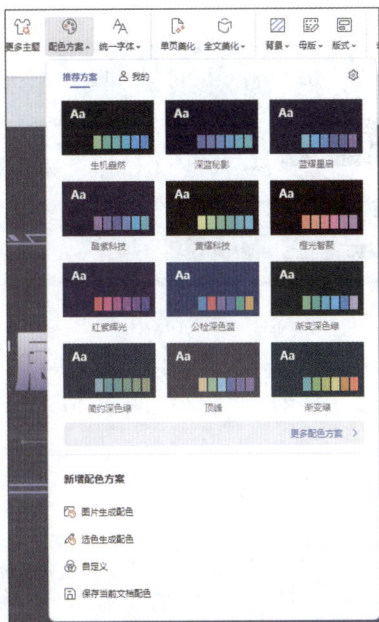

图 8-89　选择"更多配色方案"命令

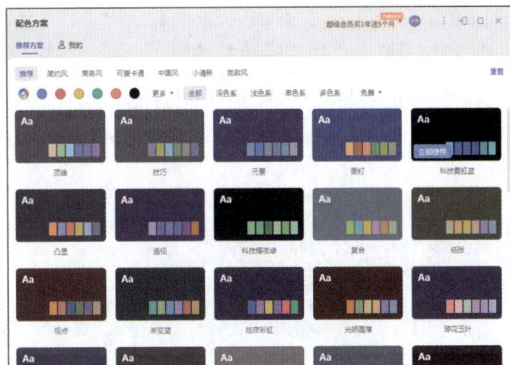

图 8-90　选择配色方案

（7）统一幻灯片的配色方案，其效果如图 8-91 所示。

图 8-91　统一幻灯片的配色方案

3. 使用智能模板创建演示文稿

WPS 演示中的智能模板涵盖各种行业和场景，如简历、报告、演示文稿等，用户只需在 WPS 中选择相应的 AI 模板，即可快速生成高质量的文档。这大大节省了用户在文档创建方面的时间和精力，使用户能够快速完成各种办公任务。下面详细讲解使用智能模板创建演示文稿的具体操作步骤。

（1）新建一个空白的演示文稿，在"会员专享"选项卡的"模板资源"面板中，单击"智能模板"按钮，如图 8-92 所示。

（2）打开"智能模板"对话框，选择合适的模板效果，并单击"立即使用"按钮，如图 8-93 所示。

图 8-92　单击"智能模板"按钮

图 8-93　选择模板效果

（3）进入模板界面，选择合适的页面，单击"插入并应用风格"按钮，如图 8-94 所示。

（4）使用智能模板创建出演示文稿，根据需要修改与编辑幻灯片，如图 8-95 所示。

图 8-94　选择合适的页面

图 8-95　使用智能模板创建演示文稿

上机实训：制作"公司简介"演示文稿

观看视频

公司简介是对一个公司基本情况和业务范围的简要介绍，通常包括公司的成立背景、历史沿革、主营业务、企业文化、组织架构、发展历程、市场地位、竞争优势以及未来发展方向等内容。它是公司向外界展示自身形象和实力的重要窗口，有助于潜在客户、合作伙伴、投资者以及公众更好地了解公司，建立对公司的信任和认同感。在本案例中，需要通过 WPS AI 功能自动生成"公司简介"演示文稿的大纲，然后制作出"公司简介"演示文稿，并在演示文稿中对幻灯片的内容进行编辑操作。下面详细讲解具体的操作步骤。

（1）启动 WPS Office 软件，在"新建演示文稿"界面中，单击"智能创作"按钮。

（2）打开 AI 输入框，在文本框中输入主题"公司简介"，单击"生成大纲"按钮，开始生成幻灯片大纲，稍后将显示生成结果，如图 8-96 所示。

（3）单击"挑选模板"按钮，在"选择幻灯片模板"对话框中选择幻灯片模板，单击"创建幻灯片"按钮，开始生成幻灯片，并且可以对幻灯片的内容进行编辑，如图 8-97 所示。

图 8-96　显示大纲生成结果

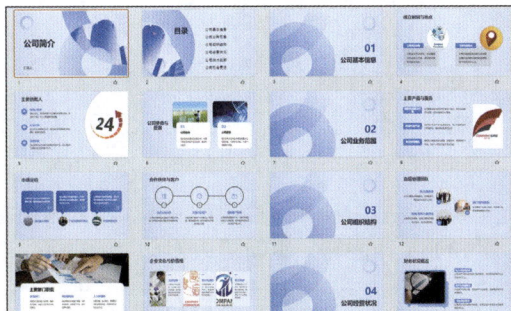

图 8-97　创建幻灯片

习题测试

1. 填空题

（1）在 WPS 演示中，通过_____选项卡可以插入新幻灯片。

（2）演示文稿的设计包括内容和结构的设计、版式和风格的设计以及_____和图片的设计。

（3）在 WPS 演示中，要实现幻灯片之间的自动跳转，需要设置_____效果。

（4）WPS 演示的文件扩展名通常是_____。

（5）在 WPS 演示中，要为幻灯片添加背景音乐，应选择_____选项卡下的"音频"按钮。

2. 选择题

（1）WPS 演示最适合用于以下哪项的设计？（　　　）

A. 某单位的网页　　　　　　　　B. 公司产品介绍

C. 图像处理工具　　　　　　　　D. 管理信息系统

（2）一个完整的演示文稿一般由哪些方面构成？（　　　）

A. 目录页和封底页　　　　　　　B. 一个封面页和若干正文页

C. 正文页　　　　　　　　　　　D. 封面页和封底页

（3）要制作一个好的演示文稿，关键是什么？（　　　）

A. 设计　　　　　　　　　　　　B. 整理

C. 美化　　　　　　　　　　　　D. 打包

（4）在 WPS 演示中，要实现幻灯片之间的跳转，以下哪个操作可以实现？（　　　）

A. 幻灯片切换　　　　　　　　　B. 自定义动画

C. 添加形状　　　　　　　　　　D. 添加超链接

（5）在 WPS 演示环境中，插入新幻灯片的快捷键是（　　　）。

A. Ctrl+n　　　　　　　　　　　B. Ctrl+m

C. Alt+n　　　　　　　　　　　 D. Alt+m

（6）WPS 演示默认的文件保存格式是（　　）。

A. .ppt

B. .dps

C. .dpt

D. .exe

（7）演示文稿的设计不包括以下哪项？（　　）

A. 内容和结构的设计

B. 版式和风格的设计

C. 网站的设计

D. 色彩搭配和图片的设计

3. 上机操作题

制作一个"新产品推广方案"演示文稿，其最终效果如图 8-98 所示。

（1）打开一个名称为"新产品推广方案"的演示文稿。

（2）编辑幻灯片：在演示文稿中对幻灯片进行新建、复制和修改操作。

（3）更改主题：重新更改幻灯片的主题，统一字体和配色风格。

图 8-98　上机习题效果

项目 9　WPS 演示的动画设计与放映

本章导读

在制作各种演示文稿时，可以为幻灯片添加动画和超链接等特效，通过添加这些特效，可以使演示文稿更富有活力、更具有吸引力，同时也可以增强幻灯片的视觉效果，增加其趣味性，并且可以通过"放映"功能将演示文稿生动地呈现出来。本项目详细讲解幻灯片的动画设计和放映，其内容包含添加动画、设置动画、利用动画刷复制动画效果、添加切换动画、设置切换动画效果、为幻灯片中的文本设置超链接和动作、幻灯片放映设置等。

学习目标

通过本章多个知识点的学习，读者朋友可以熟练掌握 WPS 演示中各种动画的设计操作，并熟练掌握演示文稿的放映等操作。

知识要点

- 使用 AI 了解演示文稿动画设计
- 设置宣传文稿的切换动画
- 设置宣传文稿的进入动画
- 设置宣传文稿的强调动画
- 设置宣传文稿的路径动画
- 设置宣传文稿的退出动画
- 在幻灯片中添加声音与视频
- 插入超链接和动作按钮
- 使用 AI 了解放映演示文稿
- 设置备注帮助演讲
- 在放映前预演幻灯片
- 幻灯片放映设置
- 自定义放映幻灯片
- 输出和打印幻灯片

任务 9.1 为"旅游宣传演示文稿"设计动画

　　旅游宣传演示文稿是一种营销工具，旨在通过视觉和文本内容的结合，向潜在游客展示一个旅游目的地、旅游产品或旅游服务的吸引力和价值。

　　本次任务详细讲解"旅游宣传演示文稿"设计动画的相关操作。其内容包含熟悉动画设计的基础知识，以及创建各种切换、进入、强调和路径等动画的操作方法。

子任务 9.1.1　使用 AI 了解演示文稿动画设计

　　旅游宣传演示文稿通常用于旅游展览、市场推广活动、在线平台展示，或向特定客户群体（如旅行社、企业团体）进行的介绍会，是一种有效的营销手段，通过精心策划和设计，可以吸引潜在游客的注意力，激发他们对特定旅游目的地或产品的兴趣，并最终推动旅游业的增长和发展。

　　在设计"旅游宣传"演示文稿的动画之前，需要先熟悉演示文稿动画的相关基础知识。下面通过 AI 工具"文心一言"查询"工作汇报"演示文稿动画的类型，以及要遵循的设计原则。

向文心一言提问：演示文稿动画的类型和设计原则是什么？

📷 **文心一言回复：**

1. 演示文稿动画的类型

WPS 演示中的动画类型主要有 3 种，如图 9-1 所示。

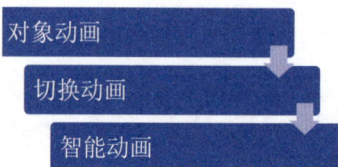

对象动画
切换动画
智能动画

图 9-1　演示文稿的动画类型

下面对动画的各个类型进行详细介绍。

1）对象动画

　　对象动画是针对幻灯片内的各个元素（如文本框、图片、形状等）设置的动画效果。这些动画效果可以使元素在演示过程中产生动态变化，从而吸引观众的注意力。对象动画包括以下 4 种常见类型。

　　▶ 进入动画：进入动画是指对象（如文本框、图片、图表等）在幻灯片上出现时所应用的动画效果。这种动画效果可以让对象以动态的方式出现在幻灯片上，从而吸引观众的注意力。通过设置进入动画，可以使演示文稿更加生动有趣，增强观众的观看体验。在"动画"列表框的"进入"选项区中包含"飞入""盒状""渐变""渐入""上升"等多种进入动画，如图 9-2 所示。例如，"飞入"动画可以让元素从屏幕边缘飞入，"淡出"动画则可以让元素逐渐变得透明。

　　▶ 强调动画：强调动画是指对象在显示过程中，为了突出其重要性或引起观众注意而应用的动画效果。这种动画效果通常会使对象在视觉上发生变化，如颜色变化、大小变化、旋转等。强调动画可以用于突出演示文稿中的重点信息或关键数据，帮助观众更好地理解演示内容。在"动画"列表框的"强调"选项区中包含"放大 / 缩小""更改字号""更改字体""变淡""补色"和"混色"等多种强调动画，如图 9-3 所示。例如，"放大 / 缩小"动画可以让元素在演示过程中变大或变小，"变色"动画则可以让元素的颜色发生变化。

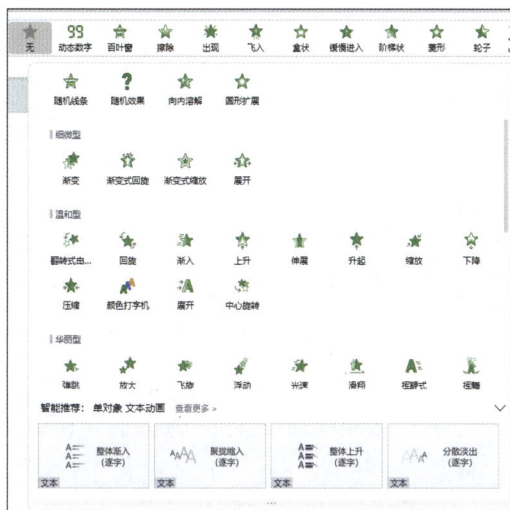

图 9-2　进入动画类型

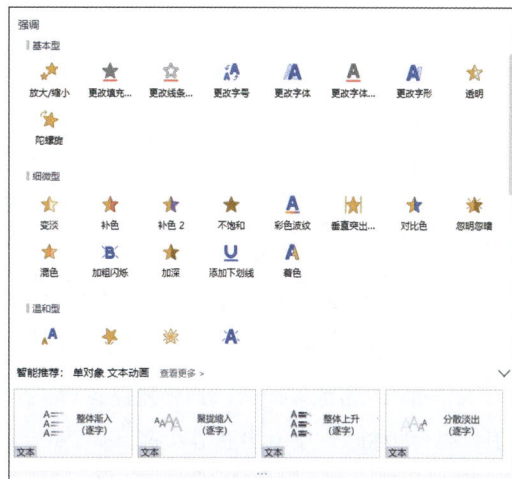

图 9-3　强调动画类型

▶ 退出动画：退出动画是指对象在幻灯片上消失时所应用的动画效果。这种动画效果可以让对象以动态的方式离开幻灯片，从而给观众留下深刻的印象。通过设置退出动画，可以使演示文稿的过渡更加自然流畅，同时增强观众的视觉感受。在"动画"列表框的"淡出"选项区中包含"百叶窗""擦除""飞出""消失""渐出""伸缩""下沉"等多种淡出动画，如图 9-4 所示。例如，"消失"动画可以让元素逐渐变得透明并消失，"飞出"动画则可以让元素从屏幕上飞出。

▶ 动作路径动画：动作路径动画是指对象按照一个既定的路径进行移动的动画效果。这种动画效果可以使对象在幻灯片上以特定的轨迹进行移动，从而丰富动画的表现形式。动作路径动画可以用于引导观众的视线、强调对象的运动轨迹或展示对象的动态变化。在"动画"列表框的"动作路径"选项区中包含"八边形""泪滴形""六边形""五角星""S 型曲线""向上弧线"等多种动作路径动画，如图 9-5 所示。在 WPS 演示文稿中，用户可以自定义动作路径或选择预设的动作路径来应用动画效果。

2）切换动画

切换动画是用于幻灯片之间过渡的动画效果。这些动画效果可以使幻灯片之间的切换更加平滑、流畅，从而增强演示文稿的视觉效果。切换动画包括以下 3 种常见类型。

▶ 基础切换：如"擦除""形状""淡出"等，这些动画效果简单明了，适用于大多数演示文稿。

▶ 立体炫酷切换：如"立方体""开门""剥离"等，这些动画效果更加复杂、炫酷，适用于需要强调视觉效果或吸引观众注意力的演示文稿。

▶ 平滑切换：这是一种特殊的切换效果，它可以使幻灯片之间的过渡更加平滑、自然。通过准备两张幻灯片并设置相同的元素（但有所差别），然后应用平滑切换效果，可以实现元素在幻灯片之间的无缝过渡。

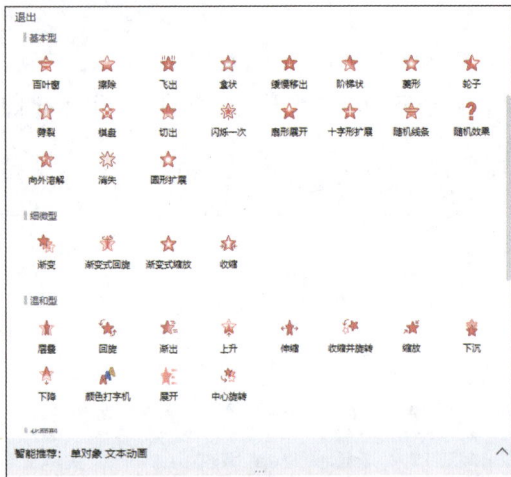

图 9-4　退出动画类型

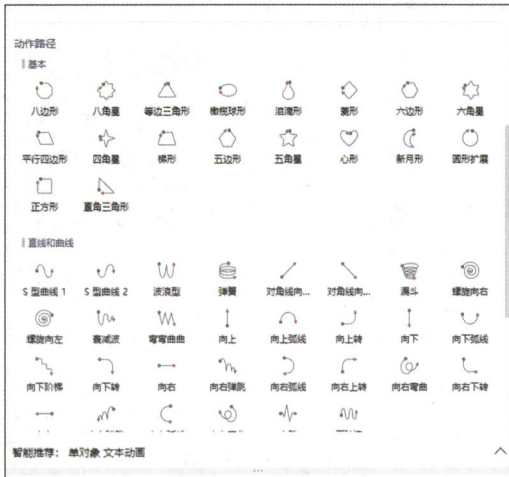

图 9-5　动作路径动画类型

用户可以在"切换"选项卡下的"切换"列表框中，选择并应用这些切换效果，如图 9-6所示。同时，还可以通过"切换窗格"（如果有的话）或"效果选项"来进一步设置切换效果的属性，如动画速度、声音等。

图 9-6　"切换"列表框

3）智能动画

WPS 智能动画是 WPS 演示中的一项强大功能，旨在帮助用户快速、轻松地添加动画效果，使演示文稿更加生动和吸引人。

WPS 智能动画提供了多种动画效果供用户选择，包括进入动画、强调动画、退出动画以及页面切换动画等。这些动画效果涵盖常见的动画形式，能够满足不同演示文稿的需求。使用WPS 智能动画能够自动识别幻灯片中的元素，如文本框、图片、形状等，并根据元素类型和演示文稿的整体风格，推荐最适合的动画效果。

用户只需选中想要添加动画的元素，单击"动画"选项卡下的"智能动画"按钮，展开列表框，如图 9-7 所示，即可在列表框中从推荐的动画效果中选择一个合适的效果。

2. 演示文稿动画设计原则

设计 WPS 演示动画时应遵循适当、醒目、创意、自然、逻辑性和简洁性等原则，如图 9-8 所示。这些原则有助于确保动画效果既吸引人又专业，同时能够突出强调演示文稿中的关键信息，提升观众的观看体验。

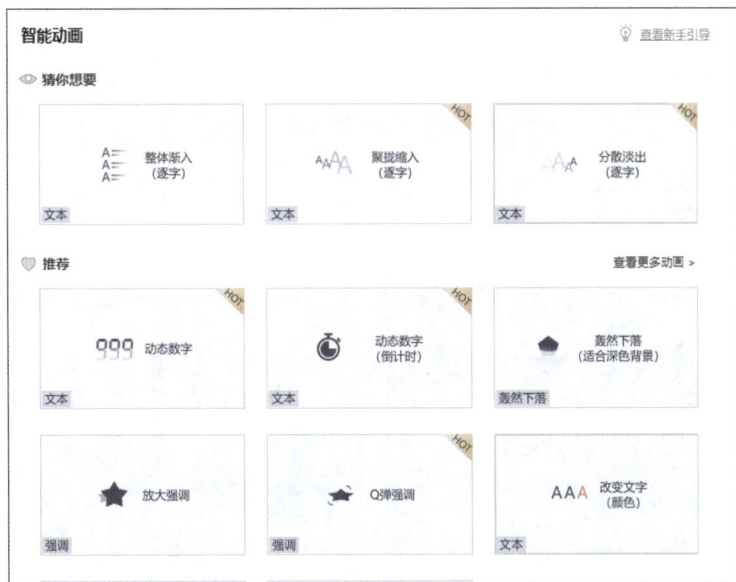

图 9-7 "智能动画"列表框

图 9-8 演示文稿动画设计原则

▶ 适当原则：在一个页面内，动画效果不应过多，一般建议不超过两个。过多的动画效果会使页面显得杂乱，影响观众的注意力。动画应与演示文稿的内容和风格相匹配，避免使用过于夸张或不适合的动画效果。

▶ 醒目原则：动画应能够突出强调演示文稿中的关键信息或重点内容。通过动画的引导，观众的视线能够自然地聚焦到演示文稿的核心部分。

▶ 创意原则：在遵循适当和醒目原则的基础上，可以适度发挥创意，设计独特的动画效果。创意动画可以增加演示文稿的趣味性和吸引力，使观众更加愿意参与和关注。

▶ 自然原则：动画的过渡和呈现应自然流畅，避免突兀或生硬的效果。动画的触发时机和持续时间应合理设置，以确保观众的观看体验。

▶ 逻辑性原则：动画应按照演示文稿的逻辑顺序和内容关系进行设计和呈现。并列关系的内容可以同时出现，层级关系的内容可以按照从左到右或从下到上的顺序依次出现。

▶ 简洁性原则：动画效果应简洁明了，避免过多的装饰和冗余效果。简洁的动画更容易被观众理解和接受，同时也有助于提升演示文稿的专业性。

子任务 9.1.2 设置宣传文稿的切换动画

切换动画是指放映幻灯片时，一张幻灯片放映结束，下一张幻灯片显示在屏幕上的方式。演示文稿切换动画是 PPT 中不可或缺的功能之一。通过选择合适的切换效果、调整动画参数以及注意与演示文稿内容和观众感受的匹配程度，可以创建出既吸引人又专业的演示文稿。下面详细讲解设置宣传文稿的切换动画的具体操作方法。

观看视频

第 1 步 打开本书提供的"素材 / 项目九 / 旅游宣传 .pptx"演示文稿，如图 9-9 所示。

第 2 步 选择第 1 张幻灯片，在"切换"选项卡的"切换"面板中，单击"其他"按钮，展开列表框，选择"淡出"切换动画，如图 9-10 所示。

图 9-9　打开演示文稿

图 9-10　选择"淡出"切换动画

第 3 步 为选择的幻灯片添加切换动画，并在"幻灯片"任务窗格中选定的幻灯片左侧显示一个五角星图标，如图 9-11 所示。

第 4 步 选择第 1 张幻灯片，在"切换"选项卡的"应用范围"面板中，单击"应用到全部"按钮，如图 9-12 所示。

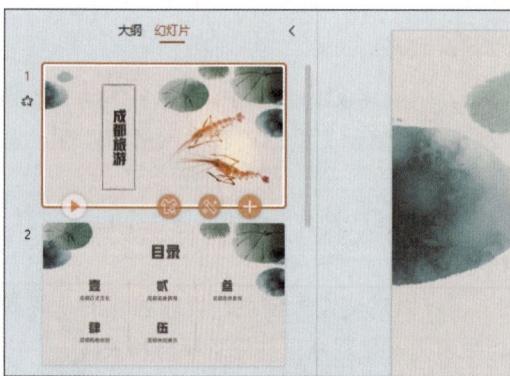

图 9-11　添加切换动画

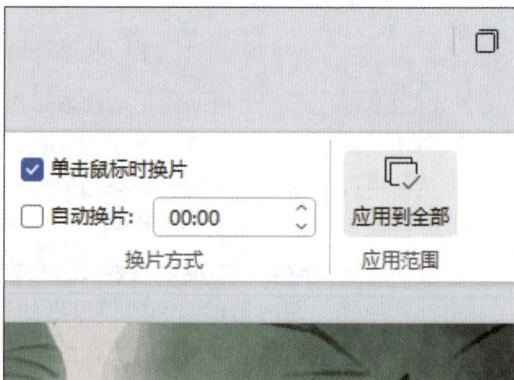

图 9-12　单击"应用到全部"按钮

第 5 步 为所有的幻灯片添加切换动画，并在"幻灯片"任务窗格中显示，如图 9-13 所示。

第 6 步 选择第 1 张幻灯片，在"切换"选项卡的"换片方式"面板中，勾选"自动换片"复选框，修改换片时间为 2 秒，如图 9-14 所示，设置动画的换片时长和换片方式。

子任务 9.1.3　设置宣传文稿的进入动画

观看视频

进入动画是指文本、图形图片、声音、视频等对象从无到有出现在幻灯片中的动态过程。下面详细讲解设置宣传文稿的进入动画的具体操作步骤。

第 1 步 选择第 1 张幻灯片中的文本对象，在"动画"选项卡的"动画"面板中，单击

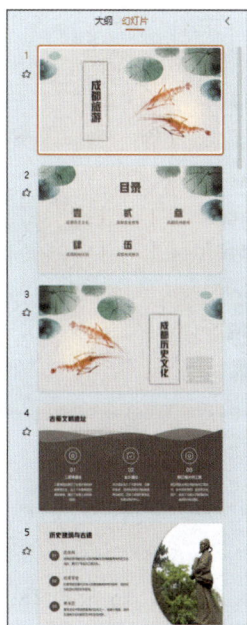

图 9-13　为所有幻灯片应用切换动画

图 9-14　修改参数值

"其他"按钮，展开列表框，在"进入"选项区中，单击右侧的下拉按钮，展开进入动画，选择"劈裂"进入动画，如图 9-15 所示。

第 2 步 为选择的文本添加"劈裂"进入动画效果，并预览新添加的动画效果，如图 9-16 所示。

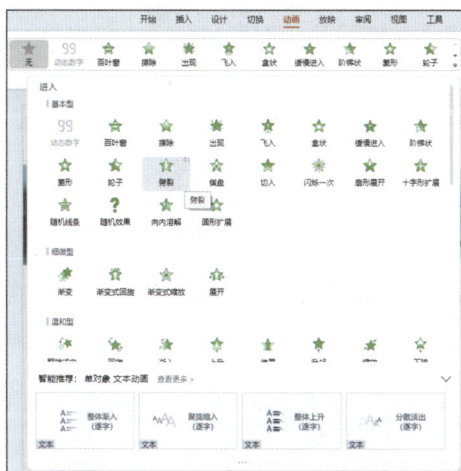

图 9-15　选择"劈裂"进入动画

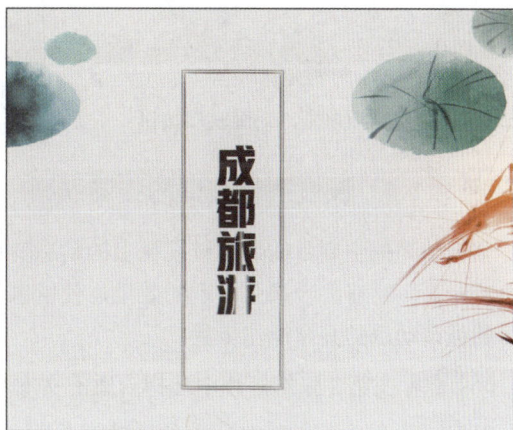

图 9-16　添加并预览进入动画

第 3 步 选择第 2 张幻灯片中的"目录"文本，在"动画"列表框的"进入"动画选项区中，选择"缓慢进入"动画，如图 9-17 所示。

第 4 步 为文本添加进入动画，继续选择"目录"文本，在"动画"选项卡的"动画"面板中，单击"动画属性"右侧的下拉按钮，展开列表框，选择"自顶部"命令，如图 9-18 所示，更改进入动画的进入方向。

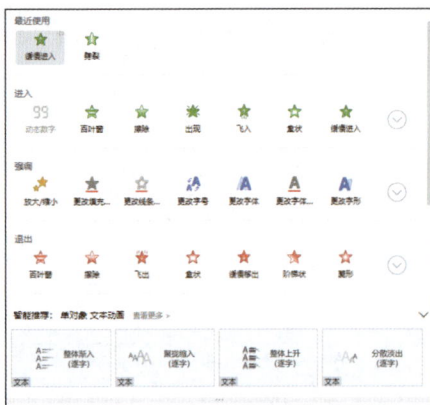

图 9-17　选择"缓慢进入"动画

图 9-18　选择"自顶部"命令

第 5 步　选择第 1 张幻灯片中的动画文本，在"动画"选项卡的"动画刷"面板中，单击"动画刷"按钮，如图 9-19 所示。

第 6 步　当鼠标指针呈刷子形状时，为第 3 张、7 张、11 张、15 张、18 张和 23 张幻灯片中的文本复制动画效果，如图 9-20 所示。

图 9-19　单击"动画刷"按钮

图 9-20　复制动画效果

子任务 9.1.4　设置宣传文稿的强调动画

观看视频

强调动画的主要目的是通过视觉上的动态变化，使观众能够更加关注幻灯片中的某个关键信息或元素。这有助于增强演示的效果，使信息传达更加清晰和有力。下面详细讲解设置宣传文稿的强调动画的具体操作步骤。

第 1 步　在第 2 张幻灯片中选择合适的文本对象，如图 9-21 所示。

第 2 步　在"动画"选项卡的"动画"面板中，单击"其他"按钮，展开列表框，单击"强调"右侧的下拉按钮，展开"强调动画"选项区，选择"更改字体颜色"强调动画，如图 9-22 所示。

第 3 步　为选择的文本添加"更改字体颜色"强调动画，并自动播放动画，其动画效果如图 9-23 所示。

第 4 步　选择新添加的强调动画文本，在"动画"选项卡的"动画刷"面板中，单击"动画刷"按钮，当鼠标指针呈刷子形状时，在第 2 张幻灯片中的其他文本上依次单击，复制动画效果，如图 9-24 所示。

图 9-21　选择文本对象

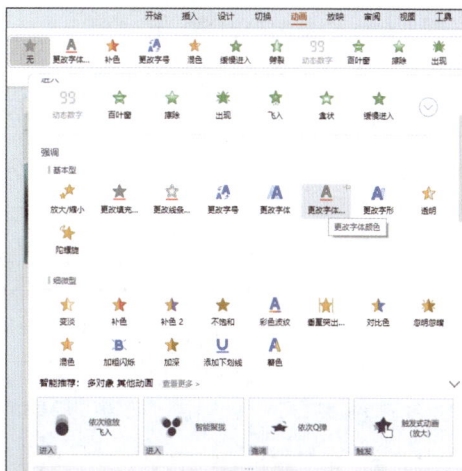

图 9-22　选择"更改字体颜色"强调动画

图 9-23　添加"更改字体颜色"强调动画效果

图 9-24　复制动画效果

第 5 步　选择第 4 张幻灯片中相应的图形效果，在"动画"选项卡的"动画"面板中，单击"其他"按钮，展开列表框，单击"强调"右侧的下拉按钮，展开"强调动画"选项区，选择"混色"强调动画，如图 9-25 所示。

第 6 步　为选择的图形添加"混色"强调动画，并自动播放动画，其动画效果如图 9-26 所示。

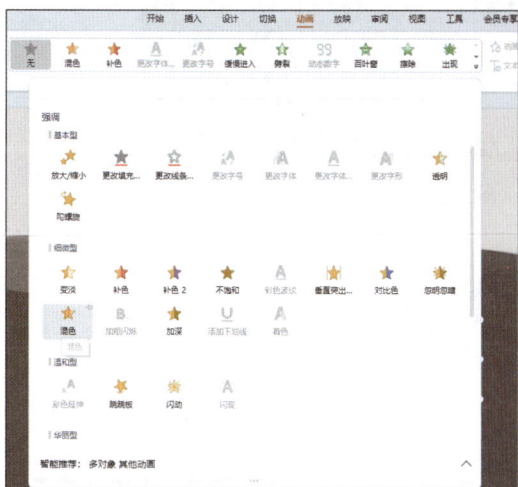

图 9-25　选择"混色"强调动画

图 9-26　添加"混色"强调动画

第 7 步 选择图形对象，在"动画"选项卡的"动画"面板中，单击"动画属性"右侧的下拉按钮，展开列表框，选择"其他颜色"命令，如图 9-27 所示。

第 8 步 打开"颜色"对话框，修改"红色"为 221、"绿色"为 233、"蓝色"为 40，如图 9-28 所示。

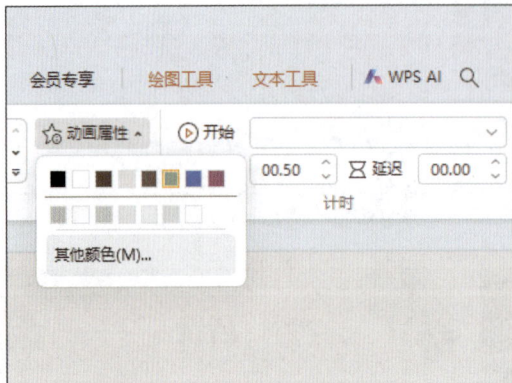

图 9-27　选择"其他颜色"命令

图 9-28　修改颜色参数

第 9 步 单击"确定"按钮，即可更改"混色"强调动画的颜色属性，其效果如图 9-29 所示。

图 9-29　修改动画的颜色属性效果

子任务 9.1.5　设置宣传文稿的路径动画

在完成幻灯片的编辑操作后，可以在各个幻灯片中对演示文稿的内容进行编辑与修改。下面详细讲解设置宣传文稿的路径动画的具体操作步骤。

第 1 步 选择第 4 张幻灯片中的合适文本，在"动画"选项卡的"动画"面板中，单击"其他"按钮，展开列表框，单击"动作路径"右侧的下拉按钮，展开"动作路径"选项区，选择"向右弧线"路径动画，如图 9-30 所示。

第 **2** 步 为选择的文本添加"向右弧线"路径动画，并自动播放动画，其动画效果如图 9-31 所示。

图 9-30 选择"向右弧线"路径动画

图 9-31 添加路径动画效果

第 **3** 步 选择新添加的路径动画文本，在"动画"选项卡的"动画刷"面板中，单击"动画刷"按钮，当鼠标指针呈刷子形状时，在第 4 张幻灯片中的其他文本上依次单击，复制动画效果，如图 9-32 所示。

第 **4** 步 选择第 5 张幻灯片中合适的文本对象，在"动画"选项卡的"动画"面板中，单击"其他"按钮，展开列表框，单击"动作路径"右侧的下拉按钮，展开"动作路径"选项区，选择"心形"路径动画，如图 9-33 所示。

图 9-32 复制动画效果

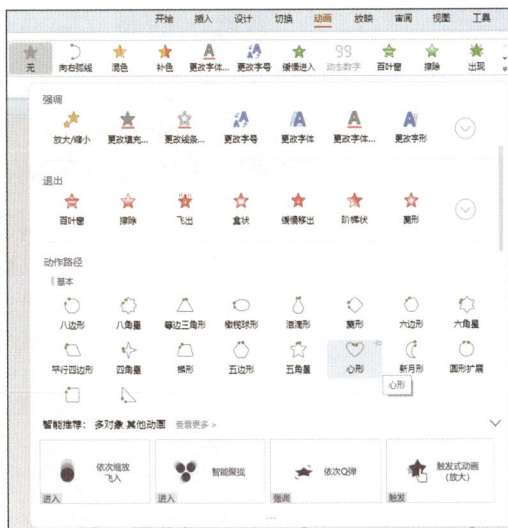

图 9-33 选择"心形"路径动画

第 **5** 步 为选择的文本添加"心形"路径动画，并自动播放动画，其动画效果如图 9-34 所示。

第 6 步 选择第 8 张幻灯片中合适的文本对象，在"动画"选项卡的"动画"面板中，单击"其他"按钮，展开列表框，单击"动作路径"右侧的下拉按钮，展开"动作路径"选项区，选择"向上弧线"路径动画，如图 9-35 所示。

图 9-34　添加"心形"路径动画

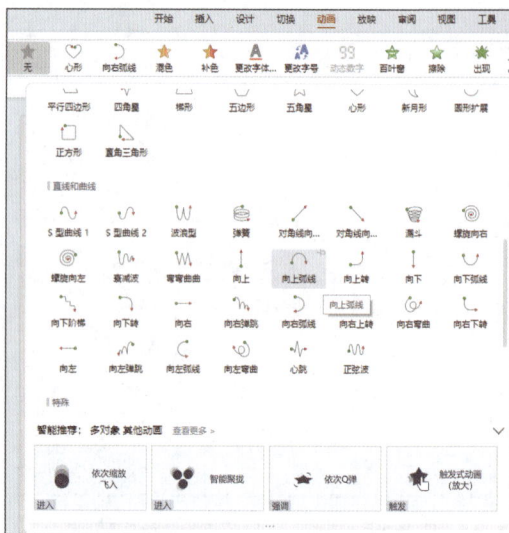

图 9-35　选择"向上弧线"路径动画

第 7 步 为选择的文本添加"向上弧线"路径动画，并自动播放动画，其动画效果如图 9-36 所示。

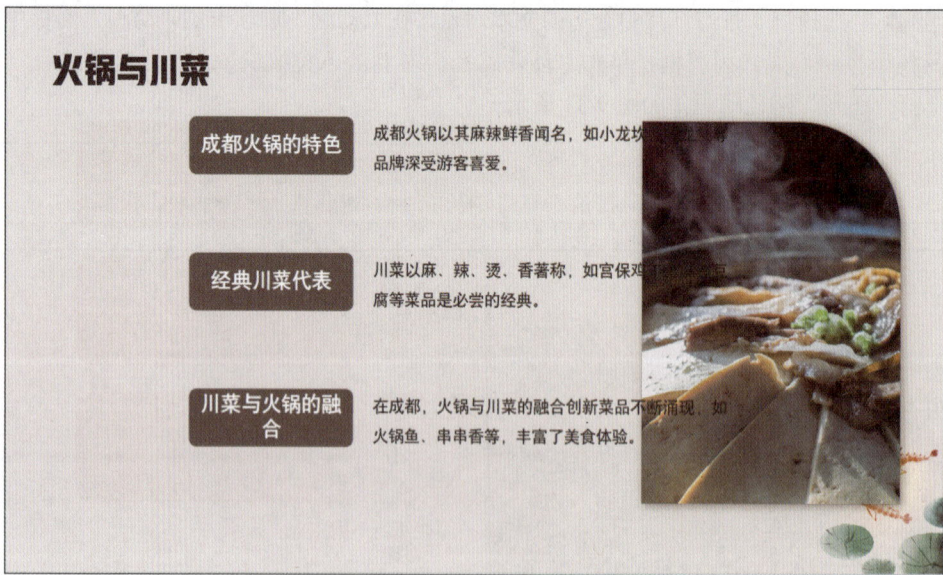

图 9-36　添加"向上弧线"路径动画效果

子任务 9.1.6　设置宣传文稿的退出动画

观看视频

退出动画是演示文稿中一种重要的动画效果，它用于在幻灯片上的对象（如文本框、图片、图表等）需要消失或退出时，为其添加动态效果。

下面详细讲解设置宣传文稿的退出动画的具体操作步骤。

第 **1** 步 选择第 9 张幻灯片中合适的图片和图形对象，在"动画"选项卡的"动画"面板中，单击"其他"按钮，展开列表框，单击"退出"右侧的下拉按钮，展开"退出动画"选项区，选择"百叶窗"退出动画，如图 9-37 所示。

第 **2** 步 为选择的图形添加"百叶窗"退出动画，并自动播放动画，其动画效果如图 9-38 所示。

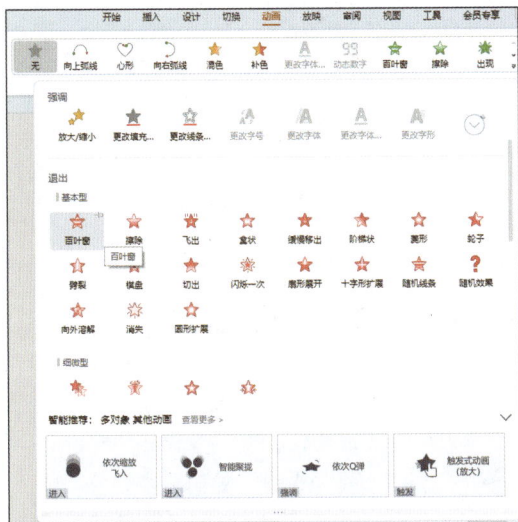

图 9-37 选择"百叶窗"退出动画

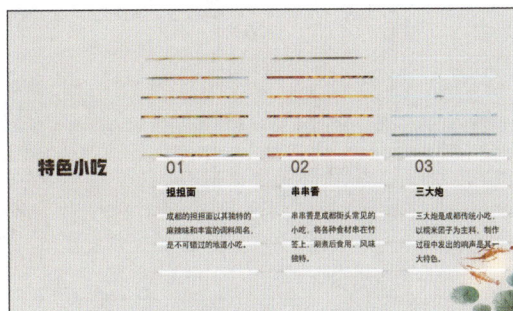

图 9-38 添加"百叶窗"退出动画

第 **3** 步 选择第 9 张幻灯片中合适的文本对象，在"动画"选项卡的"动画"面板中，单击"其他"按钮，展开列表框，单击"退出"右侧的下拉按钮，展开"退出动画"选项区，选择"渐变"退出动画，如图 9-39 所示。

第 **4** 步 为选择的图形添加"渐变"退出动画，并自动播放动画，其动画效果如图 9-40 所示。

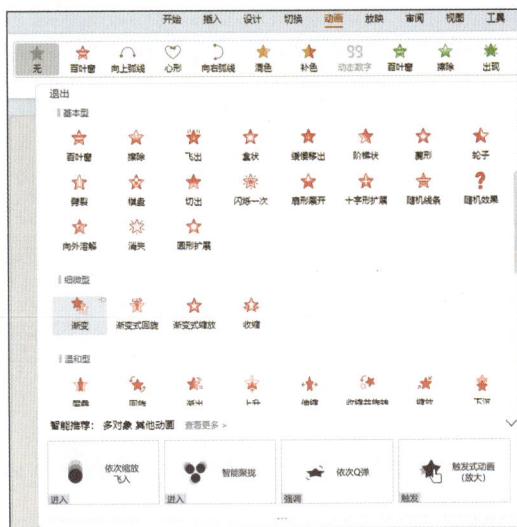

图 9-39 选择"渐变"退出动画

图 9-40 添加"渐变"退出动画

第⑤步 选择新添加的"渐变"动画文本，在"动画"选项卡的"动画工具"面板中，单击"动画窗格"按钮，如图 9-41 所示。

第⑥步 打开"动画窗格"任务窗格，在列表框中选择合适的动画效果，右击，在弹出的快捷菜单中，选择"效果选项"命令，如图 9-42 所示。

图 9-41 单击"动画窗格"按钮　　图 9-42 选择"效果选项"命令

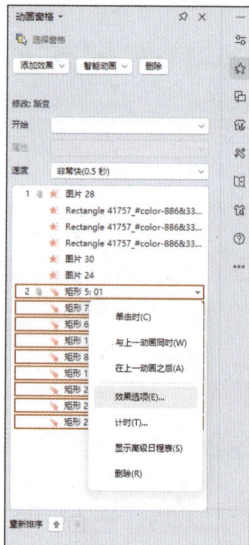

第⑦步 打开"渐变"对话框，切换至"计时"选项卡，在"速度"列表框中，选择"慢速（3 秒）"命令，如图 9-43 所示，单击"确定"按钮，即可设置动画的播放速度。

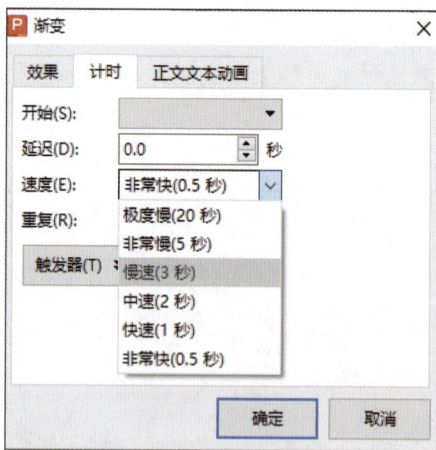

图 9-43 选择速度

子任务 9.1.7 在幻灯片中添加声音与视频

使用演示文稿中的"媒体"功能可以快速在演示文稿中插入声音与视频，从而增强演示文稿的吸引力和互动性。

下面详细讲解在幻灯片中添加声音与视频的具体操作步骤。

第①步 选择第 1 张幻灯片，在"插入"选项卡的"媒体"面板中，单击"音频"右侧的下拉按钮，展开列表框，选择"嵌入音频"命令，如图 9-44 所示。

第2步 打开"插入音频"对话框，在对应的文件夹中选择音频素材，单击"打开"按钮，如图 9-45 所示。

图 9-44　选择"嵌入音频"命令　　　　　　　图 9-45　选择音频素材

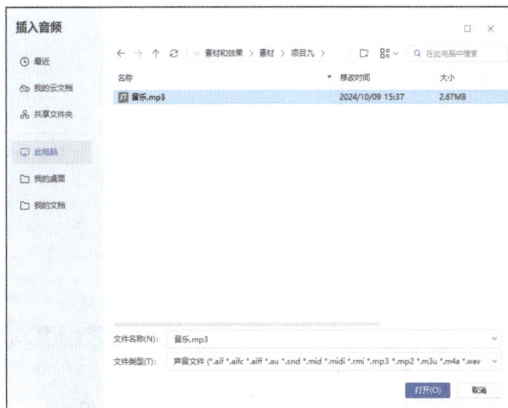

第3步 在幻灯片中插入音频，并在幻灯片中显示音频图标，将音频图标移动至合适的位置，如图 9-46 所示。

第4步 选择音频图标，在"音频工具"选项卡的"音频选项"面板中，选中"跨幻灯片播放"单选按钮，勾选"循环播放，直至停止"复选框，如图 9-47 所示，即可完成音频选项的设置。

图 9-46　插入音频　　　　　　　　　　图 9-47　设置音频选项

第5步 选择第 13 张幻灯片，在"插入"选项卡的"媒体"面板中，单击"视频"右侧的下拉按钮，展开列表框，选择"嵌入视频"命令，如图 9-48 所示。

第6步 打开"插入视频"对话框，在对应的文件夹中选择视频素材，单击"打开"按钮，如图 9-49 所示。

第7步 插入选定的视频素材，可调整视频素材的大小和位置，如图 9-50 所示。

第8步 选择新插入的视频素材，右击，在弹出的快捷菜单中，选择"置于底层"命令，如图 9-51 所示。

图 9-48　选择"嵌入视频"命令

图 9-49　选择视频素材

图 9-50　插入视频素材

图 9-51　选择"置于底层"命令

第 9 步 将视频素材置于底层放置，其效果如图 9-52 所示。

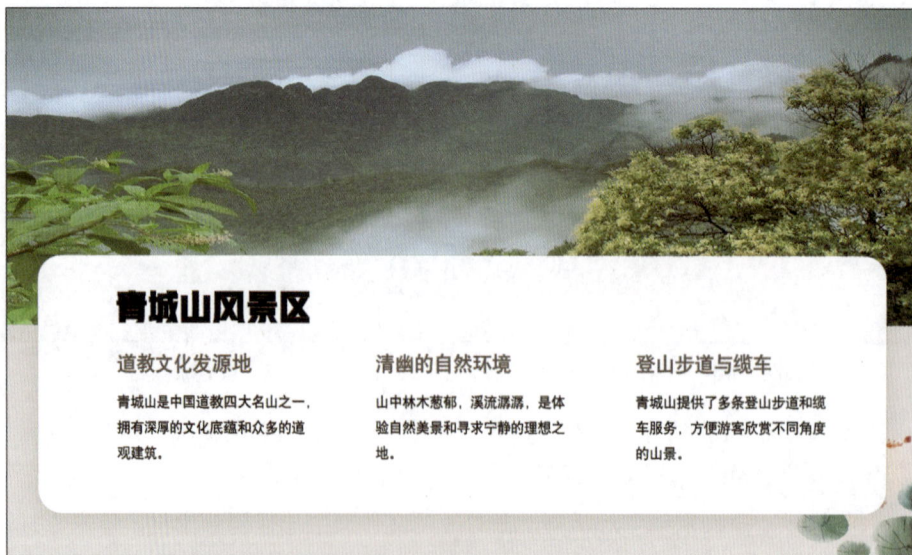

图 9-52　调整视频的放置顺序

子任务 9.1.8　插入超链接和动作按钮

观看视频

在 WPS 演示中，使用"超链接"和"动作按钮"功能可以插入超链接和动作按钮，从而提升文档或演示文稿的交互性。下面详细讲解插入超链接和动作按钮的具体操作步骤。

第 1 步 选择第 2 张幻灯片中合适的目录文本对象，在"插入"选项卡的"链接"面板中，单击"超链接"右侧的下拉按钮，展开列表框，选择"本文档幻灯片页"命令，如图 9-53 所示。

第 2 步 打开"插入超链接"对话框，在"请选择文档中的位置"列表框中，选择合适的幻灯片选项，单击"确定"按钮，如图 9-54 所示。

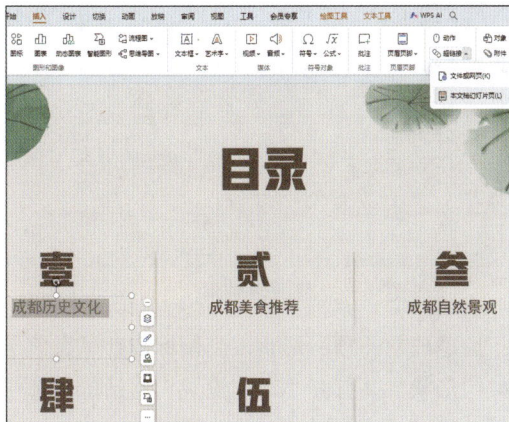

图 9-53　选择"本文档幻灯片页"命令

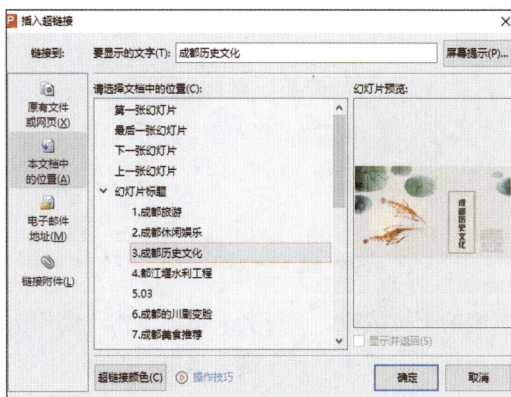

图 9-54　选择幻灯片

第 3 步 为选定的文本插入超链接，插入超链接后的文本会变成蓝色，并且文本下会显示下画线，如图 9-55 所示。

第 4 步 使用同样的方法，为其他的文本插入超链接，其效果如图 9-56 所示。

图 9-55　插入超链接

图 9-56　插入其他超链接

第 5 步 选择第一张幻灯片，在"插入"选项卡的"图形和图像"面板中，单击"形状"右侧的下拉按钮，展开列表框，单击"动作按钮：开始"形状，如图 9-57 所示。

第 6 步 当鼠标指针呈黑色十字形状时，按住鼠标左键并拖曳，绘制一个动作按钮形状，并打开"动作设置"对话框，选中"超链接到"单选按钮，在列表框中选择"第一张幻灯片"选项，如图 9-58 所示。

第 7 步 完成动作按钮的动作设置，并调整动作按钮的大小、位置和形状格式，如图 9-59 所示。

第 8 步 选择第 2 张幻灯片，在"插入"选项卡的"图形和图像"面板中，单击"形状"

图 9-57　单击"动作按钮：开始"形状

图 9-58　修改参数值

右侧的下拉按钮，展开列表框，单击"动作按钮：后退或前一项"形状，当鼠标指针呈黑色十字形状时，按住鼠标左键并拖曳，绘制一个动作按钮形状，并打开"动作设置"对话框，选中"超链接到"单选按钮，在列表框中选择"上一张幻灯片"选项，如图 9-60 所示。

图 9-59　添加动作按钮

图 9-60　修改参数值

第 9 步　完成动作按钮的动作设置，并调整动作按钮的大小、位置和形状格式，如图 9-61 所示。

第 10 步　使用同样的方法，在第 2 张幻灯片中添加"动作按钮：前进或下一项"动作按钮，如图 9-62 所示。

第 11 步　选择第 2 张幻灯片中的两个动作按钮，将其复制并粘贴到其他的幻灯片中，如图 9-63 所示。

图 9-61　添加动作按钮

图 9-62　添加其他动作按钮

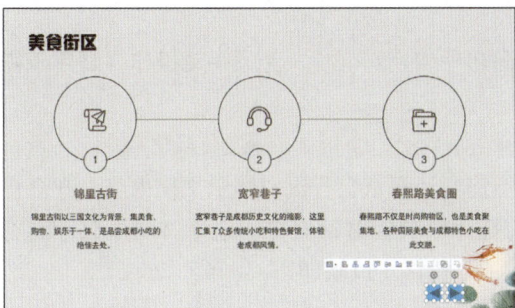

图 9-63　复制并粘贴动作按钮

任务 9.2　放映"培训课件"演示文稿

"培训课件"演示文稿是培训活动中不可或缺的重要工具。通过精心设计和制作课件，可以增强培训效果和质量，帮助学员更好地掌握知识和技能。

本次任务详细讲解放映"培训课件"演示文稿的相关操作，其内容包含放映演示文稿的相关基础知识、预演幻灯片、设置幻灯片放映、输出和打印幻灯片等。

子任务 9.2.1　使用 AI 了解放映演示文稿

一个完整的演示文件称为演示文稿，由多张幻灯片组成。每张幻灯片由标题、文本、图形、图像、表格等元素构成。放映演示文稿是演示文稿制作流程中的重要一环，它涉及多个方面的知识和技巧。因此，在放映演示文稿前，需要先了解演示文稿相关放映知识和技巧。下面通过 AI 工具"讯飞星火"搜索演示文稿的放映设置和放映技巧。

向讯飞星火提问：演示文稿有哪些放映方式、放映类型和放映技巧？

⊙讯飞星火回复：

1. 演示文稿的放映方式

演示文稿的放映方式主要有以下 5 种，如图 9-64 所示。

1）手动放映

手动放映是最常见的放映方式，它允许演讲者根据现场情况灵活控制幻灯片的切换。在手动放映演示文稿时，可以通过单击或按键盘上的特定按键来控制幻灯片的放映。

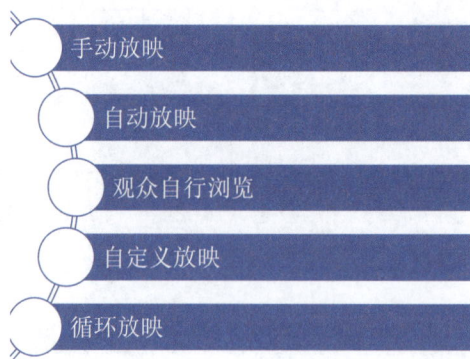

图 9-64　演示文稿的放映方式

2）自动放映

自动放映可以让演示文稿按照预设的时间间隔自动切换幻灯片，无须手动操作，适用于需要定时展示内容的场景，如自动播放的展示屏。

3）观众自行浏览

在某些场合，如展览或自助学习环境中，可能需要让观众自行浏览演示文稿内容。观众自行浏览的放映方法很简单，用户只要在"设置幻灯片放映"对话框中，选择"观众自行浏览（窗口）"，根据需要选择是否循环放映，并设置按 Esc 键终止放映即可。

4）自定义放映

自定义放映允许根据需要选择特定的幻灯片进行演示，而不必按照顺序播放整个演示文稿。在自定义放映演示文稿时，用户需要先在"幻灯片放映"列表框中选择"自定义放映"命令，在打开的对话框中，单击"新建"按钮，为自定义放映命名，并选择希望自定义放映的幻灯片，单击"添加"和"确定"按钮，保存自定义的放映方式，再进行放映即可。

5）循环放映

在 WPS 演示中，还可以设置幻灯片循环放映。循环放映的方法很简单，用户只要在"幻灯片放映"列表框中选择"设置幻灯片放映"命令，在弹出的对话框中，选择"放映"选项中的"循环放映，按 Esc 键终止"即可。

2. 演示文稿的放映类型

演示文稿的放映类型主要根据观众的需求和演讲者的意图来确定，其主要放映类型有以下 3 种，如图 9-65 所示。

图 9-65　演示文稿放映类型

▶ 演讲者放映（全屏幕）：这是最常用的放映类型，适用于演讲者需要直接控制演示文稿的场景。演讲者可以看到备注页、下一张幻灯片预览等额外信息，而观众只能看到全屏的幻灯片内容。通过键盘或遥控器，演讲者可以灵活切换幻灯片、暂停和继续放映。

▶ 观众自行浏览（窗口）：这种放映类型允许观众在自己的计算机上自行浏览演示文稿的内容。幻灯片通常以窗口形式显示，观众可以自由选择查看哪张幻灯片，并可以随时关闭放映。这种类型适用于展览、自助学习等场景，可以让观众按照自己的节奏和兴趣浏览内容。

▶ 在展台浏览（全屏幕）：适用于展览、会议等无人值守的放映场景。演示文稿会自动循环播放，直到手动终止。观众可以看到全屏的幻灯片内容，但无法控制放映进度。

3. 演示文稿的放映技巧

演示文稿的放映技巧对于确保演示的流畅性和观众的理解至关重要。掌握放映技巧有助于提升演示文稿的展示效果，使观众更加专注内容并更好地理解演讲者的意图。

1）基础操作技巧

▶ 快速开始放映：无须单击菜单栏中的"观看放映"选项，直接按 F5 键，幻灯片就开始放映。

▶ 停止放映：除按 Esc 键外，还可以按"-"键快速停止放映。

▶ 显示黑屏 / 白屏。

· 显示黑屏：按 B 键或"."键，可从黑屏返回幻灯片放映。

· 显示白屏：按 W 键或"，"键，可从白屏返回幻灯片放映。

2）控制鼠标指针技巧

▶ 隐藏鼠标指针：放映时，鼠标指针可能会干扰观众视线，按快捷键 Ctrl+H 即可隐藏鼠标指针；若需要显示，则可按快捷键 Ctrl+A。

▶ 快速返回第一张幻灯片：同时按住鼠标的左右键 2 秒以上，即可从任意放映页面快速返回第一张幻灯片。

3）高级技巧

▶ 使用快捷键：熟悉并运用 WPS 演示中的快捷键，如使用方向键切换幻灯片、按快捷键 Ctrl+P 显示 / 隐藏指针等，可以提高放映效率。

▶ 利用演示者工具栏：在某些版本的 WPS 演示中，可以选择使用演示者工具栏，提供笔、激光指针、画笔等工具，增强演示效果。

▶ 提前测试：在正式放映前，确保所有设备（如投影仪、计算机等）连接正确，并测试放映效果，避免技术故障影响演示。

4）其他放映技巧

▶ 确保内容简洁明了：避免使用过多的文字和信息，重点突出，让观众能够快速理解主要内容。

▶ 使用高质量的图像和图表：选择高质量的图像和图表，并确保它们与你的内容相关，以增强视觉效果。

▶ 与观众互动：在演示过程中，可以通过提问、调查或邀请观众发表意见等方式与观众保持互动，提高观众的参与度和兴趣。

子任务 9.2.2　设置备注帮助演讲

设置备注对于准备和进行演讲至关重要，它可以帮助你保持专注、组织内容，并在需要时提供即时参考。下面详细讲解设置备注帮助演讲的具体操作方法。

观看视频

第 1 步 打开本书提供的"素材 / 项目九 / 培训课件 .pptx"演示文稿，如图 9-66 所示。

第 **2** 步 选择第 3 张幻灯片，在"放映"选项卡的"放映设置"面板中，单击"演讲备注"右侧的下拉按钮，展开列表框，选择"演讲备注"命令，如图 9-67 所示。

图 9-66　打开演示文稿

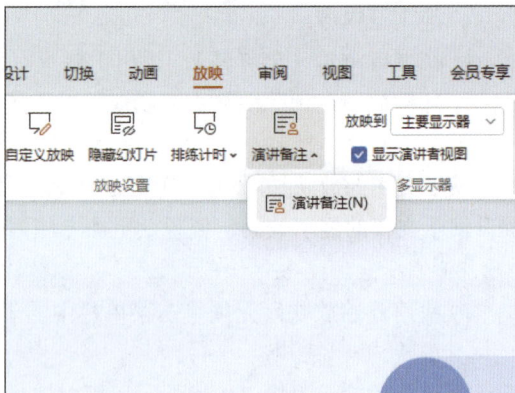

图 9-67　选择"演讲备注"命令

第 **3** 步 打开"演讲者备注"对话框，在文本框中输入备注内容，如图 9-68 所示。

第 **4** 步 单击"确定"按钮，即可为指定的幻灯片添加备注内容，并在幻灯片底部的备注框中显示，如图 9-69 所示。

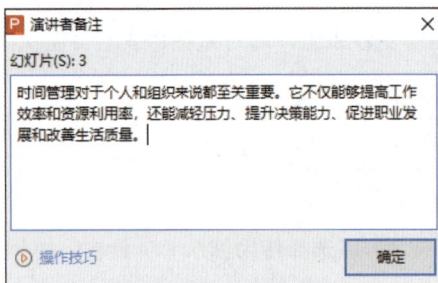

图 9-68　输入备注内容

图 9-69　添加备注内容 1

第 **5** 步 使用同样的方法，为第 7 张幻灯片添加备注内容，如图 9-70 所示。

图 9-70　添加备注内容 2

子任务 9.2.3　在放映前预演幻灯片

在 WPS 演示中，放映前预演幻灯片是一个非常重要的步骤，它可以帮助演讲者熟悉内容、把握节奏，提前发现并解决可能存在的问题，并且在预演模式下，可以通过单击"上一张"和"下一张"按钮来浏览所有幻灯片。这样可以确保每张幻灯片的内容都已经被检查并准备好。下面详细讲解在放映前预演幻灯片的具体操作方法。

第 1 步 在"放映"选项卡的"开始放映"面板中，单击"从头开始"按钮，如图 9-71 所示。

第 2 步 开始放映幻灯片，并进入预演模式，如图 9-72 所示。

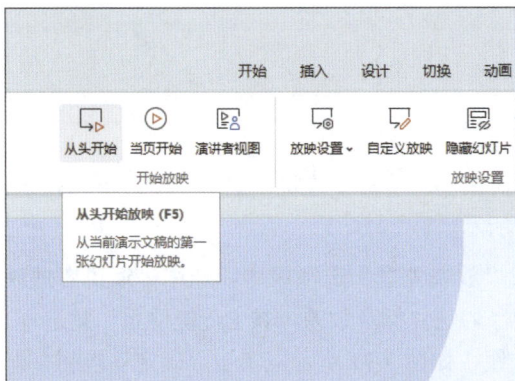

图 9-71　单击"从头开始"按钮

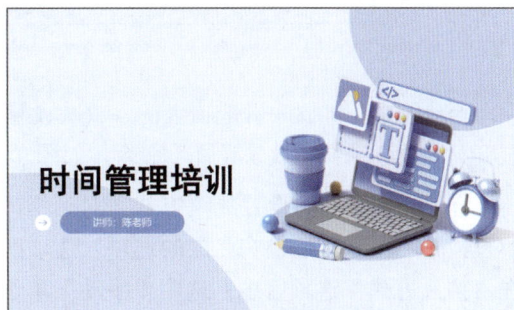

图 9-72　进入预演模式

第 3 步 在预演模式下，右击，打开快捷菜单，选择"下一张"命令，如图 9-73 所示。

第 4 步 切换至下一张幻灯片进行预览放映，如图 9-74 所示。

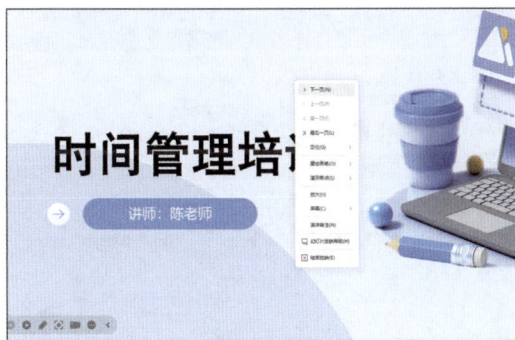

图 9-73　选择"下一张"命令

图 9-74　预览下一张幻灯片

第 5 步 使用同样的方法，依次通过"下一张"或"上一张"命令，预览其他幻灯片，如图 9-75 所示。在预演过程中发现演示顺序或幻灯片内容需要调整，可以随时退出预演模式，在"编辑"选项卡下进行相应操作。例如，可以更改幻灯片的顺序、修改文字、替换图片等。

子任务 9.2.4　幻灯片放映设置

幻灯片放映设置是确保演示文稿能够按照预期进行播放的重要步骤。下面详细讲解幻灯片放映设置的具体操作方法。

图 9-75　预览其他幻灯片

第 1 步 在"放映"选项卡的"放映设置"面板中，单击"放映设置"右侧的下拉按钮，展开列表框，选择"放映设置"命令，如图 9-76 所示。

第 2 步 打开"设置放映方式"对话框，在"放映类型"选项区中，选中"演讲者放映（全屏幕）"单选按钮，在"放映选项"选项区中，勾选"循环放映，按 Esc 键终止"复选框，在"换片方式"选项区中，选中"手动"单选按钮，如图 9-77 所示，单击"确定"按钮，即可完成幻灯片的放映设置。

图 9-76　选择"放映设置"命令

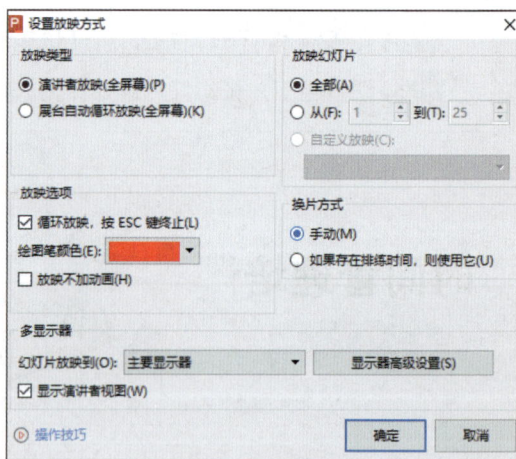

图 9-77　设置参数值

子任务 9.2.5　自定义放映幻灯片

自定义放映幻灯片是指根据自己的意愿设定的放映幻灯片的方法，通过自定义放映幻灯片功能，用户可以更加灵活地控制演示文稿的播放内容和顺序，满足不同观众和场合的需求。

下面详细讲解自定义放映幻灯片的具体操作方法。

第 1 步 在"放映"选项卡的"放映设置"面板中，单击"自定义放映"按钮，如图 9-78 所示。

观看视频

第 2 步 打开"自定义放映"对话框，单击"新建"按钮，如图 9-79 所示。

图 9-78　单击"自定义放映"按钮

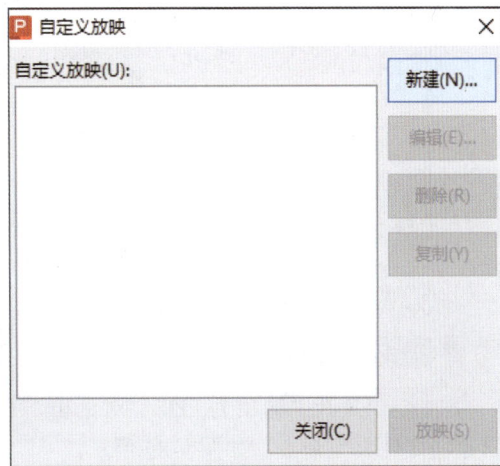

图 9-79　单击"新建"按钮

第 3 步 打开"定义自定义放映"对话框，在"在演示文稿中的幻灯片"列表框中选择需要添加的幻灯片，单击"添加"按钮，如图 9-80 所示。

第 4 步 将选定的幻灯片添加到右侧的"在自定义放映中的幻灯片"列表框中，如图 9-81 所示。

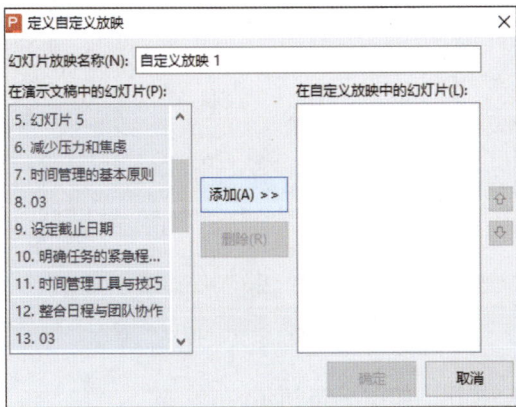

图 9-80　选择幻灯片

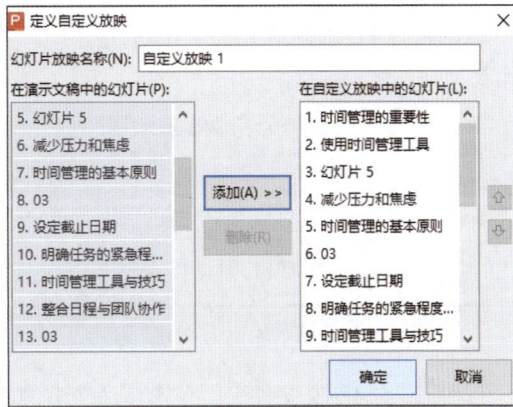

图 9-81　添加幻灯片

第 5 步 单击"确定"按钮，返回"自定义放映"对话框，完成自定义放映的添加，并单击对话框右下角的"放映"按钮，如图 9-82 所示。

第 6 步 开始自定义放映演示文稿中的幻灯片，其放映后的效果如图 9-83 所示。

子任务 9.2.6　输出和打印幻灯片

输出和打印幻灯片是制作和展示演示文稿过程中的重要环节，使用"输出"和"打印"命令，可以轻松地将幻灯片输出为所需的格式并进行打印。在输出和打印过程中，请确保选择正确的参数和选项，以获得最佳的输出和打印效果。下面详细讲解输出和打印幻灯片的具体操作方法。

观看视频

图 9-82　单击"放映"按钮

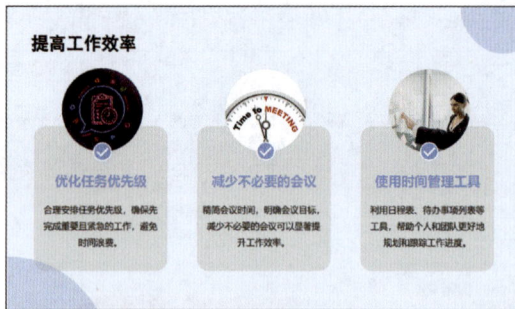

图 9-83　自定义放映幻灯片

第 **1** 步 单击"文件"菜单按钮，展开列表框，选择"输出为 PDF"命令，如图 9-84 所示。

第 **2** 步 打开"输出为 PDF"对话框，在对话框左下角的"保存位置"列表框中，选择"自定义文件夹"命令，如图 9-85 所示。

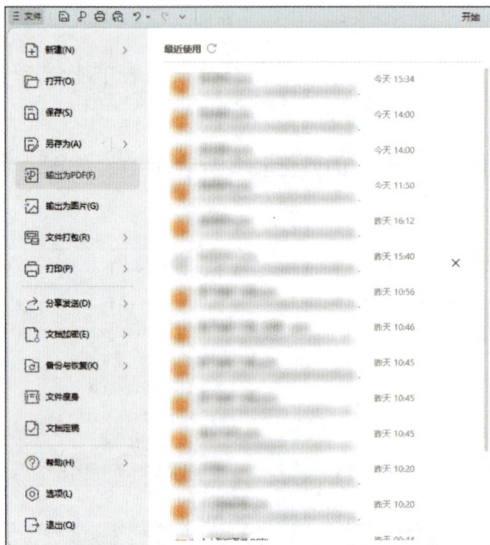

图 9-84　选择"输出为 PDF"命令

图 9-85　选择"自定义文件夹"命令

第 **3** 步 自定义文件夹，单击该命令右侧的 ··· 按钮，如图 9-86 所示。

第 **4** 步 打开"选择路径"对话框，选择合适的文件夹，单击"选择文件夹"按钮，如图 9-87 所示。

图 9-86　单击 ··· 按钮

图 9-87　单击"选择文件夹"按钮

第5步 完成保存位置的设置，单击"开始输出"按钮，如图 9-88 所示。

第6步 将演示文稿输出为 PDF，并显示输出进度。输出完成后，将打开提示对话框，提示"成功输出 1 份 PDF 文档"信息，单击"打开文件"按钮，如图 9-89 所示。

图 9-88　单击"开始输出"按钮　　　　图 9-89　单击"打开文件"按钮

第7步 打开输出的 PDF 文档，浏览文档内容，如图 9-90 所示。

第8步 单击"文件"菜单按钮，展开列表框，选择"打印"→"打印"命令，如图 9-91 所示。

图 9-90　浏览文档内容　　　　图 9-91　选择"打印"命令

第9步 打开"打印"对话框，选择打印机类型，设置好打印范围、内容和颜色，单击"确定"按钮，如图 9-92 所示，即可开始打印幻灯片。

AI 答疑与技巧点拨

1. 如何设置动画延迟播放

在播放演示文稿中的动画时，有时为了演示文稿的内容和节奏的合理性，需要对动画播放进行适当延迟，从而使动画效果更加自然流畅，避免显得突兀。下面详细讲解设置动画延迟播放的具体操作步骤。

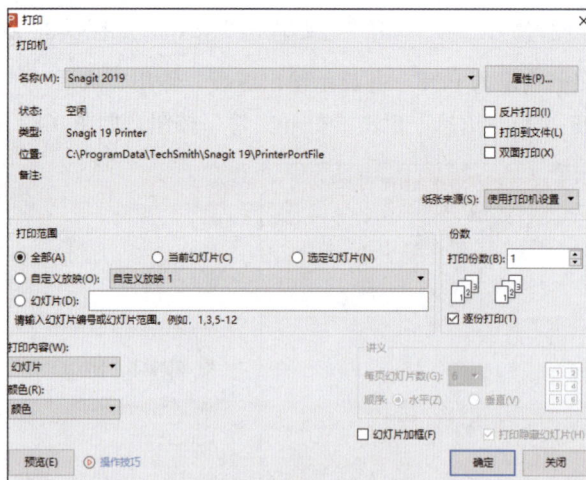

图 9-92　设置打印参数

（1）打开本书提供的"素材/项目九/职务说明书.pptx"演示文稿，选择带动画的图形，在"动画"选项卡的"动画工具"面板中，单击"动画窗格"按钮，如图 9-93 所示。

（2）打开"动画窗格"任务窗格，选择动画对象，右击，在弹出的快捷菜单中，选择"效果选项"命令，如图 9-94 所示。

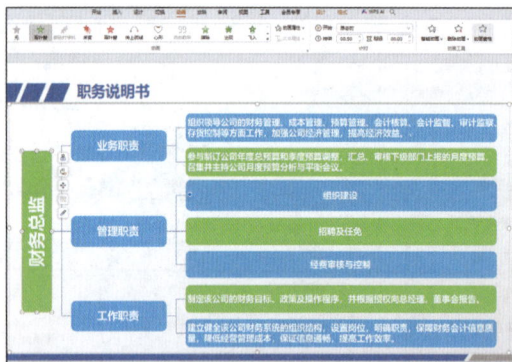

图 9-93　单击"动画窗格"按钮

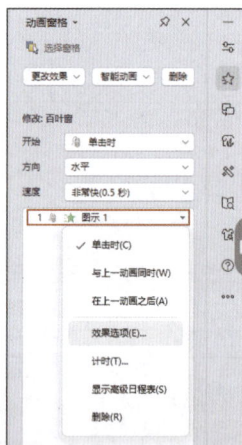

图 9-94　选择"效果选项"命令

（3）打开"百叶窗"对话框，切换至"计时"选项卡，修改"延迟"为"0.3 秒"，单击"确定"按钮，如图 9-95 所示，完成动画的延迟播放设置。

图 9-95　设置延迟参数值

2. 如何制作智能动画

WPS 智能动画是一项功能强大且易于使用的功能，它可以帮助用户轻松地为幻灯片添加生动、专业的动画效果。无论是制作企业汇报还是教育培训材料，都可以借助 WPS 智能动画来提升演示的吸引力和效果。下面详细讲解制作智能动画的具体操作步骤。

（1）打开本书提供的"素材 / 项目九 / 制订时间管理计划 .pptx"演示文稿，选择幻灯片中的相应文本和图形对象，如图 9-96 所示。

（2）在"动画"选项卡的"动画工具"面板中，单击"智能动画"右侧的下拉按钮，展开列表框，选择合适的智能动画，如图 9-97 所示。

图 9-96　选择文本和图形

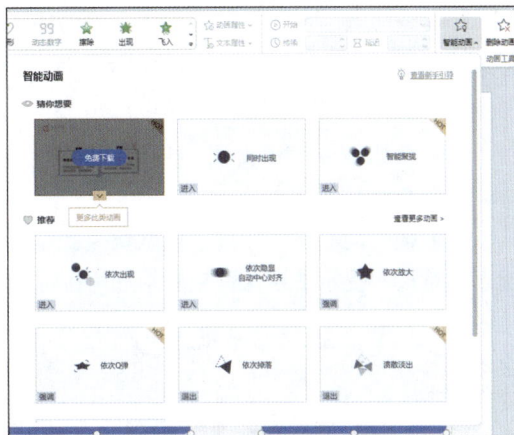

图 9-97　选择智能动画

（3）为选择的图形添加智能动画，并且自动播放动画，其动画效果如图 9-98 所示。

图 9-98　添加智能动画效果

3. 如何使用"排练计时"功能

"排练计时"功能通常用于 WPS、PowerPoint 等演示软件中，旨在帮助演讲者预先设定每张幻灯片的展示时间，从而确保整个演示过程流畅且时间控制得当。下面详细讲解使用"排练计时"功能的具体操作步骤。

（1）打开本书提供的"素材 / 项目九 / 元宵节 .pptx"演示文稿，如图 9-99 所示。

（2）在"放映"选项卡的"放映设置"面板中，单击"排练计时"右侧的下拉按钮，展开列表框，选择"排练全部"命令，如图 9-100 所示。

图 9-99　打开演示文稿

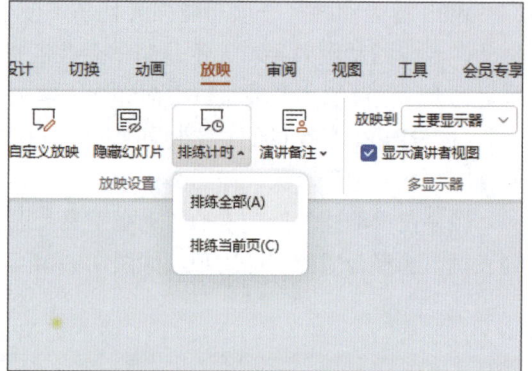

图 9-100　选择"排练全部"命令

（3）开始放映演示文稿，并自动进行排练计时，在放映时，右上角将显示"预演"对话框，如图 9-101 所示。

（4）按"向右"方向键，依次切换幻灯片进行放映，放映完成后，在幻灯片上单击，打开提示对话框，提示是否保留新的幻灯片排练时间，单击"是"按钮，如图 9-102 所示。

图 9-101　排练计时放映幻灯片

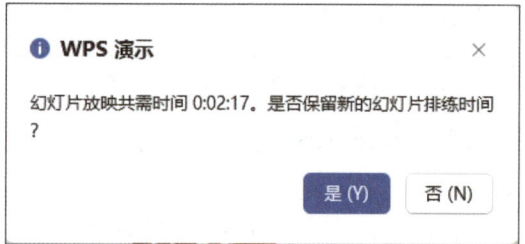

图 9-102　单击"是"按钮

（5）使用"排练计时"功能排练每张幻灯片的放映时间，并且在每个幻灯片的下方显示时间长度，如图 9-103 所示。

图 9-103　显示时间长度

上机实训：设计与放映"个人述职报告"演示文稿

个人述职报告演示文稿是各级干部及其他岗位责任人在人事考评活动中，为了向本系统、本部门领导、干部及群众陈述任职情况、汇报工作实绩，而根据职务或职责考核标准制作的自我总结和自我评估的演示文稿。它通常包含述职者的基本信息、工作职责、工作完成情况、遇到的问题及解决方案、自我评估与反思以及未来工作计划等内容，并以幻灯片的形式进行展示。

在本案例中，需要先在"个人述职报告"演示文稿中添加各种动画效果，然后对演示文稿进行放映与设置操作。下面详细讲解具体的操作步骤。

（1）打开本书提供的"素材 / 项目九 / 个人述职报告 .pptx"演示文稿。

（2）为演示文稿中的所有幻灯片添加"淡出"切换动画效果，并设置切换动画的播放速度为 50 秒。

（3）依次选择第 1 张和第 2 张幻灯片中的文本和图形，为其添加"百叶窗"和"飞入"进入动画。

（4）为第 3 张幻灯片中的文本添加"更改字体颜色"强调动画，如图 9-104 所示，并将该动画效果复制到其他的幻灯片。

图 9-104　添加强调动画效果

（5）使用同样的方法，复制其他的幻灯片动画。

（6）使用"幻灯片设置"命令，设置幻灯片的放映，单击"从头开始"按钮，开始放映幻灯片，如图 9-105 所示。

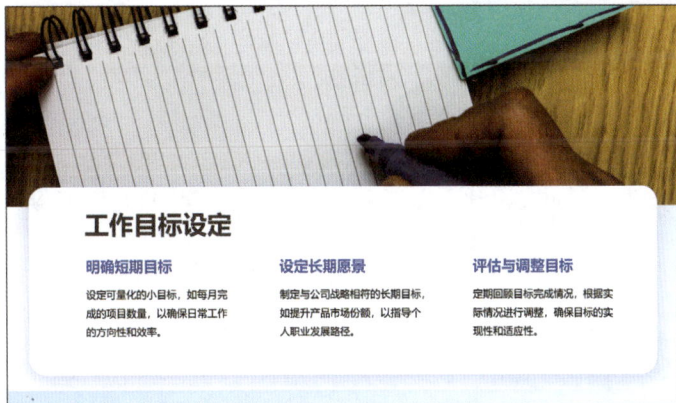

图 9-105　放映幻灯片

习题测试

1. 填空题

（1）在 WPS 演示中，为对象添加动画效果的主要步骤是：先选中对象，然后在_____选项卡下选择适当的动画效果。

（2）WPS 演示中的动画效果可以分为_____、强调、退出和动作路径 4 种类型。

（3）在 WPS 演示中，通过_____可以查看和编辑幻灯片中的所有动画效果及其顺序。

（4）如果想让 WPS 演示中的动画效果在单击后自动播放下一个动画，可以在"动画"选项卡中的_____组中设置。

（5）在 WPS 演示中，如果希望某个动画效果在播放完毕后自动隐藏对象，可以在动画选项中设置"动画播放后"为_____。

2. 选择题

（1）下列关于幻灯片切换描述错误的是（　　　）。

A. 可以添加声音　　　　　　　　　B. 不能自动切换

C. 可以设定切换持续时间　　　　　D. 所有幻灯片可以使用相同的切换效果

（2）在 WPS 演示中，如果想为某个对象添加动画效果，应该在哪个选项卡下进行操作？（　　）

A. 开始　　　　　　B. 插入　　　　　　C. 动画　　　　　　D. 审阅

（3）WPS 演示支持哪种类型的动画效果？（　　　）

A. 仅支持进入动画

B. 仅支持强调动画

C. 支持进入、强调、退出和动作路径等多种动画

D. 不支持任何动画效果

（4）在 WPS 演示中，如果想让动画效果在单击后自动播放下一个动画，应该如何设置？（　　）

A. 在"动画窗格"中设置

B. 在"切换"选项卡中设置

C. 在"动画"选项卡中的"计时"组中设置

D. 无法实现自动播放下一个动画

（5）在 WPS 演示中，如何设置动画效果的播放顺序？（　　　）

A. 无法设置播放顺序

B. 通过"动画"窗格中的上下拖曳来调整

C. 通过"开始"选项卡中的功能来调整

D. 通过"插入"选项卡中的功能来调整

（6）在 WPS 演示中，如果想让一个对象在动画播放完毕后自动隐藏，应该如何操作？（　　）

A. 在"动画"选项卡中设置"动画播放后"为"隐藏"

B. 在"格式"选项卡中设置

C. 无法实现自动隐藏

D. 在"审阅"选项卡中设置

3. 上机操作题

设计与放映一个"酒文化时尚礼仪培训"演示文稿，其最终效果如图 9-106 所示。

图 9-106　上机习题效果

（1）打开一个名称为"酒文化时尚礼仪培训"的演示文稿。

（2）添加动画：在演示文稿中添加各种动画效果。

（3）放映幻灯片：对幻灯片进行放映操作。

（4）输出幻灯片：将幻灯片输出为 PDF 格式的文档。

项目 10 AI 职场高效办公实战应用

本章导读

AI 在职场高效办公中的实战应用非常广泛，涵盖数据处理、邮件管理、文案创作、会议安排、短视频制作、教师办公以及科研论文等多个方面。本项目将详细讲解 AI 在职场中的高效办公应用方法，其内容包含 WPS Office 组件协同办公、新媒体营销与策划、作业批改、翻译等。通过这些高效的办公方法，可以快速进行各种办公操作。

学习目标

通过本章多个知识点的学习，读者朋友可以熟练掌握 WPS Office 组件在办公、营销、教学以及科研论文撰写等方面的操作技能。

知识要点

- WPS 文字与其他组件的协同办公应用
- WPS 表格与其他组件的协同办公应用
- WPS 演示与其他组件的协同办公应用
- WPS PDF 与其他组件的协同办公应用
- 使用文心一言确定选题
- 使用 Kimi 写作策划文案
- 使用 AI 制作宣传海报
- 使用讯飞星火生成直播营销话术
- 使用文心一言生成短视频脚本
- 使用剪映生成短视频
- 使用剪映生成数字人素材
- 高效备课
- 作业批改
- AI 出试卷
- 实时翻译
- 文章配图

任务 10.1　WPS Office 组件的协同办公应用

WPS Office 组件的协同办公应用通过提供一系列功能，实现了文档协作、即时通信、会议和邮件管理等一体化的协同工作环境。WPS Office 组件的协同办公应用包含内容创作工具、沟通协作工具、数字化资产管理、AI 技术应用以及轻办公组件。

- ▶ 内容创作工具：包含 WPS 文字、表格、演示以及智能文档、智能表格两大模块。其中，WPS 文字、表格、演示是基础的 Office 套件，支持多人在线编辑和实时同步，使团队成员可以在同一文档上协作，无须担心版本冲突；智能文档、智能表格可以提供基于数据规范的场景化应用，支持多人在线协作和操作过程追溯，适用于项目管理和信息管理需求。
- ▶ 沟通协作工具：包含消息和 WPS 会议两大模块：其中，消息是工作专属即时通信工具，支持文档云端管理与协作、企业通信录管理以及聚合内部应用系统，助力实现组织级即时通信链路的互联互通；WPS 会议支持多人音视频会议和文档共享与协作编辑，覆盖手机、计算机、小程序等多个平台，可以满足不同场景下的会议需求。
- ▶ 数字化资产管理：包含身份管控、文档管控、策略管控 3 种类型，可以通过多重访问限制和技术确保数据安全，同时提供开放的 API 接口，支持与企业自有业务系统的集成。
- ▶ AI 技术应用：WPS AI 功能具有国内外主流大模型 AI 能力，可以为企业打造"企业大脑"，提供智能文档库和智慧助理，能够优化数据分析和决策支持流程。
- ▶ 轻办公组件：该组件专为团队协作设计，允许用户在云端存储文档，建立讨论圈子，进行文档评论和修订，有效避免版本混乱，提高办公效率。

子任务 10.1.1　WPS 文字与其他组件的协同办公应用

WPS 文字可以和表格、演示文稿组件之间实现高效的协同办公应用操作。

1. WPS 文字与 WPS 表格的协同办公

观看视频

WPS 文字与 WPS 表格的协同办公主要体现在数据引用与更新，以及表格转换与编辑两个方面，下面分别进行介绍。

1）数据引用与更新

在 WPS 文字中，数据的引用与更新有两种方法。

第一种方法：可以通过插入对象的方式，将 WPS 表格中的数据直接嵌入文档中。这样，当表格中的数据发生变化时，只需在 WPS 表格中进行更新，然后重新嵌入或更新链接，WPS 文字中的对应数据就会自动更新，其具体操作是：在 WPS 文字中，新建一个空白文档，在"插入"选项卡的"部件"面板中，单击"附件"右侧的下拉按钮，展开列表框，选择"对象"命令，打开"插入对象"对话框，选中"由文件创建"单选按钮，选中表格文件，如图 10-1 所示，单击"确定"按钮，即可插入表格对象。

第二种方法：使用"粘贴链接"功能，将表格中的数据以链接的形式粘贴到 WPS 文字中。这样，每次打开 WPS 文字文档时，都会自动更新链接的数据，其具体操作是：在 WPS 表格中选择要复制的表格数据，在 WPS 文字窗口中，单击"开始"选项卡的"粘贴"右侧的下拉按钮，展开列表框，如图 10-2 所示，选择合适的命令，即可粘贴表格数据。

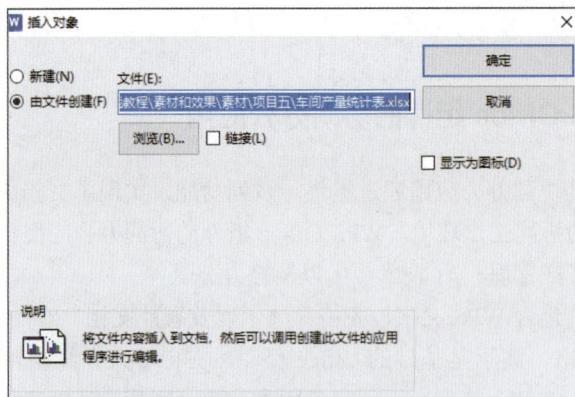

图 10-1 "插入对象"对话框

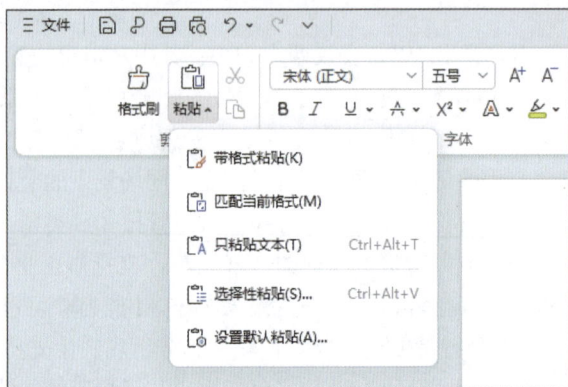

图 10-2 "粘贴"列表框

2）表格转换与编辑

WPS 文字中的表格可以轻松地转换为 WPS 表格中的工作表，反之亦然。这为用户提供了在不同组件之间灵活转换和编辑数据的便利。

在 WPS 文字中，还可以直接打开并编辑嵌入的 WPS 表格对象，无须切换到 WPS 表格应用程序。

2. WPS 文字与 WPS 演示的协同办公

WPS 文字与 WPS 演示的协同办公主要体现在内容导入与导出、幻灯片设计与制作两个方面，下面分别进行介绍。

1）内容导入与导出

WPS 文字中的文本、图片、表格等内容可以轻松地导入 WPS 演示中，作为幻灯片的内容。这为用户在制作演示文稿时提供了丰富的素材来源。同样，WPS 演示中的幻灯片也可以导出为 WPS 文字文档中的页面或段落，便于用户进行进一步的编辑和排版。

例如，为了给教学或演示提供便利，可以在 WPS 文字中直接使用"输出为 PPT"功能，将文档内容输出为 PPT 课件。下面详细讲解在 WPS 文字中将文档内容输出为 PPT 课件的具体操作步骤。

第 1 步 打开本书提供的"素材 / 项目十 / 保护海洋 .docx"文档，单击"文件"菜单按钮，展开列表框，选择"输出为 PPT"→"AI 生成 PPT"命令，如图 10-3 所示。

第 2 步 打开"AI 生成 PPT"对话框，开始自动生成 PPT，并显示生成结果，单击"挑选模板"按钮，如图 10-4 所示。

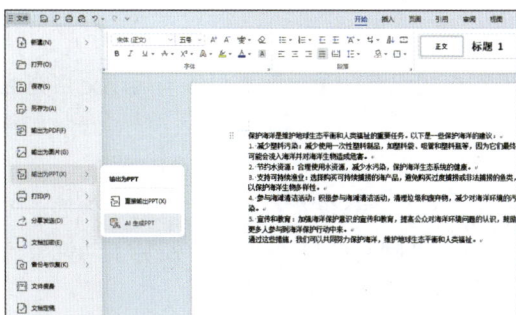

图 10-3　选择 "AI 生成 PPT" 命令

图 10-4　显示生成结果

第 3 步　打开"选择幻灯片模板"对话框，选择合适的幻灯片模板，单击"创建幻灯片"按钮，如图 10-5 所示。

第 4 步　将文档输出为 PPT，其效果如图 10-6 所示。

图 10-5　选择幻灯片模板

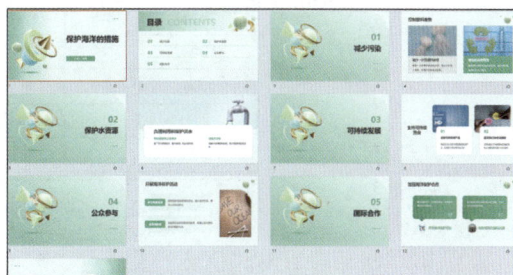

图 10-6　将文档输出为 PPT

2）幻灯片设计与制作

WPS 文字中的样式和格式可以直接应用到 WPS 演示中的幻灯片上，保持文档风格的一致性。

用户还可以在 WPS 文字中预先设计好演示文稿的大纲和关键内容，然后直接导入 WPS 演示中进行进一步的制作和美化。其具体操作是：使用 WPS 演示中的 WPS AI 功能，打开 "AI 生成 PPT" 对话框，在"上传文档"选项卡中，单击"选择文档"按钮，如图 10-7 所示，选择文档进行上传，即可开始生成演示文稿的大纲和关键内容。

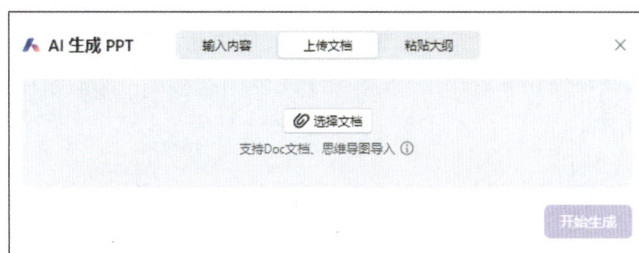

图 10-7　"AI 生成 PPT" 对话框

子任务 10.1.2 WPS 表格与其他组件的协同办公应用

WPS 表格作为 WPS Office 套件中的重要组件，与其他组件的协同办公应用能够显著提升工作效率和团队协作效果。下面详细阐述 WPS 表格与 WPS 文字、WPS 演示文稿以及云服务的协同办公应用。

1. WPS 表格与 WPS 文字的协同办公

WPS 表格与 WPS 文字的协同办公主要体现在格式保持一致、数据引用与自动化填充两个方面，下面分别进行介绍。

1）格式保持一致

WPS 表格中的样式和格式可以应用到 WPS 文字中，确保文档风格的一致性。例如，表格中的字体、字号、颜色等设置，可以将表格数据直接复制到 WPS 文字中，避免手动调整的烦琐，如图 10-8 所示。

商品名称	销售数量	销售单价	成本单价	成本总金额	毛利
牛仔裤	585	89	40	23400	28665
连衣裙	520	139	80	41600	30680
针织外套	258	169	90	23220	20382
卫衣	650	79	35	22750	28600
风衣外套	420	199	100	42000	41580
羽绒服	856	299	130	111280	144664
西装裤	984	119	55	54120	62976
休闲裤	579	99	38	22002	35319
衬衫	259	159	75	19425	21756
总计				359797	414622

图 10-8　复制表格数据保持格式一致

2）数据引用与自动化填充

在 WPS 文字中，可以通过"邮件合并"功能，将 WPS 表格中的数据自动填充到文档中，实现数据的快速引用和个性化生成。

例如，在批量生成邀请函、邮件合并等场景中，WPS 表格中的数据可以直接导入 WPS 文字中，自动替换占位符，生成个性化的文档。

2. WPS 表格与 WPS 演示的协同办公

WPS 表格与 WPS 演示的协同办公主要体现在数据可视化与图表生成、数据更新与同步两方面，下面分别进行介绍。

1）数据可视化与图表生成

WPS 表格中的数据可以直接生成图表，并嵌入 WPS 演示中，实现数据的可视化展示。用户还可以在 WPS 表格中设置好图表样式和数据源，然后将其复制到 WPS 演示中，根据需要调整大小和位置。其具体操作是：在 WPS 表格中生成图表对象，然后将图表直接复制到 WPS 演示中，如图 10-9 所示。

2）数据更新与同步

当 WPS 表格中的数据发生变化时，可以通过更新链接的方式，将变化同步到 WPS 演示中的图表中。这确保了演示文稿中的数据始终是最新的，避免了因数据过时而导致的误解或错误。

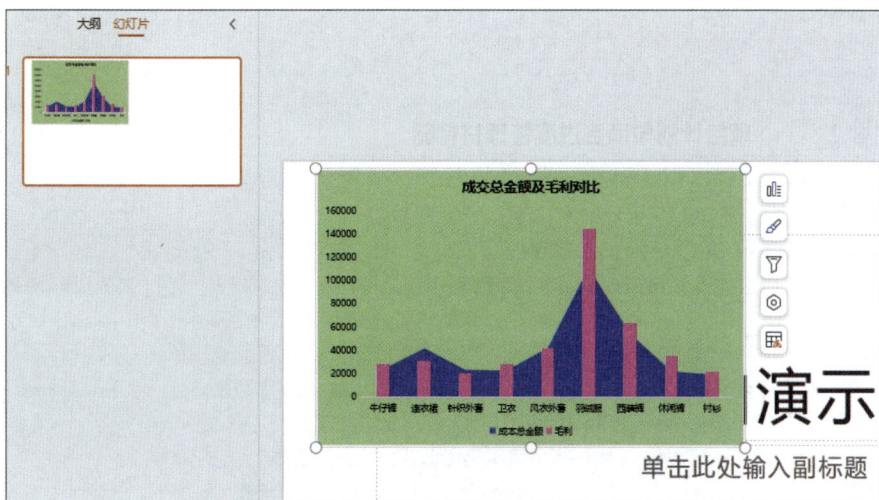

图 10-9　在 WPS 演示中复制图表

3. WPS 表格与云服务的协同办公

WPS 表格与云服务的协同办公主要体现在在线协作共享、跨设备访问与编辑、数据安全与备份 3 方面，下面分别进行介绍。

1）在线协作与共享

WPS 表格支持在线协作功能，允许多个用户同时编辑和查看同一个表格。用户可以通过云服务将表格共享给团队成员，实现实时的数据共享和协作。下面详细讲解具体的操作步骤。

第 1 步 打开本书提供的"素材 / 项目十 / 项目进度计划表 .xlsx"工作簿，单击"文件"菜单按钮，展开列表框，选择"分享发送"→"和他人一起查看 / 编辑"命令，如图 10-10 所示。

第 2 步 打开"上传至云空间"对话框，显示要上传的工作簿名称，单击"立即上传"按钮，如图 10-11 所示。

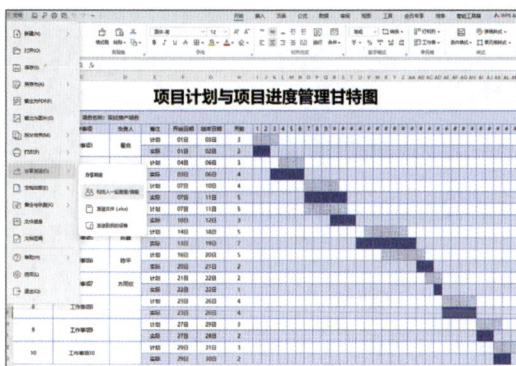

图 10-10　选择"和他人一起查看 / 编辑"命令　　图 10-11　单击"立即上传"按钮

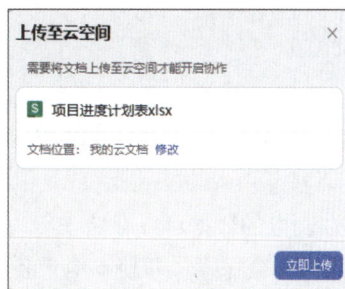

第 3 步 开始将表格上传到云空间中，上传完成后进入协作模式，在"协作"任务窗格中，单击"添加协作者"按钮，如图 10-12 所示，打开"添加协作者"对话框，用户可以添加其他用户作为协作者，也可以单击"腾讯"或"微信"等小程序图标进行分享，以便用户查看和编辑。

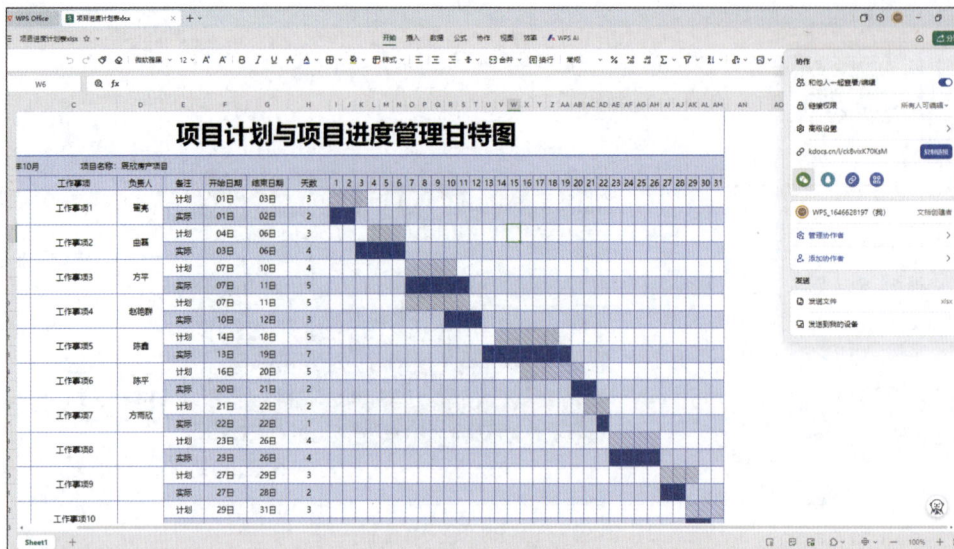

图 10-12　进入协作模式

2）跨设备访问与编辑

WPS 表格支持跨设备访问和编辑功能，用户可以在不同设备上随时查看和编辑表格数据。这为用户提供了极大的便利，无论是在办公室、家中还是出差途中，都能轻松处理工作。例如，在 WPS 的协作模式下，单击"协作"任务窗格中的"发送到我的设备"选项，打开"发送到我的设备"对话框，选择合适的设备，单击"发送"按钮即可，如图 10-13 所示。

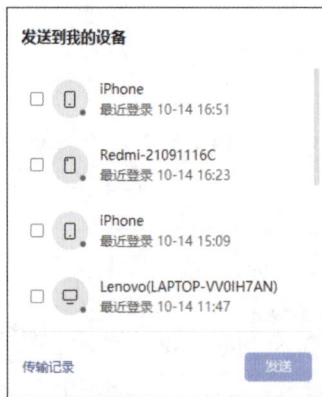

图 10-13　"发送到我的设备"对话框

3）数据安全与备份

WPS 表格的数据可以存储在云端服务器上，实现数据的实时备份和恢复功能。这为用户提供了数据安全保障，即使本地设备发生故障或数据丢失，也能从云端恢复数据。WPS 表格数据备份的方法很简单，用户只要在 WPS 表格中，单击"文件"菜单按钮，展开列表框，选择"备份与恢复"→"备份中心"命令，打开"备份中心"对话框，在该对话框中可以对表格数据进行备份操作，如图 10-14 所示。

子任务 10.1.3　WPS 演示与其他组件的协同办公应用

WPS 演示与其他组件的协同办公应用，主要体现在通过 WPS 的云文档功能和团队协作功

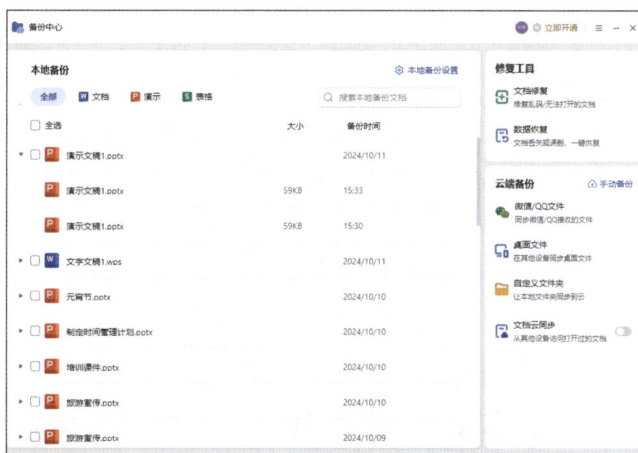

图 10-14 "备份中心"对话框

能，实现演示文稿与其他文档类型（如 WPS 文字、WPS 表格等）之间的无缝协作。下面对 WPS 演示与其他组件的协同办公进行详细讲解。

1. 云文档功能实现协同办公

▶ 文件共享：用户可以将演示文稿保存到云文档中，然后通过生成轻地址或分享链接的方式，将文件分享给其他团队成员。团队成员无须安装 WPS 软件，只需通过浏览器访问链接即可查看和编辑演示文稿。

▶ 实时协作：多个团队成员可以同时在线编辑同一个演示文稿，实现实时协作。在协作过程中，系统会自动保存更改，避免数据丢失。

▶ 版本管理：WPS 云文档提供版本管理功能，用户可以查看和恢复历史版本，确保数据安全。

2. 团队协作功能实现协同办公

▶ 团队创建与管理：用户可以在 WPS 中创建团队，并邀请其他成员加入。团队成员可以在团队空间中共享文件、讨论和协作。

▶ 权限设置：团队管理员可以为不同成员设置不同的权限级别，如编辑、查看或下载等。这有助于保护敏感信息，确保数据安全。

▶ 任务分配与进度跟踪：WPS 团队协作功能还支持任务分配和进度跟踪，方便团队成员了解各自的工作职责和进度情况。

3. 与其他 WPS 组件的协同应用

▶ 与 WPS 文字的协同：用户可以将 WPS 文字中的文本内容直接复制到 WPS 演示中，作为演示文稿的文本部分。同时，WPS 演示中的文本也可以导出为 WPS 文字格式，方便后续编辑和排版。

▶ 与 WPS 表格的协同：WPS 表格中的数据可以嵌入 WPS 演示中，以图表或表格的形式展示。当 WPS 表格中的数据发生变化时，WPS 演示中的图表或表格也会自动更新。

▶ 跨组件搜索与替换：WPS 提供了跨组件搜索与替换功能，用户可以在多个 WPS 组件中搜索特定的文本或数据，并进行替换操作。这有助于提高工作效率，减少重复劳动。

子任务 10.1.4　WPS PDF 与其他组件的协同办公应用

WPS PDF 与其他组件的协同办公应用，体现了 WPS Office 作为一款综合性办公软件的强大功能。下面对 WPS PDF 与其他组件协同办公进行详细讲解。

1. WPS PDF 与 WPS 文字、表格、演示等组件的协同

► 格式转换：WPS PDF 组件支持将 Word、Excel、PPT 等办公文档转换为 PDF 格式，方便用户进行分享和打印。这种格式转换功能使得 WPS PDF 能够与其他组件无缝对接，实现文档内容的快速转换和共享。例如，在 WPS PDF 文档中，在"开始"选项卡的"转换"面板中，单击"PDF 转换"右侧的下拉按钮，展开列表框，选择不同的命令，可以转换不同格式的文件，如图 10-15 所示。

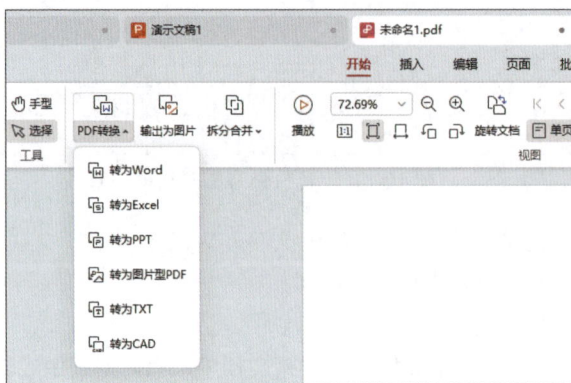

图 10-15 "PDF 转换"列表框

► 内容插入：在 WPS PDF 中，用户可以插入来自 WPS 文字、表格或演示组件的内容，如文字、图片、表格等，一般在 WPS PDF 中，这种插入功能使得用户可以在 PDF 文档中轻松整合来自不同组件的信息，提高文档的丰富性和可读性。

► 链接与引用：WPS PDF 支持在文档中插入超链接，这些超链接可以指向 WPS Office 中的其他文档或组件。通过单击超链接，用户可以快速跳转到相关文档或组件进行查看和编辑，实现文档之间的快速导航和协同。

2. WPS PDF 与即时通信工具的协同

► 消息提醒与通知：WPS Office 集成了即时通信功能，用户可以在 WPS PDF 组件中接收来自其他团队成员或合作伙伴的消息提醒和通知。这些提醒和通知可以包括文档更新、评论、批注等信息，帮助用户及时了解文档的最新动态。

► 在线讨论与批注：WPS PDF 支持在线讨论和批注功能，用户可以在文档中直接发起讨论或添加批注。这些讨论和批注可以实时同步给其他团队成员或合作伙伴，促进文档内容的深入交流和协作。

3. WPS PDF 与其他专业工具的协同

► OCR 文本识别：对于包含扫描件或图片的 PDF 文档，WPS PDF 提供了 OCR 文本识别功能。通过该功能，用户可以将扫描件或图片中的文本内容提取出来，并进行编辑和搜索。这大大提高了 PDF 文档的可编辑性和搜索效率。

► 签名与图章：WPS PDF 还支持插入电子签名和印章功能，这对于需要处理确权文件的用户来说非常方便实用。用户可以在 PDF 文档上添加电子签名和印章，确保文档的真实性和合法性。

综上所述，WPS PDF 与其他组件的协同办公应用涵盖格式转换、内容插入、链接与引用、云存储与同步、共享与协作、即时通信与讨论以及与其他专业工具的协同等多个方面。这些协

同功能使得 WPS Office 成为一款功能强大、易于使用的综合性办公软件，能够满足用户在不同场景下的协同办公需求。

任务 10.2　新媒体营销与策划

对于新媒体从业者而言，源源不断地提出选题、创意，做好内容整理，提升文字方面的工作效率是非常重要的，而 AI 可以在新媒体的营销与策划方面提供极大的支持。例如，利用文心一言、Kimi、讯飞星火、剪映、AI 等工具和技术，实现新媒体营销与策划的全程自动化和智能化，提高营销效率和效果。同时，还要注意保持内容的创意性和独特性，以吸引和留住目标受众的注意力。

子任务 10.2.1　使用文心一言确定选题

在制作新媒体时，确定选题往往让很多创作者头疼，但是现在有了 AI 工具"文心一言"后，只要把优秀的标题、案例、文案或好的内容方向发送给"文心一言"之类的 AI 工具，它们就可以生成相似的或延伸的更多内容。

使用 AI 工具"文心一言"来确定选题是一个高效且富有创意的过程。文心一言作为百度公司研发的知识增强大语言模型，能够基于广泛的知识库和深度学习能力，为你提供多样化的选题建议。

例如，想要确定一个广东小吃特色美食的选题，可以通过"文心一言"功能在输入框中输入"广东小吃特色美食选题"，该工具会自动生成与"广东小吃特色美食"相关的选题，如图 10-16 所示。我们可以根据给出的选题来确定自己想要的选题，反复与"文心一言"沟通，直至生成我们满意的内容。不过，需要注意的是，大模型只能作为辅助工具，内容的优质程度最终仍然取决于媒体与自媒体从业者的认知和经验。

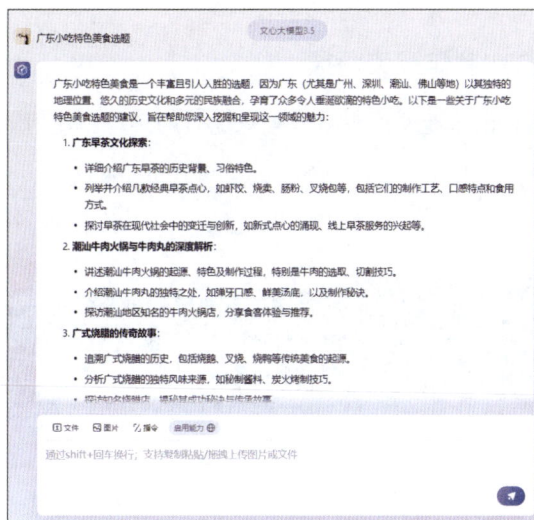

图 10-16　"文心一言"自动生成的选题提纲

子任务 10.2.2　使用 Kimi 写作策划文案

在当今信息爆炸的时代，优质的内容成为连接用户与品牌之间的桥梁。作为一款集智能、创意与个性化于一体的写作助手，Kimi 旨在为用户提供高效、精准且富有感染力的文案创作服务。

Kimi AI 工具可以根据选题，使用 Kimi 的文案生成功能，输入相关的提示词或链接，生成具有创意和吸引力的文案。还可以根据 Kimi 生成的文案，进行进一步的润色和优化，确保文案内容符合品牌形象和营销策略。

例如，我们确定了选题为"广东糖水与甜品的甜蜜世界"后，启动 Kimi AI 工具，通过与该工具的对话，写作出策划文案，如图 10-17 所示。

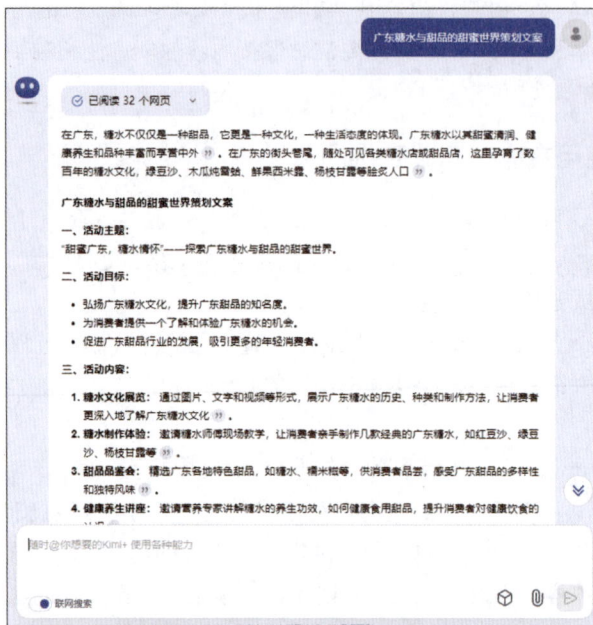

图 10-17　用 Kimi 写作策划文案

子任务 10.2.3　使用 AI 制作宣传海报

使用 AI 工具制作宣传海报是一个高效且创意无限的过程。使用 AI 制作宣传海报的具体操作步骤如图 10-18 所示。

图 10-18　使用 AI 制作宣传海报的具体操作步骤

1. 选择 AI 设计工具

首先，需要选择一个合适的 AI 设计工具。市面上有许多基于 AI 的设计平台和应用，如文心一格、Canva、Adobe Spark、简单 AI、稿定 AI 设计、DeepArt、Artbreeder、墨客 RP（小墨 AI）、Khroma 以及 Recraft AI 等。这些工具通常结合了人工智能技术和模板设计，使得即使是非专业设计师，也能轻松创建高质量的海报。

2. 确定海报目的与主题

明确海报的目的（如推广产品、活动、品牌等）和主题，能够帮助用户在 AI 工具中选择合适的模板或元素，并确保设计内容与目标受众的需求和兴趣相匹配。

3. 输入关键信息

大多数 AI 设计工具允许用户通过输入文本、关键词或上传图片来启动设计过程。输入你想要传达的主要信息，如活动名称、日期、地点、品牌 LOGO 等，AI 工具会根据这些信息生成初步的设计方案。

4. 选择与设计模板

AI 工具通常会提供一系列预设的模板，这些模板可以根据用户的输入进行调整和定制。浏览模板库，选择一个与主题最契合的模板作为起点。

5. 利用 AI 辅助设计功能

利用 AI 工具的智能推荐和编辑功能，如自动布局、颜色搭配建议、字体选择、图像优化等，来优化用户的设计。AI 可以帮助用户快速尝试不同的设计元素组合，找到最佳视觉效果。

6. 自定义设计元素

虽然 AI 可以生成初步设计，但根据用户的具体需求进行微调仍然很重要。添加或删除元素，调整文本内容，更改图像或图形，以确保海报传达出用户想要的信息和风格。

7. 预览与修改

在设计过程中，不断预览海报，检查文本是否清晰可读，图像是否具有高分辨率，整体布局是否吸引人。根据预览结果，进行必要的修改和调整。

8. 导出与分享

当用户对设计满意后，使用 AI 工具提供的导出功能，将海报保存为适合打印或在线分享的格式（如 JPEG、PNG、PDF 等）。随后，可以将海报用于社交媒体宣传、电子邮件营销、打印张贴等多种渠道。

例如，要制作一张夏季甜品店开业的海报，可以通过"文心一格"AI 工具指定海报的风格、主体和背景，来生成多个 AI 宣传海报效果，如图 10-19 所示。

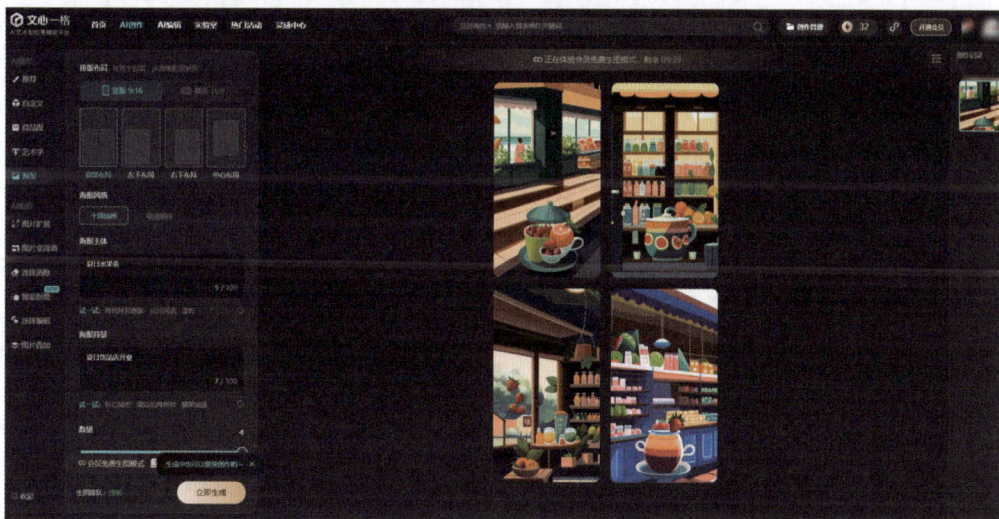

图 10-19　使用 AI 制作宣传海报

子任务 10.2.4　使用讯飞星火生成直播营销话术

讯飞星火是一款功能强大、应用场景广泛的 AI 大语言模型。它凭借科大讯飞在人工智能领域的深厚积累和技术优势，能够为用户提供高效、便捷、智能的文本创作和数据处理服务。"讯飞星火" AI 工具可以根据直播内容和目标受众的特点，使用该 AI 工具的自然语言处理能力，定制适合的话术模板。在直播过程中，根据观众的反馈和互动情况，使用讯飞星火的话术生成功能，实时调整话术，提高直播的互动性和效果。

例如，我们想做一场"品牌化妆品"的直播活动，可以使用"讯飞星火" AI 工具来生成直播营销话术。启动"讯飞星火" AI 工具，输入"品牌化妆品直播营销话术"，单击"发送"按钮，即可自动生成直播营销话术，如图 10-20 所示。

图 10-20　生成直播营销话术

子任务 10.2.5　使用文心一言生成短视频脚本

短视频脚本是拍摄短视频时所依据的大纲底本，它能指导视频拍摄、剪辑等各个环节的操作。短视频脚本在提高视频拍摄效率和保证视频质量方面具有重要作用，是短视频创作的基础和框架。

在生成短视频脚本时，需要先确定视频主题和目的，然后通过文心一言的智能输入功能和文本生成功能，生成视频的故事情节和对话内容，并可以对生成的脚本进行润色和优化，确保内容流畅、准确且符合品牌形象。

例如，我想拍摄"凤凰古城"旅游短视频，在"文心一言" AI 工具的搜索框中输入"撰写凤凰古城视频拍摄脚本"，然后单击"搜索"按钮，将自动生成短视频脚本，如图 10-21 所示。通过撰写出的短视频脚本可以进行后续的拍摄操作。

子任务 10.2.6　使用剪映生成短视频

观看视频

剪映是一款功能强大的视频编辑工具，适用于移动设备和桌面平台。它提供了丰富的视频

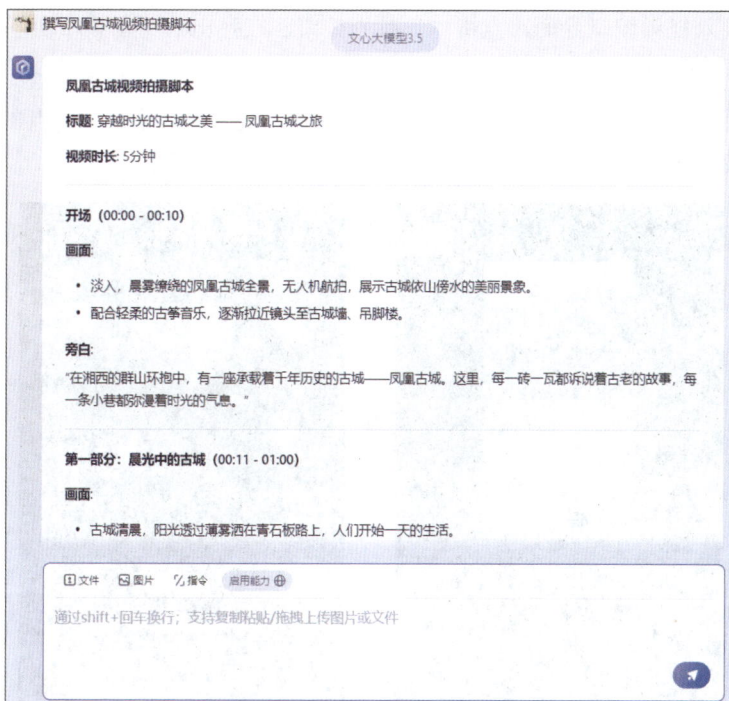

图 10-21　生成短视频脚本

剪辑功能和特效，使用户能够轻松创建专业级的视频作品。使用剪映，用户可以轻松实现视频剪辑、合并、分割、裁剪等基本操作，还可以添加文字、贴纸、音乐等元素，制作出个性化的视频作品。无论是个人创作者还是专业视频制作人员，都可以使用剪映来提升视频制作的质量和效率。下面详细讲解使用剪映生成短视频的具体操作步骤。

第 **1** 步　打开剪映 App，点击"开始创作"按钮，如图 10-22 所示。

第 **2** 步　在弹出的视频页面中，勾选一段或多段视频，点击"添加"按钮，即可添加视频素材，如图 10-23 所示。

图 10-22　点击"开始创作"按钮　　图 10-23　添加视频素材

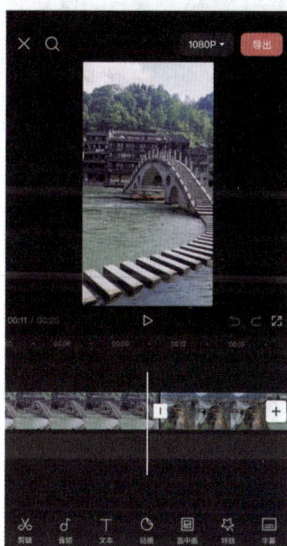

第 3 步 进入视频编辑界面，点击"音频"按钮，在弹出的"音频"功能菜单中，点击"音乐"按钮，如图 10-24 所示。

第 4 步 系统自动跳转到"添加音乐"页面，选择合适的背景音乐，并点击该音乐进行试听，确定使用该音乐后，点击"使用"按钮，如图 10-25 所示。

图 10-24　点击"音乐"按钮　　　　图 10-25　选择音乐

第 5 步 跳回视频编辑页面，即可看到刚才添加的音乐，如图 10-26 所示。

第 6 步 选择音乐视频，指定音乐的分割位置，在"音频"功能菜单中，点击"分割"按钮，分割音频素材，如图 10-27 所示。

图 10-26　添加音乐　　　　图 10-27　分割音乐

第**7**步 选择分割后的后一段视频素材，在"音频"功能菜单中，点击"删除"按钮，如图 10-28 所示。

第**8**步 删除多余的音频素材，如图 10-29 所示。

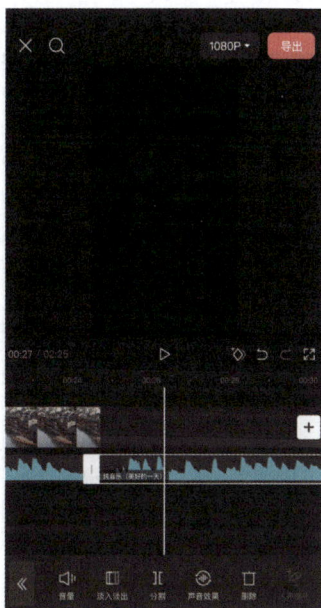

图 10-28　点击"删除"按钮　　　　图 10-29　删除音频素材

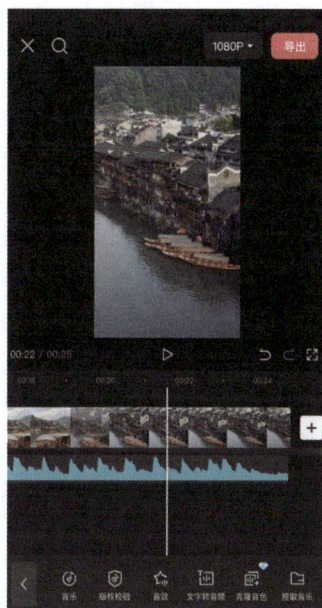

第**9**步 在视频编辑界面的工具栏中，点击"文本"按钮，在弹出的文本页面，点击"新建文本"按钮，如图 10-30 所示。

第**10**步 在弹出的键盘页面中，输入文字字幕，选择新添加的文本，根据视频的画面选择文字的样式、花字、气泡、动画等效果，并调整文本的位置，点击 ✓ 按钮，即可生成字幕，如图 10-31 所示。

图 10-30　点击"新建文本"按钮　　　　图 10-31　生成字幕

第11步 整个视频制作完成后，在视频编辑界面右上角，点击"导出"按钮，如图 10-32 所示。

第12步 当导出的进度条为 100% 时，说明视频已保存到相册和草稿，可以直接点击"抖音"或"西瓜视频"发布视频，如图 10-33 所示。

图 10-32　点击"导出"按钮　　　　图 10-33　导出视频

子任务 10.2.7　使用剪映生成数字人素材

观看视频

数字人素材是指用于创建和展示数字化人物形象的各种元素和资源。这些素材包括三维模型、纹理贴图、动画序列、声音文件等，用于在计算机图形学、游戏开发、虚拟现实等领域构建逼真的虚拟人物。数字人素材通常由专业的艺术家和设计师创建，他们使用各种软件工具和技术来制作高质量的数字化人物形象。

数字人素材的应用非常广泛，可被用于电影、电视、游戏、广告、教育等多个领域。通过使用数字人素材，制作人员可以更加方便地创建和定制虚拟人物，提高制作效率和质量。同时，数字人素材也可以为观众带来更加沉浸式的体验，增强视觉冲击力和情感共鸣。

剪映支持生成的数字人类型多样，并提供了丰富的自定义选项，其类型包含预设数字人形象和自定义数字人两种类型。

▶ 预设数字人形象：剪映内置了多个预设的数字人形象，用户可以根据自己的喜好和需求进行选择。这些预设形象涵盖不同的性别、年龄、肤色和风格，以满足不同用户的个性化需求。

▶ 自定义数字人：用户可以上传自己的视频素材，通过剪映的智能算法生成与自己相似的数字分身。这一功能需要支付额外费用，并且是 SVIP 会员的特权之一。通过定制自己的数字分身，用户可以在视频中呈现更加真实和个性化的形象。

下面详细讲解使用剪映生成数字人素材的具体操作。

第1步 打开剪映 App，点击"开始创作"按钮，在弹出的视频页面中，勾选一段或多段视频，点击"添加"按钮，即可添加视频素材，在一级工具栏中，点击"数字人"按钮，如图 10-34 所示。

第 2 步 进入"热门"界面，该界面中包含多个预设的数字人形象，点击选择相应的数字人图标，如图 10-35 所示。

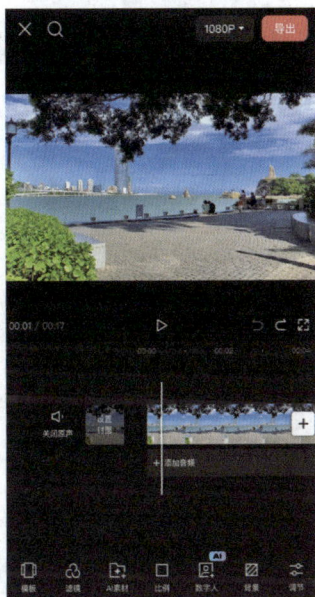

图 10-34　点击"数字人"按钮　　图 10-35　点击数字人图标

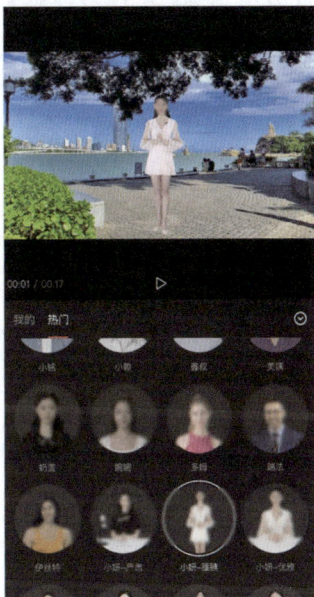

第 3 步 进入"新增数字人"界面，在"请选择音色"选项区中，点击"更多音色"链接，如图 10-36 所示。

第 4 步 进入"音色选择"界面，该界面中包含多个音色效果，点击选择"甜美解说"音色图标，如图 10-37 所示，选择音色。

图 10-36　点击"更多音色"链接　　图 10-37　点击"甜美解说"音色图标

257

第⑤步 在"新增数字人"界面中，点击"请输入文案"文本框，输入解说文字"城市美景"，如图 10-38 所示。

第⑥步 点击 ✓ 按钮，即可生成数字人素材，其效果如图 10-39 所示。

图 10-38　输入解说文字　　　　　　　图 10-39　生成数字人素材

任务 10.3　教师办公

教师的工作内容比较繁杂，以目前 AI 所具备的能力来说，备课、批改作业这两个场景是 ChatGPT、Claude 之类的工具可以有效发挥其能力的典型场景。例如，使用 AI 制作课件、批改作业以及出试卷等。本节将详细讲解使用 AI 辅助教师办公的相关知识与操作。

子任务 10.3.1　高效备课

备课可以说是教师花费时间最多的工作之一，他们需要基于班级的课程进度准备课程内容、教学大纲，还要准备课件、试题、练习题等。以往的 AI 在这方面辅助能力较弱，但是大语言模型掌握了各行各业的基本知识，其优势可以在这个场景中充分发挥出来。通过 AI 工具可以生成并优化教学方案，还可以整合教学资源。

▶ 生成教学方案：教师只需向 AI 传达自己的教学需求，如教学目标、学生背景等，AI 便能迅速生成一份初步的教学方案。例如，笔灵 AI 写作、光速写作等平台都提供了教学设计模板，可以生成包括教学目标、教学重难点、教学过程等内容的完整教学方案。

▶ 优化教学设计：在生成的初步方案基础上，教师可以根据自己的教学经验和学生的实际情况，与 AI 进行交互沟通，对方案进行修改和优化。AI 可以提供多种优化建议，帮助教师完善教学设计。

▶ 搜索教学资源：AI 助手能够协助教师搜索和整合教学资源，包括最新的教育资讯、教学方法、教学案例等。开搜 AI 等工具可以帮助教师快速找到所需的教学资源，提高备课效率。

▶ 整合多媒体素材：在备课过程中，教师需要用到各种多媒体素材，如图片、音频、视频等。AI 工具可以帮助教师快速找到并整合这些素材，使教学内容更加丰富多彩。例如，讯飞智文 / 美图设计室等工具可以根据教学大纲生成相应的 PPT，节省教师制作 PPT 的时间和精力。

例如，要备一份"江南春"古诗课件，可以先通过"笔灵 AI 写作"工具生成一个教学方案大纲，如图 10-40 所示。

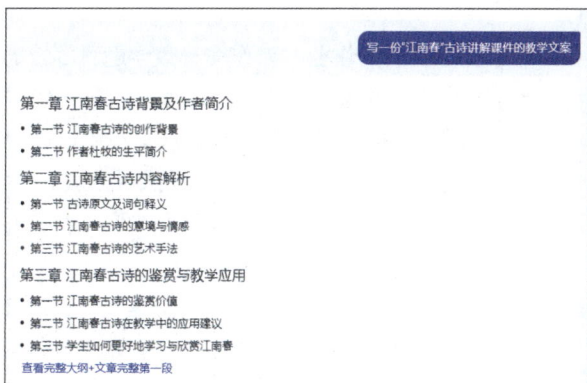

图 10-40　生成教学方案大纲

然后通过 WPS 演示文稿的"AI 生成 PPT"功能，通过生成的教学方案大纲，自动生成"江南春"的教学课件，如图 10-41 所示，再对所生成的教学课件进行完善即可。

图 10-41　自动生成"江南春"的教学课件

子任务 10.3.2　作业批改

AI 技术可被应用于作业批改中，通过识别手写文字或打印文字，自动判断作业的正确性，并给出相应的反馈。这不仅可以减轻教师的批改负担，还可以使学生迅速获得反馈，及时纠正错误。教师可以在 AI 智能助手中建立题库，让它负责自动出题与判卷。这不仅可以提高批改作业的效率，还可以确保判卷的准确性和一致性。

观看视频

使用 AI 进行作业批改的具体操作可能会因不同的 AI 平台和工具而有所不同，其常用操作步骤如图 10-42 所示。

图 10-42　使用 AI 批改作业的操作步骤

▶ 选择 AI 批改工具：选择一个合适的 AI 批改工具。这些工具可能包括在线平台、软件应用程序或集成在特定教育平台中的功能。例如，作业帮、百度写作助手等都是常见的 AI 批改工具。

▶ 上传或输入作业：对于文本类型的作业，如作文、数学题目等，通常需要将作业内容输入 AI 批改工具的指定区域，或者通过上传文档（如 Word、PDF 等）的方式提交作业；对于手写作业，一些先进的 AI 批改工具支持图像识别技术。用户可以通过拍照或扫描的方式将手写作业转换为数字图像，然后上传给 AI 进行批改。

▶ 等待批改并查看结果：提交作业后，AI 批改工具会立即或稍后进行批改。这取决于工具的处理速度和作业量。批改完成后，用户可以在 AI 批改工具的界面上查看批改结果。这些结果通常包括错误标记、错误类型、正确答案或建议的修改方式等。

▶ 理解并应用反馈：用户需要仔细阅读 AI 提供的批改反馈，理解其中的错误点和建议的修改方式。根据 AI 的反馈，用户可以对作业进行修正和改进。这有助于提升作业质量和学习效果。

例如，下面以"作业帮"App 为例，详细讲解使用 AI 进行作业批改的具体操作步骤。

第❶步 在手机桌面点击"作业帮"图标，打开"作业帮"App，在主界面中，点击"作业批改"按钮，如图 10-43 所示。

第❷步 进入"作业批改"界面，点击"拍照"图标，对作业拍照，并自动完成作业的批改，显示批改结果，如图 10-44 所示。

图 10-43　点击"作业批改"图标　　　图 10-44　完成作业批改

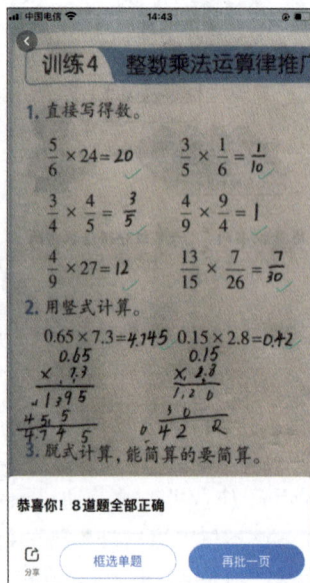

子任务 10.3.3　AI 出试卷

AI 出试卷是教育领域的一项创新技术，它利用人工智能技术自动生成符合教学需求的试卷。使用 AI 出试卷具有以下 4 个优势。

▶ 提高效率：AI 可以快速生成试卷，大大节省了教师出题的时间，使教师能够将更多精力投入教学和学生辅导中。

▶ 保证质量：AI 出试卷基于大规模的知识库和算法，能够生成符合教学大纲和教材要求的试卷，保证试卷的质量和难度适中。

▶ 多样性：AI 可以生成多种类型的题目，如选择题、填空题、判断题、简答题等，使试卷更加多样化，有助于全面考查学生的学习情况。

▶ 个性化：AI 可以根据学生的学习情况和需求，生成个性化的试卷，有助于针对性地提升学生的学习效果。

市面上有多种 AI 出试卷工具可供选择，如 WPS Office 软件、金数据 AI 考试、考试星、智能题库等，这些工具通常具有在线出题、智能组卷、自动评分等功能。下面以 WPS 文档的 AI 功能为例，详细讲解用 AI 出试卷的具体操作步骤。

第 1 步 启动 WPS Office 软件，新建一个空白文档，按两次 Ctrl 键，启动 WPS AI 功能，在 AI 输入框中输入内容，单击"生成"按钮，如图 10-45 所示。

第 2 步 开始自动生成试卷，稍后将显示生成结果，单击"保留"按钮，如图 10-46 所示。

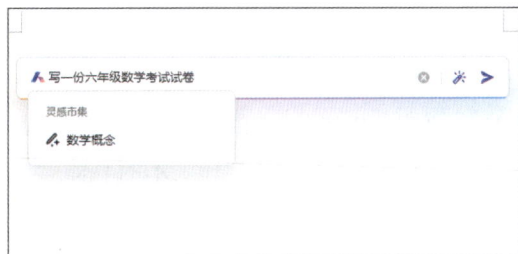

图 10-45　单击"生成"按钮

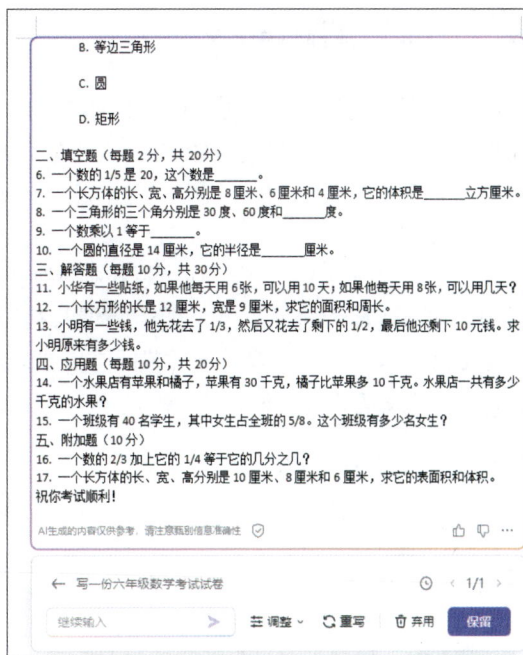

图 10-46　显示生成结果

第 3 步 保留生成的结果，并调整试卷文档的格式，如图 10-47 所示，然后将生成的试卷打印出来即可。

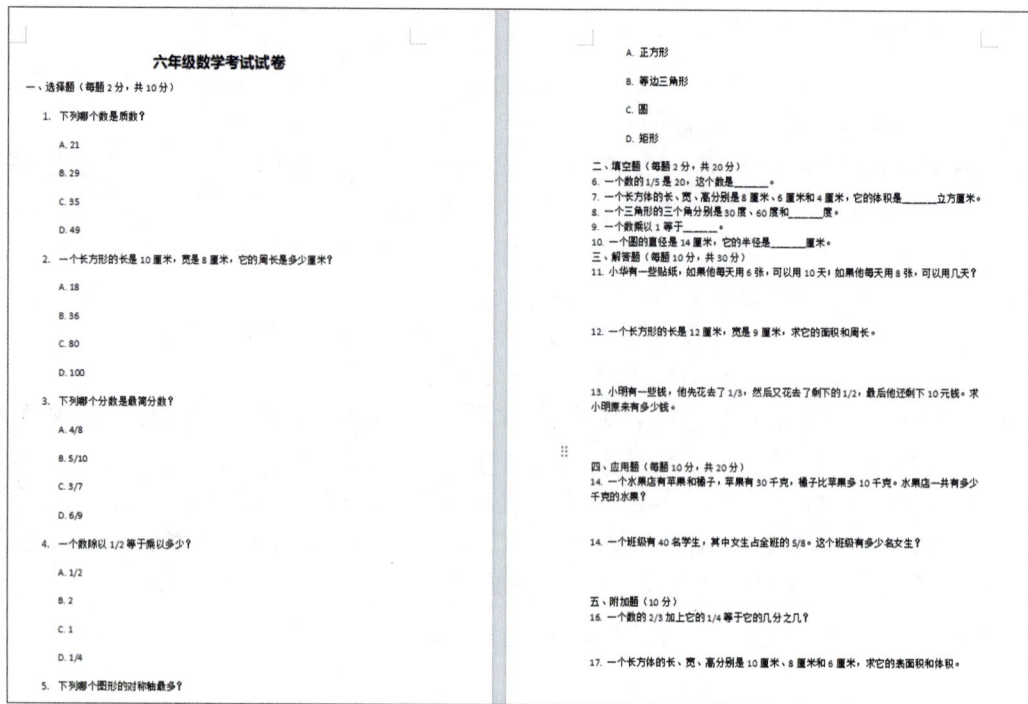

图 10-47　AI 生成试卷

任务 10.4　科研与论文

　　AI 在科研与论文撰写中的应用具有广阔的前景和潜力。通过 AI 技术可以帮助科研人员快速检索相关文献，通过关键词匹配、主题分类等技术，提高文献检索的准确性和效率，还可以对大量文献进行自动分析，提取关键信息，如研究方法、实验结果等，为科研人员提供全面的研究背景。

　　在论文撰写方面，通过 AI 可以根据科研人员提供的关键词和研究背景，自动生成论文大纲和结构框架，为撰写论文提供清晰的思路。AI 可以辅助科研人员撰写论文内容，通过自然语言处理技术，生成符合学术规范的文字描述。在论文初稿完成后，AI 还可以进行润色和校对，提高论文的语言质量和可读性。

子任务 10.4.1　实时翻译

　　WPS AI 的翻译功能支持文本和语音内容的翻译，能够将内容翻译成多种语言，极大地方便了跨语言交流和合作。下面详细讲解使用 WPS AI 的"翻译"功能翻译文本的具体操作方法。

　　第 1 步 打开本书提供的"素材 / 项目十 / 初中英语教学教案 .docx"文档，选择需要翻译的文本，右击，在弹出的快捷菜单中，单击 WPS AI 右侧的下拉按钮，展开列表框，选择"AI 翻译"命令，如图 10-48 所示。

　　第 2 步 打开"AI 帮我读"对话框，自动生成翻译结果，单击"复制"按钮，如图 10-49 所示。

观看视频

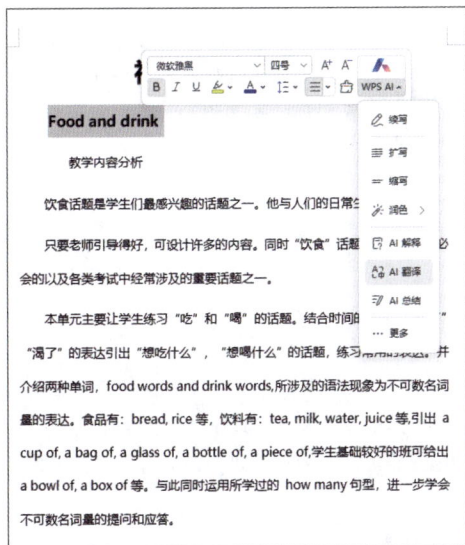

图 10-48 选择"AI 翻译"命令

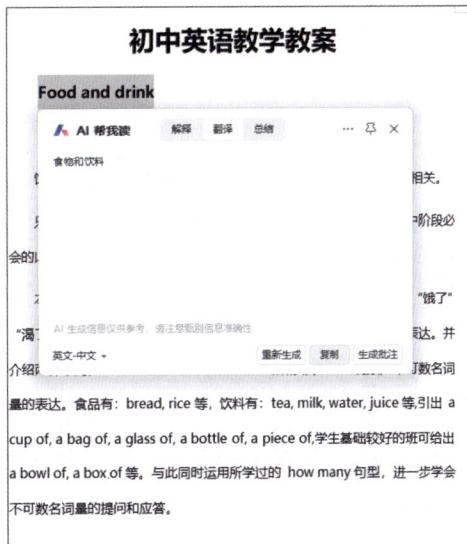

图 10-49 自动生成翻译结果

第 3 步 在合适的英文文本后，粘贴复制的翻译结果，其效果如图 10-50 所示。

第 4 步 使用同样的方法，依次翻译其他的中文或英文内容，如图 10-51 所示。

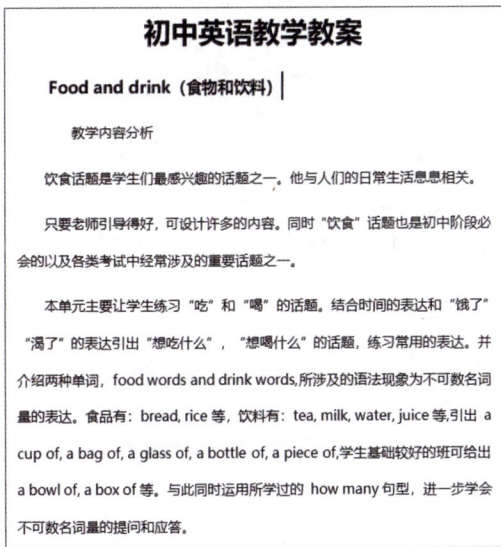

图 10-50 粘贴翻译结果

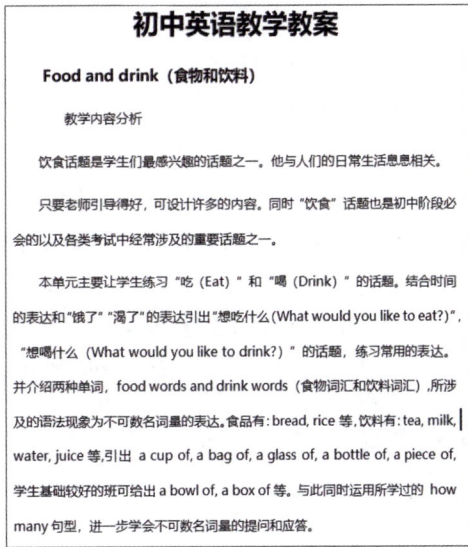

图 10-51 翻译其他文本

子任务 10.4.2 文章配图

使用 AI 进行文章配图是一个高效且创新的方法，可以帮助作者快速生成与文章内容相匹配的高质量图像。通过合理选择工具、输入关键词、调整参数、生成和筛选图像以及优化和编辑等步骤，可以轻松实现这一目标并提升文章的整体质量和吸引力。

使用 AI 进行文章配图的常用操作步骤如图 10-52 所示。

▶ 确定需求和目标：在开始之前，需要明确文章的主题、风格以及所需的图片类型（如插图、照片或混合媒体）。这有助于后续选择合适的 AI 工具和技术。

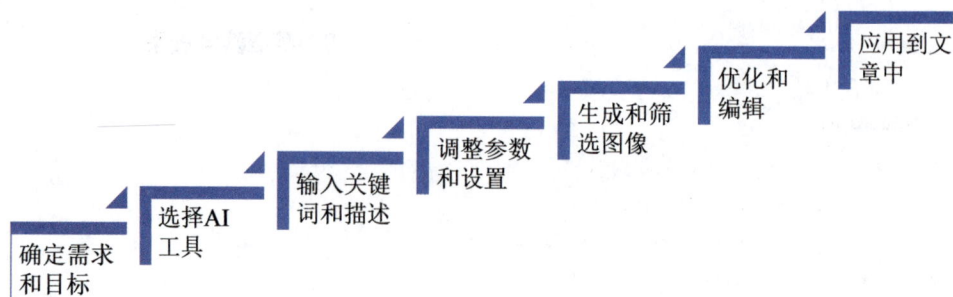

图 10-52　使用 AI 进行文章配图的常用操作步骤

▶ 选择 AI 工具：根据需求选择合适的 AI 工具。目前市场上有多种 AI 绘画工具可供选择，如 Midjourney、Stable Diffusion、DALL·E 2 等。这些工具各有特点，可以根据个人偏好和具体需求进行选择。例如，Midjourney 适合快速生成高质量图像，而 Stable Diffusion 则提供了更多的自定义选项。

▶ 输入关键词和描述：在使用 AI 工具时，需要输入与文章内容相关的关键词或描述。这些关键词应尽可能具体，以帮助 AI 更准确地理解需求并生成相应的图像。例如，如果文章讲述的是春天的花园，可以输入"春天的花园""鲜花盛开"等关键词。

▶ 调整参数和设置：大多数 AI 工具都允许用户调整参数和设置，以影响最终生成的图像风格、色彩、构图等。根据文章的风格和要求，可以适当调整这些参数以获得最佳效果。

▶ 生成和筛选图像：完成上述步骤后，AI 工具将开始生成图像。生成过程可能需要一些时间，具体取决于所选工具的性能和复杂性。生成完成后，可以从中筛选出最符合需求的图像。如果不满意，可以返回上一步调整参数并重新生成。

▶ 优化和编辑：虽然 AI 生成的图像已经相当出色，但有时可能还需要进行一些微调或编辑以满足特定需求。可以使用图像编辑软件（如 Photoshop）对图像进行裁剪、调整色彩平衡、添加滤镜等操作。

▶ 应用到文章中：最后一步是将选定的图像应用到文章中。根据文章的布局和设计要求，将图像放置在合适的位置，并确保其与文本内容相互呼应、相得益彰。

── AI 答疑与技巧点拨 ●

1. 使用语音速记记录会议要点

使用 WPS 软件中的"语音速记"功能可以帮助用户快速准确地记录语音内容。用户只需通过简单的语音输入，就能够将语音转换为文字，并自动进行格式化和排版，生成清晰易读的笔记。下面详细介绍用"语音速记"功能记录会议要点的具体操作步骤。

（1）在 WPS Office 软件中新建一个空白文档，在"会员专享"选项卡的"便捷工具"面板中，单击"语音速记"按钮，如图 10-53 所示。

（2）打开"语音速记"界面，单击"开始录音"按钮，如图 10-54 所示。

（3）进入"模式选择"界面，单击"单人演讲"图标，设置好录制语音和声音设备，单击"开始录音"按钮，如图 10-55 所示。

（4）使用"语音速记"功能边录制声音边录入文本，并同步翻译录入内容，如图 10-56 所示。

图 10-53　单击"语音速记"按钮

图 10-54　单击"开始录音"按钮

图 10-55　单击"开始录音"按钮

图 10-56　录入文本

（5）当文字录入完成后，单击"结束录音"按钮，如图 10-57 所示。

（6）打开"结束录音"对话框，显示"确定要结束本次录音吗？"信息，单击"结束录音"按钮，如图 10-58 所示。

图 10-57　单击"结束录音"按钮

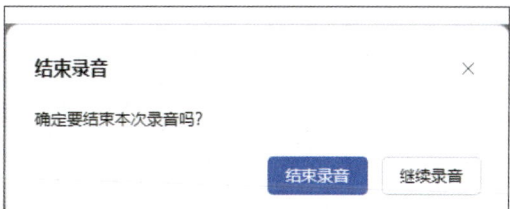

图 10-58　单击"结束录音"按钮

（7）在"语音速记"界面中保存录入的语音文本，当录入的文本中有文字错误时，则可以单击"编辑"按钮，如图 10-59 所示。

（8）进入编辑界面，对错误的文本和标点符号进行修正，修正完成后，单击"完成"按钮，如图 10-60 所示。

（9）完成文本的修正与保存后，在"语音速记"界面中，单击相应的按钮▤，展开列表框，选择"导出文字"命令，如图 10-61 所示。

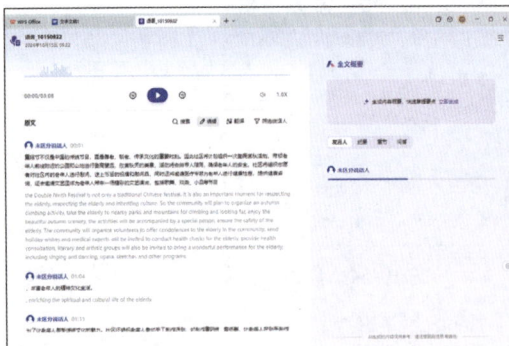

图 10-59　单击"编辑"按钮

图 10-60　单击"完成"按钮

（10）打开"选择保存路径"对话框，设置文件名和保存路径，单击"保存"按钮，如图 10-62 所示。

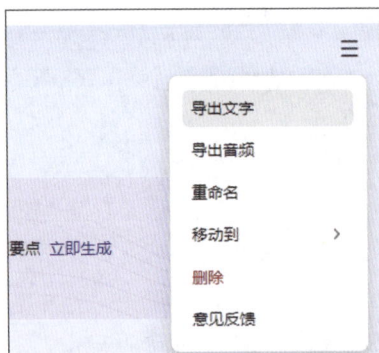

图 10-61　选择"导出文字"命令

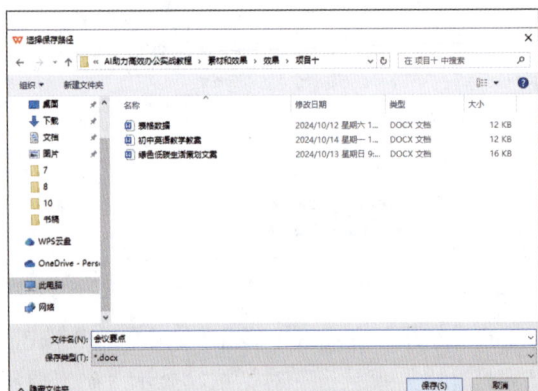

图 10-62　设置保存参数

（11）导出文字，并自动打开"会议要点"文档，删除多余的文本，并修改文本的字体和段落格式，其最终的会议要点效果如图 10-63 所示。

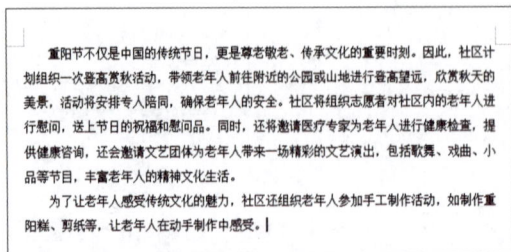

图 10-63　最终会议要点效果

2. 使用日历自动安排日程

WPS 提供了个人日历功能，用户可以创建和管理个人日程。通过点击特定日期，用户可以轻松添加事件、会议或提醒事项，并设置具体的时间、地点以及重要程度等信息。WPS 日历适配用户的日常使用场景，支持快速上手和时间管理。无论是在微信群聊中组织聚会，还是在工作中安排会议，WPS 日历都能在一个页面上完成所有操作。

下面详细介绍使用日历自动安排会议与日程的具体操作步骤。

（1）启动 WPS Office 软件，在软件主界面的"日历"选项区中，选择合适的日期，单击"添加"按钮，如图 10-64 所示。

（2）进入"日历"界面，依次输入日程的标题、备注、开始和结束时间，单击"保存"按钮，如图 10-65 所示。

图 10-64　单击"添加"按钮　　　　图 10-65　输入日程记录

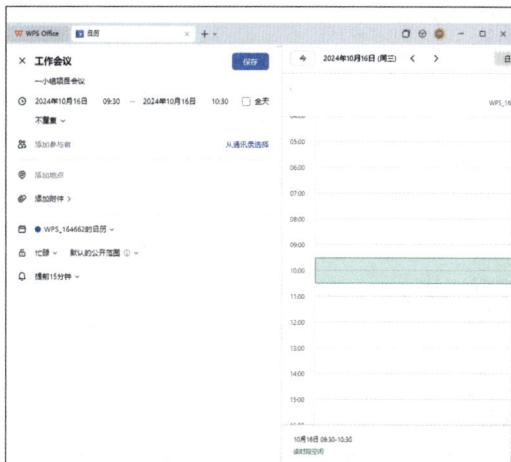

（3）完成工作日程的添加，如果还要继续添加日程，则可以单击"添加日程"按钮，如图 10-66 所示。

（4）打开"日程"对话框，继续输入日程的标题、备注、开始和结束时间，单击"保存"按钮即可。如果要分享日程，则可以在"日程"对话框中，单击"分享日程"按钮，如图 10-67 所示。

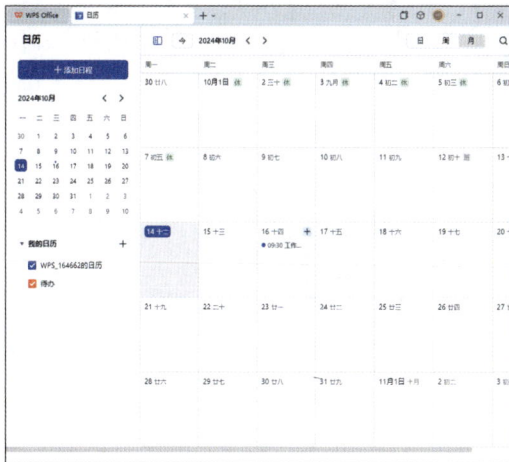

图 10-66　添加日程　　　　图 10-67　单击"分享日程"按钮

（5）打开"邀请"对话框，在"链接邀请"选项区中，单击"复制"按钮，复制邀请链接，如图 10-68 所示，再通过微信、QQ 等聊天工具分享邀请链接即可。

（6）在"邀请"对话框中，切换至"微信邀请"选项卡，下载邀请码图片，然后将图片分享给其他用户，也可以进行日程分享，如图 10-69 所示。

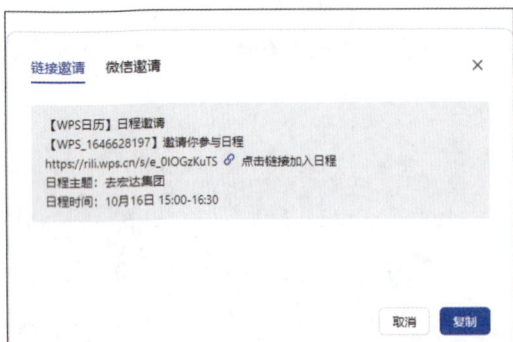

图 10-68　复制邀请链接

图 10-69　使用微信邀请

3. 自动识别发票信息

在 WPS 中可以利用 OCR 技术，对上传的发票进行自动识别，提取出发票中的关键信息，然后将提取出的信息自动转换成表格。用户也可以使用"WPS 报销助手"应用程序进行发票信息的自动识别。下面详细讲解在 WPS 文档中利用 OCR 技术自动识别发票信息的具体操作步骤。

（1）新建一个空白的演示文稿，插入"素材/项目十/电子发票.jpg"图片，在"会员专享"选项卡的"输出转换"面板中，单击"截图取字"右侧的下拉按钮，展开列表框，选择"直接截图取字"命令，如图 10-70 所示。

（2）当鼠标指针呈黑色十字形状时，框选截图范围，单击"提取文字"按钮，如图 10-71 所示。

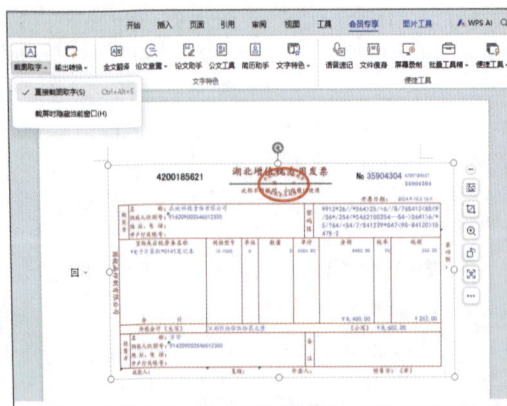

图 10-70　选择"直接截图取字"命令

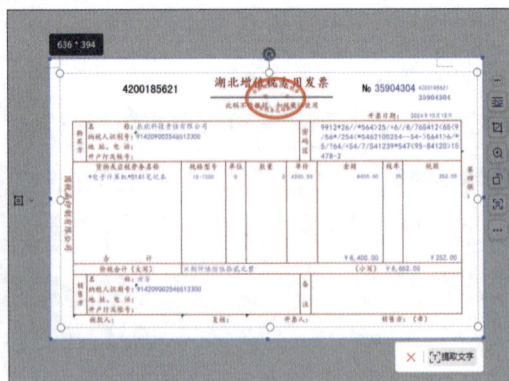

图 10-71　单击"提取文字"按钮

（3）打开"图片转文字"对话框，在"转换类型"选项区中，选中"表格"单选按钮，将自动识别并提取发票中的相关信息，识别完成后，单击"导出"按钮，如图 10-72 所示。

（4）打开"另存文件"对话框，设置好文件名和保存路径，单击"保存"按钮，如图 10-73 所示。

（5）提取发票信息，并显示转换进度，稍后将打开"转换成功"对话框，提示已经转换并保存工作簿信息，单击"打开文件"按钮，如图 10-74 所示。

（6）打开工作簿，查看识别的发票信息效果，如图 10-75 所示。

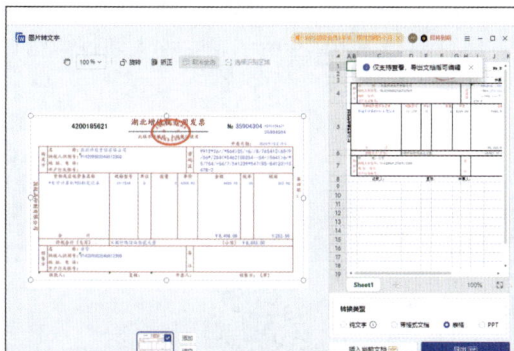

图 10-72　自动识别并提取发票信息

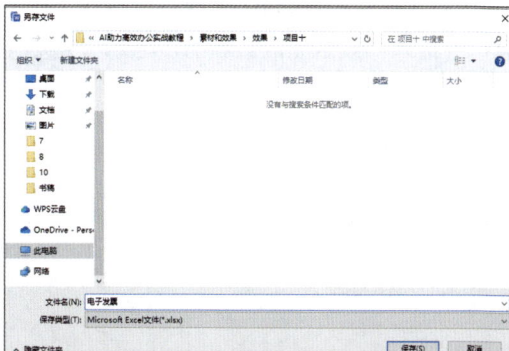

图 10-73　设置文件名和保存路径

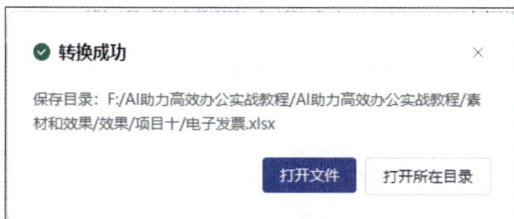

图 10-74　单击"打开文件"按钮

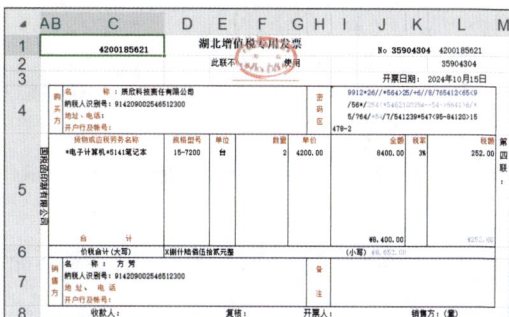

图 10-75　查看识别的发票信息效果

4. 通用群发学生成绩单

在 WPS 中使用"通用群发"功能可以群发信息，可以自动识别内容并进行分类，大大提高了信息处理的效率。下面详细讲解通用群发学生成绩单的具体操作步骤。

（1）打开本书提供的"素材 / 项目十 / 月考成绩单 .xlsx"工作簿，在"会员专享"选项卡的"表格特色"面板中，单击"群发工具"右侧的下拉按钮，展开列表框，选择"通用群发"命令，如图 10-76 所示。

（2）打开"通用群发"对话框，开始自动识别工作簿内容，并自动进行分类，识别完成后，单击"预览"按钮，如图 10-77 所示。

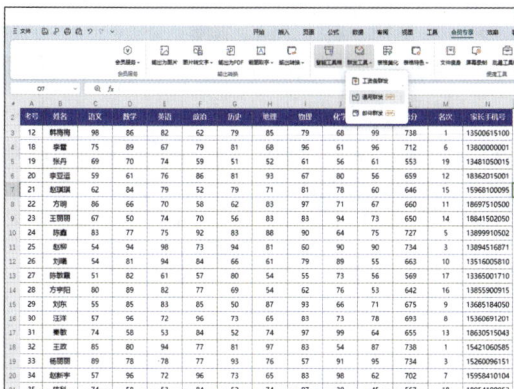

图 10-76　选择"通用群发"命令

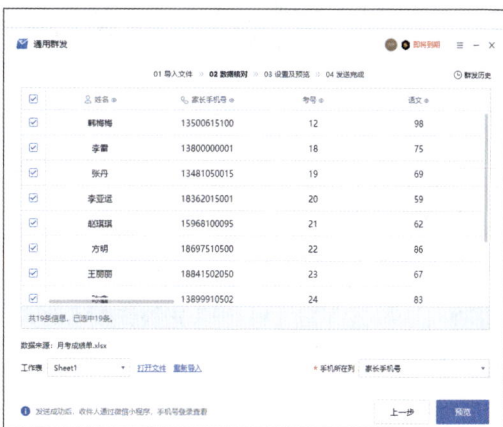

图 10-77　自动识别内容

（3）进入"设置及预览"界面，单击"立即发送"按钮，如图 10-78 所示。

（4）打开"发送确认提示"对话框，提示是否确认发送，单击"确认"按钮，即可发送信息，并进入"发送完成"界面，显示"发送完成"信息，如图 10-79 所示。收件人通过微信扫描二维码登录即可查看信息。

图 10-78 单击"立即发送"按钮

图 10-79 完成成绩单发送

上机实训：生成美食短视频脚本并拍摄、剪辑短视频

观看视频

美食短视频是以短视频的形式呈现与美食相关的内容。这类视频通常时长较短，内容精炼，以视觉和听觉的双重刺激吸引观众的注意力，迅速传递美食的制作过程、品尝体验或美食文化。

在本案例中，需要先通过"文心一言"工具确定"红烧肉"美食短视频的拍摄脚本，然后用相机根据脚本进行视频拍摄，最后通过"剪映"工具对拍摄好的"红烧肉"短视频进行剪辑操作。下面详细讲解具体的操作步骤。

（1）启动"文心一言"AI 工具，通过该工具生成"红烧肉"美食短视频的拍摄脚本，拍摄脚本如表 10-1 所示。

表 10-1 "红烧肉"短视频拍摄脚本

场　　景	拍 摄 镜 头
食材准备	镜头 1：拍摄早晨厨房的宁静氛围，阳光透过窗户洒在桌面上。镜头缓缓扫过准备好的食材：五花肉、葱姜蒜、料酒、生抽、老抽、糖、盐等。 镜头 2：特写镜头，展示五花肉的新鲜程度，以及葱姜蒜的切割细节
烹饪过程	镜头 1：拍摄烹饪前的准备工作，如烧开水、热锅等。 镜头 2：拍摄五花肉下锅、翻炒、加入调料等烹饪过程。特写镜头，展示糖色的炒制过程，以及加入料酒、生抽、老抽后的色泽变化。 镜头 3：拍摄炖煮过程，镜头缓慢拉近，展示红烧肉的色泽和香气
美食呈现	镜头 1：拍摄炖煮好的红烧肉，展示其色泽诱人、香气扑鼻的整体效果。 镜头 2：特写镜头，展示红烧肉的纹理和光泽，以及汤汁的浓郁

（2）使用摄像机根据视频脚本拍摄出短视频效果。

（3）使用"剪映"App 导入拍摄好的短视频，为视频添加"美食"滤镜，如图 10-80 所示。

（4）为视频添加解说配音，并添加背景音乐和解说字幕，其最终效果如图 10-81 所示。

图 10-80　添加"美食"滤镜　　　图 10-81　美食短视频最终效果

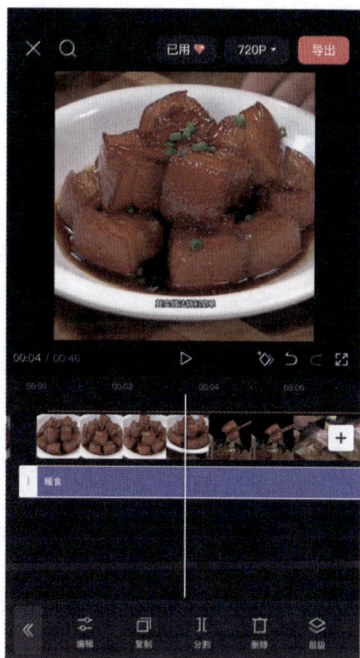

习题测试

1. 填空题

（1）AI 技术中的自然语言处理技术能够自动_____邮件内容，帮助员工快速分类和归档。

（2）使用 AI 智能助手进行会议安排时，只需口头告知时间和地点，AI 即可自动生成并发送_____。

（3）在文档编辑中，AI 可以通过_____技术，自动检查语法、拼写和标点错误。

（4）AI 技术可以识别和分析图像中的物体、场景和人脸，这种技术被称为_____。

（5）在销售预测中，AI 可以通过分析历史销售数据，预测未来_____的销售趋势。

（6）通过 AI 技术，我们可以实现语音到文字的实时_____，提高工作效率。

（7）在招聘过程中，AI 可以通过_____技术筛选简历，快速找到符合要求的候选人。

（8）AI 智能客服能够 24 小时在线，快速响应并_____客户的咨询和问题。

（9）通过 AI 技术，我们可以实现智能_____，帮助员工快速找到所需的文件和资料。

2. 选择题

（1）以下哪项不是 AI 在职场高效办公中的应用？（　　　）

A. 自动分类邮件　　　　　　　　　　B. 手动填写表格

C. 智能会议安排　　　　　　　　　　D. 实时语音转录

（2）AI 在文档编辑中的主要作用是什么？（　　　）

A. 创作新内容　　　　　　　　　　　B. 自动校对语言错误

C. 设计文档格式　　　　　　　　　　D. 插入图片和图表

（3）以下哪项技术可以帮助 AI 识别和分析图像中的物体和人脸？（　　　）

A. 自然语言处理　　　　　　　　　B. 机器学习

C. 计算机视觉　　　　　　　　　　D. 数据分析

（4）AI 在销售预测中，主要依赖哪种类型的数据进行分析？（　　　）

A. 社交媒体数据　　　　　　　　　B. 历史销售数据

C. 市场调研数据　　　　　　　　　D. 客户反馈数据

（5）AI 智能客服的主要优势是什么？（　　　）

A. 提高客服质量　　　　　　　　　B. 增加客服成本

C. 延长客服响应时间　　　　　　　D. 减少客服数量

（6）在招聘过程中，AI 技术主要用于哪个环节？（　　　）

A. 面试　　　　　　　　　　　　　B. 简历筛选

C. 培训　　　　　　　　　　　　　D. 薪资谈判

（7）AI 技术可以帮助员工快速找到所需文件和资料的功能是什么？（　　　）

A. 智能文件检索　　　　　　　　　B. 文档编辑

C. 邮件分类　　　　　　　　　　　D. 数据备份

3. 上机操作题

使用 AI 工具确定与写作"绿色低碳生活"的策划文案，其文案内容如图 10-82 所示。

（1）确定选题：使用"讯飞星火"工具确定"绿色低碳生活"的选题。

（2）写作内容：使用 Kimi 工具写作策划文案。

（3）完善内容：将写好的策划文案放在 WPS 文字中进行文案内容润色。

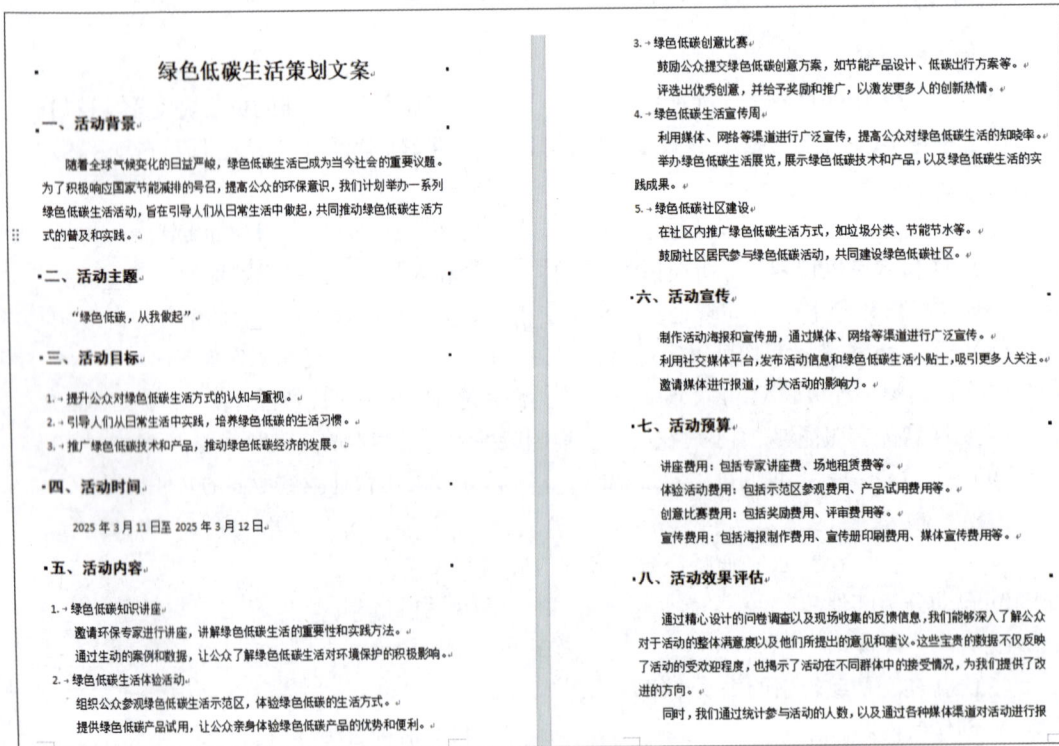

图 10-82　上机习题效果